Advanced Food Science Presentation Materials of

Food Manufacture & Engineering

개정판 식품제조공학 특론

Redaction

Advanced Food Manufacture

and Engineering

- 이 성 갑 -

도서출판 석학당

-- 머리말 ------------

식품이란 인간의 3대 필수요건의 으뜸으로 보통 식(食)의(衣)주(住)로 말하고 있다. 원시시대 우리선조들은 동물의3대 욕망인 먹고, 자고 그리고 자손번식을 별 어려움없이 생을 누려왔다. 그러나 인구가 점점 늘어나면서 자연이 주는 천연식품으로는 배불리먹고 생명유지에 식량이 부족하게 되어 이의 해결책으로 인위적인 식량증산기술을 개발 하게 되었다. 천연식품은 자연그대로 재배, 사육, 어획 된 유기식품 으로 식품의 안전성, 건전성, 완전성을 확보 할수 있으나 생산수량이 적어 이의 해결책으로 자연의 순리를 거역하고 인간이 잔꾀를 발휘하여 개발한 무기 인공식품은 재래농법을 변경시켜 제한된 조건(장소, 시간)에서 보다 더 많은 생산량을 얻게 되었다.

이 같은 방법으로 생산된 무기식량재료는 각종 위해요소를 함유하여 인간의 생명과 성장발육등 에 각종 질병과 건강장애를 수반하여 건전한 식품으로 많은 문제점을 내포하여 최근 웰빙시대의 식품재료는 자연친화적 유기농산물이 선호되고 현재 전 국민이 광우병 소고기 수입을 절대 반대하는 이유이다.

그러나 식재료가 유기물이건 무기물이건 간에 생산한 식량을 손실 없이 보존하려면 과학적인 식품저장기술과 영양성분이나 식미성, 기능성 등을 고려하여 식품재료에 적합하고 가장 이상적인 제품을 생산하는 식품제조공학기술이 필수적이며 이러한 식품의 저장가공업을 제2의 식량생산이라고도 한다.

식품보존기술은 1850년대 식품의 부패원인은 미생물로 L. 파스테르가 과학적으로 입증한 이후 그전부터 관행적으로 이용하던 수확 후 갈무리법으로 천일건조, 저온이용(움저장)가열, 염장, 훈연, 당장, 병조림, 통조림, 성분추출분리이용 등으로 발전을 거듭하여 왔고 각종 발달한 식품공학원리를 용용하여 보다 맛있고 영양가 많은 식품을 장기간 보존 할 수 있는 식품가공기술로 발전시켜 오늘에 이르고 있다.

우리나라도 농림수산식품부와 식품의약품안전청이 신설 개편되어 식품산업육성과 식품안전에 국가적인 대책을 마련하고 있다. 또 세계 각국과 FTA협상으로 국가간 교역이 증대되면서 수출입이 개방됨에 따라 국내산 식재료를 이용하여 경쟁력 있는 고품질의 안전한 식품개발이 필요하다.

본 서는 필자가 다년간 농촌진흥청, 인도 Mysore 대학원, 한국냉장(주) ,한경대학교, 호서대학교 등 산. 학. 연(産學硏)에서 식품에 관한 연구, 식품 저장가공학 강의(농,축,수)와 실험 실습, 그리고 산업체 가공기술 자문 등 의 경험에서 배우고 익힌 기술과 자료를 토대로 식품제조공학 강의교재로 요점 정리하였다. 공부하는데 시간적 제약을 받는 학생들이나 이 분야 현장 실무자들의 참고서로서 아울러 식품연구소, 정부관련기관, 식품가공업계의 연구나 정책 그리고 국가기술자격검정시험(식품기술사, 식품기사/산업기사) 준비서로서 활용할 수 있도록 편찬하였다.

보다 완벽한 책자가 되도록 노력하였으나 위낙 천학비재한 사람이 쓰다 보니 내용의 불비나 오류가 있을것 으로 사료되어 차후 독자제현의 기탄없는 지적은 계속 보완할 것을 약속드리며 많은 지도편달 부탁드립니다.

끝으로 이 책의 출판을 위하여 수고해 주신 도서출판 석학당의 윤 용 호 사장과 편집부 여러분에게 심심한 사의를 표합니다.

저자 씀

-- 목 차 ------------

제4장 식품제조공학기술 45

–

Advanced Food Science Presentation Materials of

Food Manufacture & Engineering

–

개정판 식품제조공학 특론

Redaction

Advanced Food Manufacture

and Engineering

Advanced Food Science Presentation Materials of

Food Manufacture & Engineering

제1장 식품제조공학의 의의

Redaction

Advanced Food Manufacture

and Engineering

1. 식품제조공학의 특징

식품제조공학이란 식품의 저장 · 가공 · 포장 · 분배 · 조리 이용에서 과학적 지식과 공학적 기술을 이용하는 자연과학이다. 취급분야에는 가공식품 · 가공공정 · 가공기계의 개발, 가공원료의 선택, 가공 중에 나타나는 화학성분이나 물성의 변화, 그리고 가공제품의 영양가나 안전성의 문제가 포함된다.

식품재료를 처리하여 가공식품을 만드는 일련의 제조과정과 가공식품의 취급, 저장, 유통, 소비 등을 종합적으로 연구하는 학문으로 그 기원은 인류가 생존을 위해 원시적인 가공에서 비롯되었다.

식품의 저장 · 가공 · 조리 문제는 유사(有史) 이전부터 경험에 의하여 터득한 지식이 축적되어 왔다. 1804년 프랑스의 요리사 N.아페르가 병조림 기술을 1810년 영국의 P.듀란드가 통조림을 발명하여 식품저장의 원조로 일컬어졌으며, 수십 년이 지난(1855)다음 프랑스의 미생물학자 L.파스퇴르는 살균의 원리를 규명하여 통조림 기술을 뒷받침 하였다.

제2차 세계대전 중에는 편의성 · 저장성 · 기호성 · 영양가와 안전성이 보장된 전투식량이 개발됨으로써 식품가공 기술이 크게 발전하였다. 1950년대에 들어오면서 식품제조 가공학이 학문으로 정립되어 선진국에서는 식품과학을 포함한 식품이공학의 고등교육이 시작되었다. 한국에서는 1960년대에 들어와 대학 및 전문대학에서 식품가공학(또는 식품공학)의 전문교육이 시작되어 식품제조기사 자격이 주어진다. 앞으로 식품가공의 발달추이는 식량자원의 개발과 전통식품을 가공화시키는데 주력할 것이며 가공원료의 합성, 천연물을 이용한 기능식품의 개발, 포장식품의 다양화, 간편식품 등의 개발에 역점을 둘것이다. 특히 특수식품으로 우주식, 산악인식, 전투식, 원양선원식과 특수 목적식(노약자, 청소년, 유아, 환자, 운동선수) 또는 DIY식품이 선호 될 것으로 기대되고 유전적인 방법을 비롯한 다양한 가공기술의 개발로 새로운 식품이 제조 될 것이다.

2. 식품제조공학 의 기초지식

1) 인간의 욕망

무병장수 99-88-2-3, 인간수명 : 25×5 = 125세

2) 세계3대 장수촌

① 코카샤스(아제르바이잔)

② 푼자왕국(파키스탄)

③ 빌카밤바(에쿠아돌)

④ 한국 : 전남, 제주 해안가

⑤ 일본 : 오끼나와

3) 식이특징

채식위주, 소식, 과실, 채소, 맑은 물, 신선한 공기

4) 장수기록

진시왕 노력(불노초, 시목탕) 49세졸, 에디슨 84세(빵, 과실, 채소, 소식)

· 수명 : Thomas Per(영국 152.9세) 4호부인과 결혼 120세, 왕실초청만찬회 과식사망

· 체중 : Uribe40세(멕, 550kg/2006), Hevranco46세 (미국, 500kg/2005)-인간 최대 체중

5) 식품의 정의

(1) 일반정의

① 가식(edible)

② 1종이상영양소함유

③ 무독

④ 소화흡수가능

⑤ 천연물(평화시 400여종, 비상시-구황식품포함 1000종) 또는 가공품

(2) 식위법정의(법 2조1항)

의약으로서 섭취하는 것을 제외한 모든 음식물

(3) FAO/WHO

인간이 섭취 할 수 있도록 완전 가공 또는 일부 가공 한 것 또는 가공하지 않고 먹을 수 있는 모든 것

(4) 영양소 권장 섭취비율

탄수화물65%, 지방 20%, 단백질 15%/(식재30-40종)/day

6) 본질

식품=부패, 변질성 고분자 불용성 생질(Biomass)

· 부패성 물질[소화/가수분해 가능한 광합성 고분자 저장성 유기화합물]

· 부패원인구명 : 1904(병조림), 1810(통조림), 1855(부패원인구명, Louis pasteur) 자연부패설 ⇒ 미생물기인설

· 식품(고분자불용성물질)+미생물/효소, 이화학작용(산, 알카리, 열, 산소)

↓ (탄수화물, 단백질, 지방)

저분자수용성물질(당류, 아미노산, 지방산)

(1) 생물상

① 동물상

② 식물상

③ 미생물상(세균, 효모, 곰팡이, 바이러스, 조류, 원생동물, 리켓티아)

(2) 미생물서식처

식품생산기지인 ① 토양, ② 물, ③공기- 극한 과 극서, 무기한 상존

(3) 식품과 주요미생물

식품=생(生, 無菌) 사(死, 有菌)

종류	세균(bacteria)	곰팡이(mold). 효모(yeast)
생육pH	7.0-7.5(중성-약알카리성)	4 -5 (약산성)
증식 수단	포자(spore)	생육세포(vegetative cell)
살균유형	고온.고압(high temp./pressure)	lowtemp./non pressure
살균온도℃	고온 100↑(retort steriliztion)	저온100↓(pasteurization open kettle)

7) 식품보존[저장]원리

저온위생관리, 열처리, 차단

① 미생물제어(유해균인부패균, 병원균살멸, 제거, 생육정지) 유용균 작용조장

② 효소작용억제로 품질저하예방, 유해효소는 불활성화

③ 소동물(쥐, 새, 곤충)소비방지- 방서, 방충, 훈증

(1) 위생 관리

미생물의 오염 방지 나 생육억제, 살균 등(Clean-Cold-Cover=3C).

8) 식품보존법

건조/탈수, 냉동/냉장, 통/병조림, 삼투압(당, 염, 초장), pH산성화(산첨가, 젖산발효), 훈연, 포장, 제균냉살균(여과, 방사선, 살균, 방부제), 가열살균, 호흡작용(CA, MA)

9) 식품위생정의

(1) WHO

식품의 생육, 생산, 제조로부터 최종적사람에게 섭취될 때까지의 단계에서 식품의 안전성, 건전성 또는 위해가 없는 상태를 확보하기 위해서 필요로 하는 모든 수단

(2) 식위법(법2조7항)

식품, 첨가물, 기구 또는 용기, 포장을 대상으로 하는 음식에 관한 위생

(3) 식품위생 목적(법1조)

『식품으로 인한 위생상의 위해방지 와 식품영양의 질적 향상을 도모함으로서 국민보건의 향상과 증진에 기여』

(4) 식품중 위해요인의 종류

① 생물적요인 : 경구전염병 식중독세균 기생충

② 화학적요인

ⓐ 의도적 - 식품첨가물, 농약, 용기포장재료, 동물용약품

ⓑ 비의도적 자연독 - 버섯독, 복어독, 조개독, 곰팡이독

ⓒ 환경오염물질- 금속, 다이옥신

③ 물리적요인 : 유리, 돌, 나무, 해충 등

(5) 식생활의 변천

① 사회발전에 따른 안전성 관심분야

② 식생활 욕구 5단계 와 식품의 선택기준

욕구 단계[Survival]	선택 기준 I	선택 기준 II	비 고
생존 단계[Recognition]	경제성	영양가	'60 이전, 100$↓
인식 단계[Selection]	영양가	안전성	'70, 500$
선택 단계[Selection]	기호성/안전성	영양가	'80, 1500$
도락단계[Gourmandism]	건강기능	기호성	'90, 10.000$
식예술 단계[Art]	심미성	편의성	'2000, 20.000$↑

(6) 식품의 안전에 영향을 미치는 요인

① 인구의 고령화

② 무계획적인 도시개발 및 이주

③ 식품의 대량생산

④ 식습관의 변화

⑤ 식품 및 가축사료의 국제교역량증가

⑥ 관광여행자의 증가에 따른 병원성 미생물의 확산

(7) 식품안전의 의의

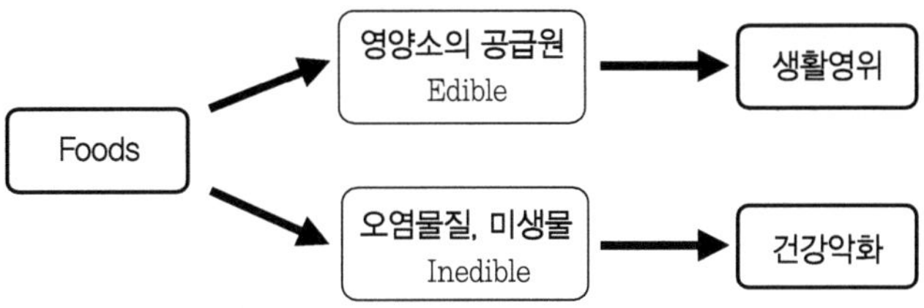

(8) 식품안전(Foodsafety)

위해발생을 미연에 방지 ⇒ 식품본래의 역할만 수행

(9) 식품이력추적제도(Food Traceability)

① 정의 : 농장에서부터 원료생산, 제품생산, 가공단계, 물류업체에 의한 유통경로 및 소매점을 거쳐 소비자에게 전달 될 때까지의 전과정을 기록해 활용하는 것. 〈From Farm To Table〉

② 목적

구 분	내 용
정보의 신뢰성 향상	소비자는 식품과 그 제공자에 대한 정보획득 정확한 정보를 근거로 제품관리 와 위험관리 사업자는 자기제품에 대한 신뢰성 확보
식품의 안정성 향상	제품의 안전성 문제에 대해 원인규명하고 대처가능 사고제품에 대한 추적관리로 회수 및 폐기처리 사업자에 책임을 명확하게 한다
업무의 효율성 향상	식별화된 제품관리로 재고업무 효율화 체계적인 제품/품질관리로 비용절감 및 품질향상

(10) 음식물과 건강장해위해요소

(11) 기타건강문제

① 비만(과잉영양섭취, 운동부족)기인 각종생활습관병

② 영양불균형 질병

(13) 식품건강위해(인위적 위해물질과 성분)

유전자조작식품(GMO), 잔류농약, 발암성(aflatoxin, mycotoxin), 방사능오염, 항생물질과 성장호르몬제(어.육류), 식품첨가물, 중금속(카드늄, 수은, 납), 환경호르몬과 트리할로메탄(수돗물), 아질산(소금), 니트로자민(소시지), 벤지피린(탄고기), 공장폐수, 합성수지제 용기등의 피해

표 1-1. 식품으로 인한 건강장애 물질의 개요

분 류	독성물질 의 예
고유독 (固有毒)	① 자연 독 : 복어 독, 바지락 독,독패 류,독버섯 ② 생리 독 : - 항 갑상선 물질, 장염 비브리오형 - 항효소 성 물질, 식이성 알레르기
외부독 (外部毒)	① 미생물로 인한 독(세균성 식중독) 감염형 : 살모넬리 형, 장염비브리오형 - 독소형 : 보툴리누스 형, 포도상구균형 - 화학물질형: 식품첨가물, 중금속, PCB, 농약 - 곰팡이 독 : 아플라톡신, 적 곰팡이독 ② 경구전염병(소화기계):이질, 콜레라, 장티프스 ③ 인 축 공통전염병: 탄저, 블루세라 등 ④ 인위적인 독 - 부정식품첨가물 : 합성감미료(dulcin등) - 식품오염물 : 잔류농약(DDT 등), 항생제, 공장배출물(유기수은 등), 가용용품 용출물 - 기생충증(경구감염): 회충, 촌충, 폐흡충 등
가공독 (加工毒)	① 물리적 처리 시 생성 독 - 방사선 조사, 유지 산화 독, 가열 산화유지독 ② 화학적 처리 시 생성 독 - 아 질산염과 아민(니트로소아민)

3. 식품제조공학의 기초자료

1) 식품의 정의

(1) 식품위생법

의약으로 섭취하는 것을 제외한 모든 음식물.

(2) WHO와 FAO규정

인간이 섭취할 수 있도록 완전 가공 또는 일부 가공한 것 또는 가공하지 않아도 먹을 수 있는 모든 것. 즉 식품이란 어느 정도 조리와 가공을 거쳐 먹을 수 있는 조건을 가진 것을 의미.

(3) 식품재료 및 식료품

식품으로서 섭취할 수 있는 조건을 가지고 있지만 조리 및 가공되지 않은 것.

(4) 식품(food)

한개 이상의 영양소를 함유한 것으로, 동물성과 식물성의 천연식품 및 그 가공품.

(5) 식품구성

화학적인 물질로 구성되고, 조리 가공 되어 식용의 대상으로 되는 과정에서 여러 각도로 물리적 화학적 반응을 일으킨다. 식용으로 할 수있는 식품은 영양적이어야 하며 유해물질을 함유하지 않은 천연물 또는 가공품. 이렇게 식품을 단순히 그 구성성분 에서 관찰하면 이는 생명과 건강을 유지하기 위하여, 또는 공복감을 충족시키기 위하여 섭취하는 것이라고 볼 수 있다. 이러한 식품은 여러 가지 원인에 의하여 변패초래 한다.

2) 식품 저장

식품의 원재료를 그대로 또는 적절히 가공한 상태로 보존하여 식품의 변질과 부패를 막는 것이다. 식품이 부패하는데 부적당한 조건을 조성해줌으로써 식품을 상하지 않게 보존하는 것을 뜻한다. 각 식품은 성질에 따라 각각 알맞는 저장법이 있으며 필요에 따라 식품을 단기간 저장할 수도 있고 혹은 장기간 저장할 수도 있다.

3) 식품 가공

식품재료를 가공처리하여 물리, 화학적 또는 생물학적 변화를 주어 저장성을 부여하거나 영양가나 기호도, 편의성, 수송성을 향상시키기 위해 식품을 가공 제조하는 것을 말한다.

4) 식품가공의 목적

식량자원, 식품소재, 식품재료를 사용하여 업무용 또는 가정에서 조리를 목적으로 그대로 식용에 공급되는 것을 만드는 것으로 조리와 공장 규모적 처리 공정을 모두 포함한다. 저장성, 영양가, 기호성, 편의성, 수송성을 향상시켜 상품가치를 높이고 여러 가지 식품재료들의 가격안정과 부산물의 이용으로 경제적 향상을 얻는다.

· 소화흡수가 용이해져 영양 가치를 높인다.

· 식품의 부재료는 가공을 통해 새로운 자원으로 이용된다.

· 적당한 가공처리로 저장성, 운반성, 유통성이 향상된다.

· 원재료의 맛뿐 아니라 새로운 맛이 생겨 기호성을 높인다.

· 식품재료의 가공과정은 미생물과 효소의 작용을 조절하기 때문에 위생적으로 안전을 보장받을 수 있다.

5) 식품저장 가공의 이점

제철이 아닌 식품의 이용, 다량생산지로부터 생산되지 않는 지역까지의 사용이 가능하며, 여러 가지 변화 있는 식품을 싼 값으로 이용할 수 있어 경제적, 영양과 맛의 개선, 통조림 병조림으로 가공함으로써 수송 저장을 간편하게 함, 날 것으로 이용하지 못하는 것을 이용가능하게 함, 식품의 이용기간 연장, 시장에 출하하는 수량과 종류를 조절할 수 있으므로 식품의 이용 범위를 넓히고 식품의 가치를 높인다.

① 안전한 식품(non-perishable food) : 밀가루, 설탕 등 특별히 주의하여 보관하지 않아도 되는 식품

② 반 안전 식품(semi-perishable food) : 감자, 사과, 배, 기타 채소 등 잘못 보관하면 상하는 식품

③ 불안정한 식품(perishable food) : 특별히 주의하지 않으면 상하는 식품

6) 식품저장 및 가공의 의의

① 농 · 수 · 축산물의 생산을 뒷받침한다.

② 생산의 기업적 발전을 조장

③ 생산 경영으로도 유리하다 : 농어민들의 잉여 혹은 영세노동력 활용, 농산물의 가격안정, 부산물 이용, 식생활 개선, 관련된 산업의 발전

7) 식품저장의 원리

① 식품의 부패원인은 미생물에 의한 경우가 많으며, 식품의 종루에 따라 작용하는 미생물도 다르고 부패속도도 다르다. 미생물의 성장을 억제시키는 방법으로는 저온을 이용하는 법, 수분 제한법, 공기의 조절법, 화학약품 작용법, 완전 가열 살균법, 여과 제거하는 방법 등이 있다.

② 식품자체가 가지고 있는 효소에 의하여 부패되는 것을 억제하거나 방지하는 방법으로는 가열하여 효소를 완전히 파괴하거나 또는 부적당한 조건(항산화제 첨가)을 가하여 효소 작용을 억제시켜 부패를 지연시키는 방법이다.

③ 기계적인 손상이나 곤충 등에 의한 충해의 방지

8) 가공 정도에 따른 분류

① 일차 가공식품 : 재료를 골라 세척하고 잘라 포장하여 상품으로서의 가치를 가진 것.

② 2차 가공식품 : 1차 가공식품을 다시 자르고 양념을 버무리고 발효 등의 과정을 거친 것.

③ 3차 가공식품 : 2차 가공품을 용기에 담아 통조림이나 병조림의 과정을 거친 것.

④ 4차 가공식품 : 통조림이나 병조림 식품을 다른 육류 등의 식품과 혼합하여 레토르트 식품 등으로 만든 것.

9) 식품가공의 발달사

(1) 원시시대

식물 열매와 뿌리 채취생활 → 불 발견 → 식품저장 → 농경, 목축

(2) 역사시대~근대까지

건조, 굽기, 찌기, 훈제, 염장, 발효법 등은 선사시대부터 역사시대 초기까지 존재하였으며 천일건조, 훈연, 염장은 19세기 전반까지 저장기술의 주류가 되었다.

(3) 19세기 이후의 가공저장법

19세기 후반에 이르러 통조림, 인공건조, 냉동기술이 개발되어 가공기술 발달하였다.

통조림은 N. 아빼르가 1804년 고안하였으며 1810년 주석이용한 통조림 제조가 이루어졌고 1874년 살균솥의 발명으로 대량생산 가능해졌다. 한편 1600년에 열풍건조기에 의한 열풍건조법 고안되었으나 1880년대부터 기초 확립하였다.

(4) 현대의 가공저장법

1929년 급속동결 장치인 다단접촉식 동결장치가 미국의 버어즈아이에 의해 고안되어 포장동결방식이 발전되었다. 동결건조는 19세기말에 알토만에 의해 고안된 것으로 피건조물을 진공에 가까운 상태로 건조시키는 원리를 근거로 1950년대 개발되기 시작하여 1960년대 이후 기업화 시대로 들어갔다. 가스저장은 1922년 영국의 킷드에 의해 연구되어 미국에서 1965년에 C.A. 저장을 하게 되었다.

석유화학의 발달로 플라스틱 필름을 식품포장재로 이용하게 되었고 1933년 파우세트는 폴리에틸렌 필름을 발명하고 크로스는 셀로판 필름을 발명하여 식품저장발전에 기여하였다.

–

Advanced Food Science Presentation Materials of

Food Manufacture & Engineering

–

제2장 식품제조공학의 단위조작

Advanced Food Manufacture

and Engineering

1. 식품제조가공의 단위조작기술

식품가공에 사용되는 각종 처리 조작 단위들을 말하며 선별 및 정선, 수송, 세정, 분쇄, 혼합, 증류, 추출, 흡착, 성형 등을 포함한다.

1) 선별 및 정선

선별(選別)은 이물질을 제거하고 원료만 가려내는 조작이며 정선(精選)은 일정한 크기나 품질의 것만 취하는 조작을 말한다. 크기, 무게, 모양, 비중, 성분조성, 전자기적 성질, 색깔 등 물리적 성질의 차이에 의해 분리하고 이물질을 제거한다.

(1) 중량

식품재료를 선별하는 가장 일반적인 방법으로 육류, 생선, 과일류, 채소류 달걀 등을 선별한다.

(2) 크기(size)

체(篩)를 이용하여 선별하는 것으로 다양한 고체입자 혼합을 두 개 이상분획으로 분리하는데 사용하며 분획된 것은 균일한 크기의 재료들로 구성되어 있다.

체눈 크기는 mesh로 표시하며 1mesh는 1인치 체의 길이 속에 있는 체눈의 수를 의미하며 메시가 클수록 가는 체를 의미한다. 크기선별기는 원료 크기에 따라 구멍을 통과하여 선별되는 방법으로 평판체는 곡류, 밀가루, 향신료, 소금 등의 선별에 사용되고 회전원통체는 콩 등과 같이 회전운동에 잘 견디는 원료선별에 이용된다.

· 수평식 체와 회전식체가 있다.

· Mesh-1 인치 속에 들어 있는 체눈의 수

· 체눈의 크기로서 입자의 직경 표시

예) +20 Mesh-20 Mesh 체를 통과하지 못한 입자

-20 Mesh-20 Mesh 체를 통과한 입자

-20+30 Mesh-20 Mesh를 통과하나 30 Mesh는 통과하지 못한다.

(3) 모양

같은 모양의 재료를 한데 모아 두면 가공할 때 편리한 점이 많아 가공효율이 높아진다. 분류한 이후에도 다른 모양을 가진 경우가 많은데 이때는 길이와 직경을 고려한 모양에 따라 모양선별기를 사용하여 분류한다. 디스크형은 특정 디스크를 회전하면서 수직 진동하면 같은 모양을 가진 재료를 한데 모을 수 있는 장점이 있고 실린더형은 회전하는 수평 실린더가 있어 이속을 통과하면서 모양이 비슷한 것끼리 모이게 된다. 밀, 보리, 귀리, 쌀 등의 비슷한 곡류 등을 선별할 때 사용한다.

(4) 광학

빛을 이용하여 원료를 분류하는데 반사선별기는 빛을 원료의 표면에 비추어 그 반사정도에 따라 착색 정도 또는 표면의 상처 등을 판단하는 장치이다. 투과선별기는 빛의 투과율에 따라 과일 채소 등의 내부 품질을 판단하도록 고안된 장치이다.

2) 수송

(1) 분립체(分粒體) 수송

· 기계식 수송기 : 승강식 운반기 - 상승수송에 적합하다.

  체인, 컨베이어, 스크루 컨베이어, 벨트 컨베이어 - 수평수송

· 공기수송기 : 진공흡인식, 저압흡인식, 고압압송식, 흡인압송식 - 상승수송, 수평 수송에 적합하다.

· 액체수송 - 파이프라인 수송에 의해 주로 이루어져 유가공공장, 양조공장, 청량음료수제조공장 및 전분공업에서 특히 중요한 수송수단이 되고 있다.

3) 세정

식품원료에서 협잡물을 분리하거나 가공식품의 용기 또는 제품 중에 함유되어 있는 미생물과 같이 품질을 해치는 물질을 제거하는 조작이다.

· 건식세정법 : 체질, 사별, 흡인, 연마 및 자력선별법 등이 있다.

· 습식세정법 : 침지, 분무, 부유, 초음파, 여과 및 정치침강 분리세정 등이 있다.

(1) 분무세척법

다량의 식품을 세척하려고 할 때 식품을 컨베이어에 실어 이동시키면서 그 위에 물을 세게 뿌려 줌으로써 세척하는 방법을 이용하면 편리하다. 물은 분무기나 노즐를 통하여 비교적 높은 압력으로 분사되어 협잡물을 떼어 낼 수 있는 힘을 가져야 한다. 세척원료를 손상시키지 않으면서 세척의 효과를 최대로 하기 위해서는 물의 분사압력과 분사거리, 사용량, 온도 등을 적당하게 조절하여야 한다.

(2) 부유세척법

식품에 묻은 이물질을 물 속에 담가 협잡물이 분리되어 세척을 할 수 있는데 저어주거나 세제와 같이 사용하면 더욱 효과적이다. 부유세척기는 원료를 물속에 담그면 밀도와 부력의 차이로 밀도가 높은 협잡물은 가라앉고 밀도가 낮은 협잡물은 떠올라 각각 분리해 낼 수 있다.

(3) 초음파세척법

교반에 너지로 초음파(16KHz 이상)를 사용함으로써 음압에 의하여 압력이 급격히 교대로 고압-저압으로 변하여 기포가 급격히 생겼다가 없어지는 것이 반복되어 원료표면에 붙어있는 불순물이 세척되는 방법이다. 병이나 식기류의 분무세척이나 브러시 세척으로도 잘 세척되지 않는 것을 빠른 시간에 세척할 수 있고 주로 더러운 달걀의 세척이나 야채속의 모래, 과일 표면에 부착된 왁스, 포크 등의 식기류의 세척에 이용된다.

4) 분쇄

식품원료를 기계적으로 작게 부수는 조작으로 고체식품의 원료를 작게 만드는 것으로 절단, 파쇄, 제분이 있으며 특히 제분은 곡류의 입자크기를 작게 하여 가루로 만드는 공정이다. 유화는 액체를 분쇄하여 섞이지 않는 액체를 미립자 상태로 분산시킨다. 분쇄할 때 식품에 가해지는 힘은 충격력, 압축력, 전단력으로 한 가지 힘의 작용으로 분쇄되는 경우는 드물고 대부분이 여러 가지 힘이 복합적으로 작용한다. 물질의 표면적을 크게 하여 산소와 화학약품의 작용을 충분하게 한다.

· 내용물을 분말화 하여 혼합을 용이

· 조직파괴로 유용성분의 추출과 분리가 용이-밀가루분리,커피의 추출, 식용유 추출

· 일정한 입자로 세분화하여 이용가치 상승-초콜릿의 정제, 각종 향신료의 제조, 분말음료용 설탕입자의 조정

· 표면적의 증가로 화학반응, 열전달, 물질이동을 촉진시켜 건조, 추출, 용해, 증자 등의 시간단축-대두 땅콩, 과일 감자 등의 분쇄

· 다른 재료와 혼합 또는 조합을 시킬 경우 제품을 균일화-조제식품, 케이크 믹스, 분말수프, 향신료, 커피

(1) 분쇄기의 종류

① 해머밀(hammer mill)

한 개의 최전축의 원너판 둘레에 여러 개의 해머가 부착되어 고정해머와 원판에 매달려 회전속도에 따라 움직일 수 있는 스윙해머가 있다. 막대모양, 칼날모양, T자모양 등 여러 가지가 있으며 원료의 성질에 따라 교환하여 사용할 수 있다. 원료는 고속 회전하는 해머에 부딪히는 강한 충격력으로 분쇄되고 또 분쇄판에 충돌되어 더욱 작게 분쇄하게 되며 분쇄된 입자는 분쇄실 아래의 체를 통과하게 된다. 해머밀은 다목적 분쇄기로 결정성 고체, 섬유질, 설탕, 식염, 카제인, 마른 채소, 옥수수 전분, 곡류 등의 원료를 분쇄하는 데 쓰인다.

② 볼밀(ball mill)

수평원통 속에 2~15cm 직경의 금속이나 돌같은 단단한 볼을 넣어 원료와 함께 회전시켜 분쇄하는 장치이다. 원료와 볼이 회전하다가 낙하될 때 볼과 볼 사이의 충돌력과 볼과 원통벽과의 마찰에 의해 식품이 분쇄된다. 원통의 회전 속도는 너무 느려도 충돌이 안 일어나 분쇄가 잘 안되고 반대로 지나치게 빨라도 원심력으로 볼이 원통벽에 붙어 회전하게 되어 분쇄가 안 되므로 회전속도 조절이 중요하다. 곡류와 향신료의 분쇄에 사용된다.

③ 핀 밀(pin mill)

고정원판과 고속회전 원판에 작은 막대모양의 핀이 여러 개 붙어 있어서 고정핀 사이에서 고속 회전하는 핀의 충격에 의해 원료가 분쇄되며 원판 주위에 링모양의 체가 있어 분쇄된 가루가 통과하게 된다. 고속회전에 의해 높은 마찰열이 발새하고 이 마찰열에 위해 부착성의 원료가 핀에 붙을 염려가 있다. /도한 마찰열 때문에 저융점의 열레 민감한 원료를 분쇄할 때는 주의한다. 설탕, 전분, 곡류, 콩 등의 선식 분쇄와 습식으로 콩, 감자의 분쇄 그리고 고구마의 2차 분쇄에 사용되고 있다.

④ 롤 밀(roll mill)

두 개의 간격을 조절할 수 있는 금속 또는 돌 롤이 회전하면서 압축력과 전단력에 의해 식품이 분쇄되는 장치이다. 표면에 홈이 파여 있는 조쇄롤은 거칠게 분쇄하고 표면이 매끈한 활면롤은 연한 재료를 곱게 분쇄하는데 이용된다. 옥수수, 콩, 커피, 면실, 유박, 밀가루, 쌀가루 등의 분쇄에 널리 사용되고 있다.

⑤ 디스크 밀(disk mill)

홈이 파져 있는 두개의 원판 사이에 식품을 넣고 원판 사이의 간격을 적당히 조절하여 회전하면 마찰력과 전단력에 의해 분쇄가 일어난다. 곡류의 분말제품, 섬유질의 미분쇄 또는 옥수수, 쌀의 분쇄에 널리 이용된다.

(2) 분쇄기의 선정

① 원료의 특성

원료의 크기, 이화학적 특성, 분쇄 후의 입자크기, 입도 분포, 재료의 양, 습, 전식의 구별 등을 고려하여야 하며 특히 분쇄 온도와 열에 민감한 식품의 경우에는 분쇄 중에 식품성분의 열분해, 변색, 향기의 발산 등이 품질을 저하시키므로 냉각효율이 높은 분쇄기를 선정하여 온도를 일정 범위 내에서 유지할 수 있도록 하여야 한다. 열에 민감한 식품은 드라이아이스나 액체질소를 사용하여 동결분쇄를 하는 것이 좋다.

② 수분과 온도조건

건조한 고체를 분쇄할 때 많은 먼지가 생겨 호흡기 질환을 야기하거나 인화성과 폭발의 위험이 있으므로 원료에 적당한 수분이 있는 것이 좋다. 밀 제분시 밀의 수분함량을 조절한다든가 옥수수 제분에서 습식방식을 채택하는 것도 이러한 이유이다. 분쇄과정에서의 마찰열이 온도를 상승시켜 재료를 변하게 하거나 연화시키는데 특히 열에 민감한 재료일 경우에는 재료가 서로 엉겨 붙거나 분쇄기에 붙으므로 가공효율이 나빠진다.

③ 동결분쇄(Cryogenic Crushing)

원료 품질의 열화를 억제하면서 미세하게 분쇄하기 위해 원료식품을 동결상태로 분쇄할 수 있다. 액체질소를 식품표면에 분사하여 순간적으로 동결한 후 충격분쇄하는데 상온 분쇄할 때 발생하는 열과 산화에 의한 품질변화를 최소화하여 물성변화 영양파괴를 막을 수 있다.

5) 혼합(Mixing) 및 유화(Emulsion)

(1) 혼합

대부분의 가공식품은 두 가지 이상의 원료를 써서 제조되므로 각 원료를 얼마나 잘 혼합해 주느냐에 따라 제품의 질이 좌우된다. 혼합에 의해 물리적 성질 및 화학적 변화를 일으켜 반응속도를 촉진시키고 독특한 물성을 얻을 수 있다.

· 혼합(mixing) : 고체와 고체를 섞는 조작으로 모든 형태의 혼합을 의미하기도 한다. 밀가루와 설탕을 섞는 것.

· 교반(agitation) : 액체와 액체, 액체와 소량의 고체, 액체와 기체의 혼합이며 고점도의 반고체 물질과 액체를 혼합할 때 쓰인다.

· 반죽(kneading) : 고체와 액체의 혼합이며 고점도의 반고체 물질과 액체를 혼합 할 때 쓰인다. 밀가루에 물을 넣어 섞는 것.

· 유화(emulsification) : 액체와 액체의 혼합으로 기름과 물 같이 서로 섞기 어려운 액체를 교반하여 액체를 다른 액체에 균일하게 분산시키는 조작

고체 식품끼리의 혼합은 회전기, 뒤집기 원리를 이용하여 용기 속에 원료 넣고 용기를 회전시키거나 여러 가지 텀블러를 활용하여 뒤집기를 반복하거나 리본혼합기나 스크루 혼합기를 사용한다.

스쿠루 혼합기는 고체식품들이 스크루의 회전에 따라 아래위로 앞뒤로 혼합되는 원리이며 혼합하면서 수송을 겸할 수 있는 장점과 스크루와 식품사이의 마찰이 많아 혼합 중에 식품이 부서지기 쉬운 단점이 있다.

반죽과 같은 경우 점성이 크고 유동성이 거의 없으므로 반죽기의 기계적인 교반날개에 의해 혼합하게 된다.

(2) 유화(Emulsion)

섞이지 않는 두 종류의 액체를 균일하게 혼합하여 분산질과 분산매가 다 같이 액체인 교질상태를 유화액이라 하고 만드는 과정을 유화라 한다. 분자 내에 소수기와 친수기(-OH, -CHO, COOH, $-NH_2$ 등) 가 있는 인지질 같은 유화제를 소량 넣고 혼합하면 안정한 유화핵 형성한다.

· 수중유적형(oil in water=O/W) : 물에 기름이 분산되어 있는 형태 생크림, 균질우유, 마요네즈, 기름이 많이 들어 있는 케이크 반죽.

· 유중수적형(water in oil=W/O) : 기름 속에 물분자가 분산되어있는 형태. 버터, 마아가린, 경화유

6) 여과 및 막분리

(1) 여과(Filtration)

다공성 여과제를 사용하여 고체 액체 혼합물을 물리적으로 분리하는 조작을 말한다. 여과하고자 하는 고체 액체 혼합물을 현탁액이라 하고 여과제를 통과하여 얻어지는 액을 여액이라 하며 여과제를 통과하지 못하는 고형물을 여과박이라고 한다. 주류와 과일주스 등과 같이 대부분 여과조작은 청징한 액체를 얻기 위하여 이용되지만 고형물을 얻는 데 사용되기도 한다. 여과기는 여과를 일으키는 압력의 원천에 따라 중력여과기, 감압여과기 및 가압여과기 등이 있으며 식품공업에서 가장 많이 사용되는 것은 압력을 가해 빠른 속도로 여과하는 가압여과기이다.

(2) 막분리

① 막분리의 특징

· 확산투석(dialysis)-확산에 의한 농도차이를 이용하여 용질분자와 물 등을 투과 시키며 용질상호간 분리에 활용한다.

· 전기투석(electrodialysis, ED) : 이온차이를 이용하여 이온성물질과 물 등을 투과 시키며 이온과 비전해질 분리에 이용한다.

· 정밀여과(Microfiltration, MF) : 압력차이와 막외경 크기에 의해 분리하며 용질분자와 물이 투과 가능하다. 제균, 맥주와 와인 여과에 사용한다.

· 한외여과(ultrafiltration UF) : 압력차이 및 막외경 크기에 의해 분리하며 용질분자, 물 등이 투과 가능하며 생주(무가열살균)의 살균 및 제균에 활용한다.

· 역삼투(Reverse Osmosis, RO) : 역삼투압력을 이용하여 용매와 용질을 분리한다. 물이 투과되며 과즙농축 등에 이용한다. 이 방법은 반투막을 사이에 두고 용액의 농도차이에 의해 생성된 삼투압보다 더 높은 압력을 진한 용액 쪽에 가함으로써 진한 용액의 용매(물)를 묽은 용액 쪽으로 이동시켜 진한 용액을 더 농축시킬 수 있는 방법으로 과일주스나 채소주스 농축과 정수기에 활용된다.

7) 증류(蒸溜) 및 추출(抽出)

(1) 증류(Distillation)

두 종류 이상의 화합물이 혼합된 용액을 가열하여 각 성분의 끓는 점에 따라 각 성분을 분리하는 조작이다.

· 단 증류 : 혼합 성분의 끓는 점 차이가 큰 경우에 사용

· 수증기 증류 : 고온에서 열분해 되기 쉽고 물에 잘 녹지 않는 물질은 저온에서 증류하며 상압진공에서 한다.

· 분류정류 : 증류된 성분을 다시 각 온도에서 분리하는 방법이다.

(2) 추출(Extraction)

용해도 차이를 이용하여 원하는 물질을 농축 또는 분리하는 조작으로 추출 후 용질이 풍부하게 존재하는 용액에서 용매를 증발시키면 순수한 용질을 얻을 수 있다. 추출속도는 용질이 한 상(相)에서 다른 상으로 이동되는 속도로서 입자의 크기 용매의 종류, 온도, 액의 교반 정도, 농도 등 여러 가지 요인에 의해 달라지는데 농도차가 클수록 추출온도가 높을수록 표면적이 넓을수록 증가한다.

※ 추출용제의 특징(구비조건)

① 가격이 저렴

② 제품에 영향을 미치지 않아야 한다.

③ 융점이 낮고 인화의 위험이 없어야 한다.

④ 원하는 성분을 선택적으로 잘 용해하여야 한다.

⑤ 비등점이 낮아야 하며 증발잠열과 비열이 적어야 한다.

⑥ 화학적으로 안정하며 동시에 독성과 기구에 대한 부식성이 없어야 한다.

추출기는 용매와 원료를 섞는 혼합기와 추출이 충분히 일어난 후 용액과 잔류물을 분리하는 분리기로 구성, 회분식추출기와 연속식추출기가 사용되고 있다. 유지추출, 인스턴트 커피와 홍차 제조, 사탕수수나 사탕무에서 설탕의 용해 추출

8) 흡착(Adsorption)

기체 또는 액체를 다공질(多孔質) 또는 이온교환능력을 가진 고체에 접촉시켰을 때 기체 또는 액체 중의 특정한 성분이 고체에 특이적으로 결합되는 성질을 이용하여 특정성분을 분리하는 조작이다.

- 흡착제는 활성탄, 산성백토, 실리카겔, 골탄, 이온교환수지 등이 있다.
- 활성탄은 다공질로 되어 있어 내부표면적이 크므로 유지나 물, 수용액의 탈색과 정제에 널리 이용되고 있다. 예로 숯이 탈취와 탈색의 목적으로 생활에서 사용되고 있다.

- 산성백토는 염화알루미늄이 주성분으로 유지의 탈색과 탈취에 이용되고 있다.
- 실리카겔은 다공성의 망상구조를 가지므로 공기 중의 수분제거에 효과적이어 제습제로 가공식품에 많이 활용되고 있다.
- 골탄은 인산칼슘이 주성분으로 수용액의 탈색에 이용된다.
- 이온교환수지는 이온성 물질을 선택적으로 결합할 수 있는 도구로 음이온을 흡착하는 것을 음이온 교환수지, 양이온을 흡착하는 것을 양이온 교환수지라 한다. 염류나 이온성 화합물의 분리에 의한 물과 수용액의 정제에 이용된다.

9) 압착(Pressing)

식물성 유지의 착유, 치즈제조, 과일에서 주스의 착즙 등에 널리 이용되는 방법으로 고체에 압축력을 가해 액체성분을 짜내는 조작이다.

압착기는 압축력을 주는 기계적인 장치와 액체성분을 잔류 고체 성분에서 분리할 수 있는 여과장치로 구성되어 있다. 회분식의 유압식압착기와 연속식인 스크루식 압착기는 착유 및 과일주스에 널리 사용되고 연속식 롤러압착기는 사탕수수에서 원당액을 추출하는데 사용된다.

10) 성형(forming, moulding)

여러 가지 방법으로 원료의 모양을 바꾸어 가공식품의 최종 모양과 형태를 만드는 조작이다.

(1) 주조성형

약과, 쿠키, 빙과와 같이 일정한 모양의 틀에 식품원료를 담아 찍어내어 냉각 또는 가열에 의해 굳혀서 제품을 만드는 성형으로 병과류, 과자류, 국수, 껌등에 이용된다.

- 압연성형 : 원료를 반죽하여 두 개의 회전하는 롤 사이로 통과시켜 얇게 늘리면서 면대를 만든 다음 이를 세절하거나 압인 또는 압절 하는 방법이다.

(2) 압출성형

반죽, 반고체 및 액체 식품을 노즐 또는 다이와 같은 작은 구멍을 통해서 강한 압력으로 밀어내어 일정한 모양을 가지게 하는 성형법.

압출성형기로 원료를 성형하며 원료가 고속 스크류에 의해 혼합, 전단, 가열 작용을 받아 고압 고온으로 순간적으로 점탄성 물질로 외부로 압출되므로 혼합, 가열, 팽화, 성형이 이루어진다.

· 비발열방사식 : 원료의 조직 및 물성이 변형되지 않고 성형을 주목적으로 하며 발열방식은 전단과 마찰로 내부온도와 압력이 높아져서 원료의 물성을 변화시키고 여러 가지 변화를 일으킨다.

압출성형은 전분질 식품의 가공, 호화전분의 제조, 효소의 불활성화, 두류의 저장성 향상, 향미개선 소화율을 증대시키고 전분질 곡류와 고단백질 곡류를 혼합가공하여 고단백질 스낵식품, 팽화간편 식품을 제조할 수 있고 콩단백질로 쇠고기와 같은 인조단백질을 제조하는데 이용한다.

(3) 응괴성형

이스트, 인스턴트 커피, 각종 인스턴트 차나 분말주스, 조제분유 등의 제품에서 입자가 작은 분말을 응집시켜 응괴형태로 바꾸어 주면 물에 녹일 때 뜨지 않고 가라앉아 용해되기 쉽게 만드는 성형방법이다.

분유는 유당, 지방, 카제인 미셀과 침전된 유청 단백질들이 물에 들어가 수화될 때 덩어리지므로 잘 용해되지 않는데 건조물에 수분을 분무하여 끈끈하게 만든 다음 다시 건조하여 스폰지 같은 응괴입자로 건조하면 잘 용해된다.

(4) 과립성형

젖은 상태의 분체식품이 구멍이 있는 회전 드럼 속에서 회전틀에 의해 압출되어 펠릿으로 성형되는 원리이다.

자일리톨과 같은 과립형 껌이나 초콜릿 볼, 당의정 약과 같이 표면에 당액을 분사하여 건조시키는 성형은 회전솥을 사용하여 표면에 반복적으로 당액이나 코팅제를 피복하여 차츰 크기가 커지면서 성형되는데 이를 피복식 과립성형이라고 한다.

–

Advanced Food Science Presentation Materials of

Food Manufacture & Engineering

–

제3장 식품제조공학의 기초과학

Redaction

Advanced Food Manufacture

and Engineering

1. 수분(wet, Moisture)

1) 수분의 의의

식품속의 수분은 그 속 에서 일어나는 여러 화학반응에서 용매로 작용하거나 직접 반응물질로서 작용, 멀리 떨어져 있는 반응물질들에 대한 운반체로서도 작용, 세포들의 주요 구성 성분으로써 신진대사과정에 참여하며, 형태의 유지에 필요한 압력을 준다. 교질상의 유체 또는 고체 식품 중에서는 이들 식품조직의 성질을 결정하여 주며, 채소류, 과실류 등의 건조과정에서는 수분의 증발 제거에 의해서 이들 식품의 수축을 가져옴으로써 그 성질을 크게 변화시킬 수 있다. 충분한 수분이 필요한 세균류(bacteria)나 적은 양의 수분에도 견디는 내건성 곰팡이(xerophilic fungi)에서 시작하여 사실상 모든 형태의 생물체는 성장과 증식은 물론 그 생존을 위해서 일정한 수준의 수분이 반드시 필요하다. 많은 가공식품 특히 건조식품에서는 영양성분 함량의 실질적인 감소 없이 수분을 제거함으로써 전체 무게를 경량화하고 아울러 미생물에 의한 부패를 억제하도록 하고 있다.

예) 분말우유 분말 달걀 각종 분말 주우스류, 건조두부, 쌀 등

(1) 물의 존재 상태

① 자유수(free water)

식품속에서 염류, 당류, 수용성 단백질 등에 대해서 용매로서 존재하는 물로 식품속의 대부분의 물은 자유수의 형태로 존재 이 자유수는 지금까지 우리가 배워온 물의 통념과 일치하는 물의 형태로서 상압 즉 760mmHg에서는 0℃에서 얼음이 되고, 100℃에서 증발하여 수증기가 되는 물의 형태이다.

② 결합수(bound water)

식품속의 탄수화물, 단백질 성분과 주로 수소결합을 통해서 강하게 결합상태에 있거나, 이와 같은 성분에 강하게 흡착되어 있는 물로 자유수처럼 0℃에서 얼지도 않고, 100℃에서 끓지도 않으며, 압착하여도 쉽게 스며 나오지 않으며 당류나 염류에 대한 용매로서의 작용도 없다.

자유수	결합수
용매로서 작용(가용성 물질은 용해하고 난용성 물질은 분산시킴)	용질에 대해 용매로 작용하지 않음(식품 성분과 결합되어 있음)
건조시키면 쉽게 제거	대기 중 100℃이상에서도 제거되지 않는다.
0℃이하에서 쉽게 동결	0℃이하(-18℃)에서도 동결되지 않는다.
미생물의 생육에 이용	미생물의 생육에 이용되지 못한다.
밀도가 4℃에서 제일 크다.	유리수보다 밀도가 크다.
끓는점과 녹는점이 순수한 물보다 높다	생물체의 조직에 큰 압력(8000-38000psi)을 주어도 제거되지 않는다.
비열이 크다.	수증기압이 보통 물보다 낮다.
표면 장력이 크다.	-
점성이 크다.	-
효소작용에 이용된다.	효소작용에 이용될 수 없다.

한 식품속의 자유수와 결합수는 일정한 온도에서는 언제나 평형상태에 있으며, 따라서 식품속의 절대적인 자유수 또는 결합수의 양이란 별 의미가 없다. 즉 한 식품속의 자유수라도 어떤 온도에서의 평형을 위해 결합수가 되기도 하고 반대로 결합수도 자유수가 될 수 있다.

자유수 ⟷ **결합수**

가역적 변화

예) 0℃이하로 온도가 급속하게 내려갈수록 자유수는 계속 얼음이 되므로 일부 결합수는 자유수로 되어 평형을 유지하고자 한다. 그러나 자유수와 결합수의 관계 즉 한 식품속의 결합수의 양을 정량적으로 연구하기 위해서 결합수는 "0°F 또는 -18℃에서도 얼지 않는 물" 로 정의

※ 특징

· 100℃이상 가열하거나 압착해도 제거되지 않는다.

· 당류와 같은 용질에 대하여 용매로서 작용을 하지 않는다.

· 0℃이하의 낮은 온도에서도 동결 되지 않는다.

· 물보다 밀도가 크다.

· 미생물의 번식에 이용되지 못한다.

2) 수분활성(水分活性)과 식품의 안정성(安定性)

(1) 수분활성도(Available Water Activity A_W)

① A_w의 의의

각종 식품, 특히 건조식품의 저장 중의 변화는 주로 미생물의 번식에 의한 부패, 효소의 작용, 순수한 화학적 변화 등에 의해서 일어나며, 이와 같은 변화들에 관계되는 물의 형태는 자유수이다. 식품속의 여러 성분에 흡착되거나 수소결합 등을 통해서 강하게 결합된 결합수는 미생물이 이용할 수 없으며, 효소나 화학작용에도 이용될 수 없다. 즉, 저장 중인 식품의 이상의 여러 가지 변화들에 직접 관계되는 물은 당장 이용할 수 있는 물이어야 하며 전체적인 물의 함량은 아니다.

예) 당 조림 또는 소금 절임된 식품속의 물의 많은 부분은 당 또는 나트륨이온과 강하게 또는 느슨하게 결합하고 있어서 미생물들이 이용할 수 없는 형태로 되어 있어 실제로 이용할 수 있는 물(available water)의 양은 적기 때문에 미생물들은 생존할 수 없으며, 따라서 썩지 않고 오래 저장할 수 있다.

한편 밀폐된 용기에 들어 있지 않은 가공식품들, 특히 건조식품의 경우 식품속의 수분함량은 대기 중의 수분함량 즉 상대습도(relative humidity)에 의해서 쉽게 영향을 받으며, 결국 평형상태에 도달 즉 평형수분함량(equilibrium moisture content)을 갖게 된다.

예) 아무리 잘 건조된 식품도 상대습도가 높은 대기 중에서는 대기 중의 수분을 흡수하여 평형에 이르게 되며, 수분함량이 큰 식품을 상대습도가 낮은 대기 중에 두면 그 식품 중의 일부 수분이 제거되어 평형상태에 도달한다.

식품중의 물의 상태는 식품 중 수분함량과 상대습도의 두 값에 대한 비율인 수분활성도(water activity:A_w)라는 개념을 사용하는 것이 편리하다.

대기 중의 수분함량은 %수분함량이 아니라 그 임의의 온도에서의 순수한 물의 수증기압 P0에 대한 실제 대기 중의 수증기압 P의 백분율 즉, %상대습도(% relative humidity, % R.H.)로서 표시

$$\% \text{ R.H.} = \frac{P}{P_0} \times 100$$

한편 소금 또는 당 용액에서 당이나 나트륨이온(Na^+)이나 염소이온(Cl^+)의 농도에 따라 이들과 결합하는 즉, 수화(hydrate)하는 물 분자들의 수는 늘어나므로 순수한 물의 수증기압에 비해서 점차 낮아진다. 즉 결합상태가 아닌 자유로이 이용할 수 있는 물의 양은 같은 임의의 온도에서의 순수한 물의 수증기압에 대한 그 용액의 수증기압의 비율로 표시. 이 비율은 자유로이 이용할 수 있는 물의 양을 나타내는 척도이며, 수분활성도라고 한다.

즉, 식품의 수분활성도는 어떤 임의의 온도에 있어서 그 식품이 나타내는 수중기압(P)에 대한 같은 온도에 있어서의 순수한 물의 최대 수증기압(P_0)의 비로 정의한다.

$$A_w = \frac{P}{P_0}$$

또 식품의 수증기압은 그 식품의 수분에 녹아 있는 용질(solutes)의 종류와 양에 의하여 영향을 받는다. 지금 물의 mol수를 M_w, 용질의 mol수를 M_s라 하면 A_w는 다음과 같다.

$$A_w = \frac{P}{P_0} = \frac{M_w}{M_w + M_s}$$

② 농도

· 중량 백분율(wt %) : 용액 100g 중의 용질의 양

· 용량 백분율(vol %) : 용액 100mℓ 중의 용질의 양

· M,mol농도 : 용액에 함유되어 있는 용질의 양

· N,normal농도 : 용액 1ℓ 중에 포함되어 있는 용질의 양

(2) 미생물의 번식과 수분활성도

미생물의 성장은 한 식품의 % 수분함량 또는 전체의 수분함량보다는 실제로 미생물이 이용할 수 있는 물의 양에 의해 정해진다. 즉 한 미생물의 어떤 식품에서의 성장여부는 그 식품의 수분활성도와 직접 관련이 있다. 세균류(eubacteria, true bacteuria)의 성장할 수 있는 수분활성도의 범위는 0.90 이상, 대부분의 곰팡이(fungi molds)의 경우 성장이 허용되는 범위는 대체로 0.80 이상이며, 효모의 경우는 대체로 0.88 이상이다. 그러나 일부 내건성 곰팡이(xerophilic molds)의 경우에는 0.65보다 낮은 수분활성도에서, 내삼투압성 효모(osmophilic yeasts)와 내염성 효모(halophilic yeasts)의 경우에는 각각 0.65와 0.80 이하의 수분활성도에서도 성장할 수 있다.

연 습 문제

Q1. 65% 설탕(질량%)을 함유한 수용액에서 물의 활성도(A_w)는?(단, 설탕의 분자량은 342이고 물의 활동도 계수는 1이다.)

가. 1.0 나. 0.5 다. 0.9 라. 0.2

Q2. A_w가 가장 낮은 것은 ?

가. 선어육 나. 염장멸치 다. 어육소시지 라. 베이컨

Q3. 수분 함량이 72%, 설탕 함량이 20.52%, 단백질 함량이 7.48%인 어느 식품의 수분 활성도는? (단, 설탕의 분자량은 342이고, 단백질의 평균 분자량은 2000,000이다.)

가. 0.985 나. 0.935 다. 0.885 라. 0.835

Q4. 식품의 수분 활성을 낮게 하는 방법으로 적절하지 못한 것은 ?

가. 건조시킨다 나. 설탕 첨가

다. 수용성 물질을 첨가 라. 온도를 높임

정 답 풀 이

A1. $A_w = P/P_o = N_w/N_w+N_s = (35/18)/(35/18)+(65/342) \fallingdotseq 0.9$

A2. 염장 멸치는 건조해서 소금에 절인 것이기 때문에 일반적으로 A_w 값이 매우 낮다.

참고) 보통 신선한 어패류와 같은 수분 함량이 많은 것은 A_w가 0.98-0.99 정도이고 수분이 적은곡물의 경우엔 0.60-0.64이다

A3. 8과 식 동일(수용성 물질의 경우이외에는 다른 용질은 무시)

$A_w = P/P_o = N_w/N_w+N_s = (72/18)/(72/18)+(20.52/342) \fallingdotseq 0.985$

A4. 식품의 수분 활성에 영향을 미치는 인자는 건조시키는 것 이외에도 용질의 양을 증가시킴으로써 낮게 하는 효과를 얻을 수 있다.

–

Advanced Food Science Presentation Materials of

Food Manufacture & Engineering

–

제4장 식품제조공학기술

Redaction

Advanced Food Manufacture

and Engineering

1. 식품의 교질성(Colloid)과 식품 겔(Gel)

설탕이나 소금 등의 용질(Solute)이 물과 같은 용매(Solvent)에 완전히 녹았을 때 설탕이나 소금의 용액(Solution)이라 한다.(용질(容質) : 용액에서 용해되는 물질, 용매(溶媒) : 용해시키는 물질)

한편 미세한 돌덩어리들이나 기름덩어리들과 같은 물체가 물에 전혀 녹지 않고 그대로 들어 있을 때는 단순한 현탁액(suspension)이라 한다. 그러나 어떤 고분자 화합물이 물에 완전히 녹지는 않으나 물분자들과의 친화력(affinity) 때문에 물에 분산되어 좀처럼 분리되어 가라앉지 않는 경우 교질상태 또는 콜로이드 상태(colloidal state)에 있다고 한다.

콜로이드를 만드는 성질은 용질,분산상(dispersed phase)과 용매 즉 분산매(dispersion medium 물질이 분산되는 매체, 식품에서는 물)의 화학적 성질, 상호간의 친화력도 중요하나 분산되는 화합물의 크기도 매우 중요하다.

한편 물과 강한 친화력을 갖고 있으며 물에 쉽게 분산되어 교질상태로 되는 고분자화합물은 보통 친수성 콜로이드(hydrophilic collloid, hydrocolloid)라 한다.

1) 콜로이드 용액의 성질

진용액과 콜로이드용액을 투명한 유리그릇에 담아 강한 광선을 비추면 콜로이드 용액을 통과 할 때면 콜로이드입자의 표변에서 굴절되고 빛은 확산되어 광선의 진로를 보여주는데 이 현상을 Tyndall effect라고 한다. 또한 콜로이드 입자가 가스나 액체 내에서 대단히 활발한 활동을 하는 성태를 brownian movement라 한다.

(1) 콜로이드 입자의 전하

콜로이드 입자의 표면은 콜로이드 용액에서 전기를 띠고 있어서 안정한 분산 상태를 이루고 있다. 이온화된 교질은 일정한 질량내에서는 동일한 전기를 띠고 있으므로 입자 상호간에 반발하여 서로 결합 또는 응결하려는 것을 막으므로 용액으로써의 안정성을 지닌다.

(2) 콜로이드와 삼투압

진용액 상태와 달리 콜로이드는 삼투압이 거의 형성되지 않으므로 교질 입자는 육류 내에 있는 막이나 식물의 세포막을 통과 능력이 없다.

(3) 콜로이드의 흡착작용

콜로이드입자가 용액 중의 용질과 결합하려는 성질로 분산상이 콜로이드상태를 유지하면서 세밀히 쪼개져 있기 때문에 분산매에 접하고 있는 표면적이 콜로이드입자의 용적에 비해 대단히 커 표면장력을 형성하여 흡착작용 나타내며 이로 인해 전해질속에서 전하를 갖게 된다.

현탁질(액체 속에 고체가 분산 suspensoid)에서는 분산상은 분산매와 전혀 흡착되지 않아 콜로이드 용액은 brownian movement와 분산계에 존재하는 전하에 의해 안정성 유지 즉 같은 성질의 전하는 서로 반발하여 결합 응결되려는 것 방지한다.

유탁질(emulsoid)은 액체 속에 기름과 같은 액체 입자가 분산되어 있는 것이라 하며 예 우유, 이러한 분산계를 emulsoid colloid라 한다. 이러한 경우 분산매는 다소간 콜로이드 입자에 의해 흡착되며, 이때 분산매와 분산상 간에 친화력이 형성 또 분산매의 흡착력이 크면 클수록 전하에 의존하지 않고 흡착된 분산매에 의해 안정성을 지니게 된다.

예) gelatin, 달걀의 흰자 풀 등은 전해질이 아주 농후하게 첨가되지 않는 한 안정한 교질상태 유지한다.

이러한 성질에 의해서 콜로이드 체계를 친액성(lyophilic colloid emulsoid), 소액성(lyophobic, suspensoid) 콜로이드로 분류한다. 식품 조리 과정에서 쉽게 응결현상이 일어나는 소액교질에 친액 교질을 섞어두면 전해질을 첨가할 때 이에 의한 응결이 일어나지 않는다. 이와 같이 소액 교질을 응결에서 보호하는 친액 교질을 보호교질(protecting collioid)이라 한다.

예) 아이스크림 제조 시 gelatin이나 전분 dextrin등을 섞는 것은 얼음의 결정이 커지는 것을 방지하고 또 우유단백질 casein의 응결을 방지하기 위함, 또 토마토 크림수우프나 아스파라거스 크림 수우프를 만들 때 미리 전분가루나 밀가루를 우유와 잘 섞어 익힌 다음 수소이온이 들어 있는 채소 즙이나 토마토 즙을 섞어 익히면 casein입자의 응고를 방지한다.

Sweetman은 식품조리에 있어 흡착 작용과 관련하여 굴이 짜게 되었을 때 달걀의 흰자를 섞어 풀면 달걀의 흰자가 흐름의 전해질물질을 흡착하여 남비 아래에 가라앉아 국물의 짠맛 제거한다.

2) 졸(sol)과 겔(gel)

친수성 콜로이드 물질은 비록 그 농도가 적어도 물속에 분산되어 교질용액을 만들며 이것이 유체의 성질을 갖고 있는 한 졸이라 한다. 그러나 분산된 친수성 콜로이드 분자들의 농도가 충분히 클 때는 온도가 내려감에 따라 분자들은 운동에너지를 잃게 되고 수소결합, 이온결합, 반 델 바알즈의 힘(van der Waals forces) 등에 의해서 서로 회합(association)하게 되며 회합이 진행됨에 따라 이 콜로이드 용액은 유동성(flow properties)을 잃게 되고 침전 젤을 형성하거나 삼차원의 격자 형성과 반고체의 젤을 형성한다.

(1) 수소결합

강한 전기음성도를 가진 원자(F,O, N)에 공유결합된 수소가 다른 원자에 전기음성도가 큰 원자와 결합

(2) 반 델 바알즈의 힘(van der Waals forces)

한 분자의 쌍극자와 이웃분자의 유발 쌍극자 사이의 힘도 포함하는 모든 분자 간 인력

(3) 쌍극자 힘

극성결합으로 형성한 분자극성에즉 분자 간에 작용하는정전기적 힘

(4) 침전 젤

콜로이드 분자들 사이의 회합이 진행됨에 따라 이 회합체가 침전되어 물과 분리하는 경우

(5) 삼차원의 격자 형성과 반고체의 젤

콜로이드 분자들은 수소결합에 의해서 침전함이 없이 서로 격자를 형성하여 3차원의 망(three dimensional network)을 형성, 여기에 분산매인 물과 물에 녹아 있던 용질들은 3차원의 망을 형성하고 있는 콜로이드 분자들 의 격자공간내부에 들어가게 된다. 전체적으로는 유동성을 잃게 되고 탄력을 가진 반고체(semi solid)를 형성한다.

냉각

졸(Sol) ⇄ 젤(Gel)

가열

유체로 존재, 유동성(flow property) 반 고체로 존재, 유동성이 없다.

교질용액 상태가 가역적으로 바뀌는 현상을 열가소성(thermoplasticity)이라 한다.

(6) 유화(Emulsion)

① 수중유적형(oil in water) : 물에 기름이 분산되어 있는 형태. 생크림, 균질우유, 마요네즈, 기름이 많이 들어 있는 케익 반죽

② 유중수적형(water in oil) : 기름속에 물 분자가 분산되어있는 형태. 버터, 마아가린

2. 등온(等溫) 흡습 및 등온 탈습(脫濕) 곡선

등온 흡습 및 탈습 곡선(Moisture sorption or desorption isotherm)이란, 일정온도에서의 상대습도와 평형수분함량 사이의 관계를 표시한 곡선(느린 S자형) 대기중의 수분을 흡수함으로서 평형에 이르는 것을 표시한 그래프가 등온 흡습 곡선, 반대로 식품에서 대기 중으로 수분이 방출됨으로서 평형에 이르는 것을 표시한 그래프가 등온 탈습곡선이다.

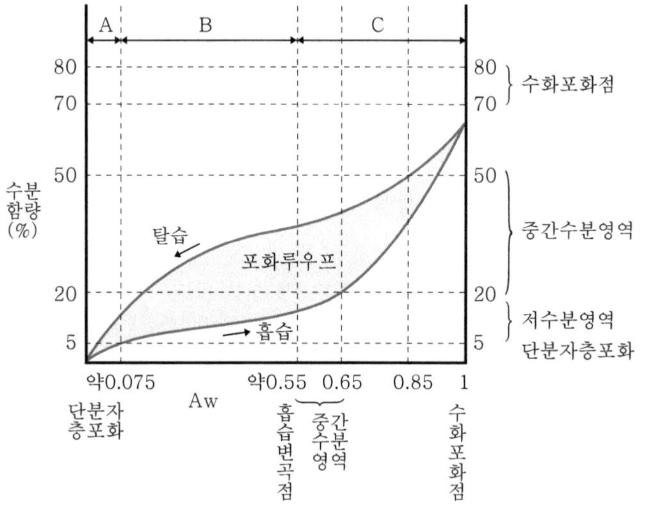

【그림】 흡습 혹은 탈습 곡선각영역의 성질

⇒ **Historesis effect : 같은 조건에 있어서 등온 흡습 곡선과 탈습 곡선이 일치되지 않는 현상으로 그 효과는 등온 곡선의 굴곡 점에서 가장 크다.**

⇒ **3가지 형으로 구분**

A : 상대습도 0~20% B : 상대습도 20~45% (건조 식품의 최적 저장조건)

C : 상대습도 45%이상 (품질 저하의 원인)

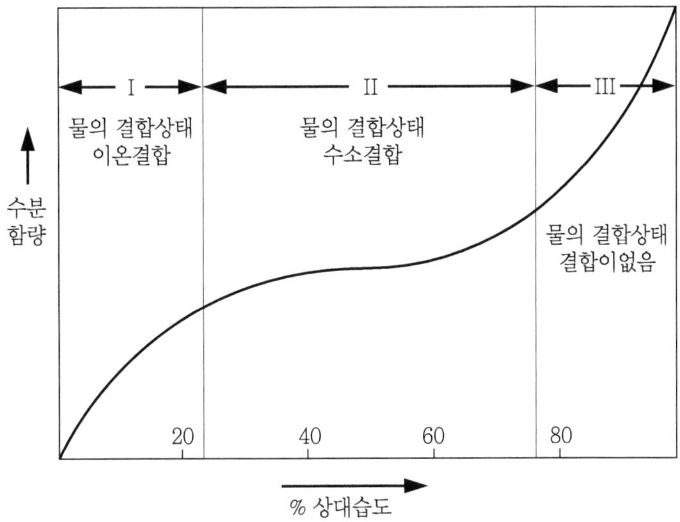

· 화학반응들은 흡습곡선 I과 II 영역의 경계부근인 A_w 0.2~0.3 범위에서 최소 반응

· 유지의 산화반응 : II 영역에서 최소반응속도 I 영역과 III 영역에서 반응속도가 커진다.

- 영역 I : Monomolecular layer region(단분자층 영역)으로 식품의 수분함량이 5~10%에 이르고 상대 습도 25% 이하에 해당, 식품내의 수분이 식품성분 중의 carboxyl기나 amino기와 같은 이온 그룹과 강한 이온 결합을 하는 영역으로 식품속의 물분자가 결합수로 존재한다.
- BET(Brunauer-Emmett-Teller) point : 영역 I 과 II의 경계면으로 단분자층 수분 형성 영역으로 식품내의 다른 성분이 물분자들에 의해 고루 덮여 있음)
- 영역 II : Multimolecular layer region(다분자층 영역)으로 물분자들이 복수분자막을 형성하는 영역으로 식품의 안정성에 가장 좋은 영역이다. 수분은 결합수로 주로 존재하며, 여러 기능기들이 수소결합에 의하여 결합되어 있다.
- 영역 III : Capillary condensation region으로 식품의 다공질 구조, 즉 모세관에 수분이 자유로이 응결되며 따라서 화학, 효소 반응들이 촉진되고 미생물의 증식도 일어날 수 있 다. 물은 주로 자유수로 존재한다.

3. 식품의 보존기술

1) 가공저장의 원리

① 식품의 부패원인은 미생물에 의한 경우가 많으며, 식품의 종류에 따라 작용하는 미생물도 다르고 부패속도도 다르다. 미생물의 성장 억제 방법으로는 저온을 이용하는 법, 수분 제한법, 공기의 조절 법, 화학약품 작용 법, 완전 가열 살균법, 여과 제거하는 방법 등이 있다.

② 식품자체가 가지고 있는 효소에 의하여 부패되는 것을 억제하거나 방지하는 방법으로는 가열하여 효소를 완전히 파괴하거나 또는 부적당한 조건(항산화제 첨가)을 가하여 효소 작용을 억제시켜 부패를 지연시키는 방법이다.

③ 기계적인 손상이나 곤충 등에 의한 충해의 방지한다.

우리들이 먹는 식품은 영양성분을 함유하고 있으므로 그대로 방치하면 일반적으로 부패현상이 일어난다.

(1) 부패란

식품에 세균, 효모, 곰팡이 등의 미생물이 증식하는 것으로 이들의 미생물이 우리들에게 해로운 분해를 한 경우〈주로 단백질 분해〉

(2) 발효란

식품에 세균, 효모, 곰팡이 등의 미생물이 증식하는 것으로 이들의 미생물이 우리들에게 이로운 분해를 한 경우〈주로 탄수화물 분해〉

미생물에 의한 부패방지(腐敗防止)는

① 미생물이 증식하는 데 필요한 수분을 감소시킴으로써 용질의 상대적인 농도를 높여 식품의 수분활성을 저하시키는 방법

② 온도를 낮게 하는 방법

③ pH를 낮게 하는 방법

④ 보존료를 첨가하는 등의 방법에 의하여 미생물의 증식을 억제하는 방법

⑤ 미생물을 살균하는 방법

등이 있다.

이들 방법은 통조림 병조림 등과 같이 살균하는 것을 제외하고는 단독처리 로서는 보존효과가 적기 때문에 2가지 이상의 방법을 조합하든가, 보존료를 첨가하는 수가 많다.

2) 건조(drying)

식품 중에는 일반적으로 수분이 많이 함유되어 있기 때문에 건조함으로써 이 수분을 제거하여 보존성을 높일 수 있다. 이 때 제거되는 수분은 식품 중의 당분이나 아미노산 등과 같은 분자의 활성기인 -OH기 등과 수소결합을 하고 있는 결합수가 아니고, 열역학적으로 자유로이 운동할 수 있는 자유수이다.

미생물이 이용할 수 있는 물도 결합수가 아니고 자유수이다. 식품 중의 수분이 제거되면, 그 물에 녹아 있던 가용성 성분의 농도가 상대적으로 증가하기 때문에 삼투압이 높아진다. 식품 중의 수분의 삼투압이 미생물 세포 내의 수분의 삼투압보다 높을 때는 미생물 중의 수분은 세포 바깥으로 이동하게 되므로, 미생물은 탈수되는 셈이 되어 생육이 저해된다.

A_w값이 낮을수록 미생물은 증식하기에 불리한 것이다. 세균, 효모, 곰팡이 중에서 건조에 가장 잘 견디는 것이 곰팡이이고, 가장 약한 것은 세균이다. 미생물이 증식할 수 있는 수분활성 한계를 보면 세균은 0.86, 효모는 0.78, 곰팡이는 0.65이다.

(1) 식품 중의 수분을 감소시키는 수단

① 보통건조법 : 복사열로써 수분을 증발시키는 천일건조, 기계건조 등

② 진공/감압건조법 : 감압 하에서 물의 비등점을 낮추어 증발을 촉진시키는 방법

③ 동건법 :식품 중의 수분을 동결 시킨 다음 이어서 융해, 유출시키는 방법

④ 동결건조법 : 동결 상태 그대로 고도의 감압 하에서 식품 중의 얼음을 승화시켜 제거하는 방법

⑤ 확산법 : Bentonite clay 중에 매몰시키든지, 도화판 사이에 끼워 수분을 이행시키는 방법

⑥ 압출법

⑦ 원심분리법

⑧ 건조제에 의한 방법

ⓐ 천일건조법

태양의 복사열로써 수분을 증발시키고, 피 건조물 표면의 습한 공기를 바람에 의하여 제거하는 방법

- 장점 : 특별한 설비가 필요 없고, 한꺼번에 많은 양을 처리할 수 있고, 경비가 적게 든다.
- 단점 : 날씨가 좋지 못하면 작업 할 수 없으며, 지방 함량이 많은 어류 같은 것은 건조 전에 항산화제 처리를 하지 않으면 자외선에 의하여 유지의 산화가 촉진되어 유지 산화변색(rusting)이 일어나기 쉽다. 또한 태양의 직사광선을 피하고 통풍이 잘 되는 그늘에서 건조하는 건조도 있다.

ⓑ 가압 건조법

비교적 수분 함량이 적은 식품의 건조에 적합하다.

피 건조 식품을 높은 압력에 견디는 밀봉 용기에 넣어 외부에서 가열하여 가압하든가, 또는 직접 가압 증기를 壓入하여 일정한 온도와 압력에 도달했을 때 순간적으로 식품을 상압에 분출시켜 건조하는 방법이다. 이 방법으로 건조한 제품은 팽화하여 다공질이 된다. 당근, 감자 등은 미리 수분 40% 이하로 예비건조를 한 다음 가압건조하면, 수분 3~5% 되는 복원성이 좋은 제품이 되어 instant 식품의 소재로서 적합하다.

ⓒ 자연환기 건조법

가열에 의하여 이동하는 공기의 자연적인 대류를 이용하여 배기를 하는 간단한 방법이다.

- 직화식 : 피건조물 바로 밑에 열원(숯, 연탄, 전열 등)을 두어, 측면에서 들어온 공기가 가열되어 상승 기류로서 피 건조물 사이를 통하여 위쪽 배기구로 습기가 배출되도록 하는 것
- 간접가열식 : 증기, 열수 등의 열원을 파이프 또는 연도(煙道)를 통하여 유도하여, 가열된 공기로 건조하는 것으로서 직화식 보다 균일한 건조가 된다.

ⓓ 열풍건조법(Hot-air drying)

피 건조물 중의 수분을 열풍으로써 가열, 증발시키고, 증발한 수분을 송풍기로써 기류를 강제 순환시켜 제거하는 방법이다.

- 상자형건조기 : 피건조물을 쇠그물로 만든 선반에 담아 수레에 끼워 향류 또는 병류로 열풍을 흘려 건조시키는 방법
- 터널건조기(tunnel dryer) : 같은 방법으로 피 건조물을 선반에 담아 수레에 끼워 향류 또는 병류로 열풍을 흘려 건조시키는 방법 등이 많이 쓰인다.

향류시과 병류(竝流)식을 조합한 형식의 건조기도 있다. 건조기에서 나오는 공기의 일부를 다시 신선한 공기와 혼합하며 다시 사용하는 형식도 있다. 피건조물의 형태가 별로 문제가 되지 않고, 부서져도 좋은 것에 대해서는 회전건조기(rotary dryer), 또는 기류건조기 등을 이용하여 열풍건조하기도 한다.

이와 같은 방법은 대량 생산할 경우에도 비교적 시설비가 싸기 때문에 천일건조하고 있던 식품의 건조에 많이 응용되고 있지만, 가열 온도가 높고, 가열 시간이 길기 때문에, 가열함으로써 변화가 심하게 일어나는 식품에는 이용하기 곤란하다.

ⓔ 분사건조법(spray drying)

액상의 피건조 식품을 안개 모양으로 열풍 중에 분산시켜 건조시키는 방법이다. 증발 면적으로 최대한으로 확대시켜서 순간적으로 건조시키는 것으로 분유, 분말과즙, 분말향료 등을 만드는 데 이용한다.

건조 장치는 건조실, 분사노즐(nozzle), 가열장치 등으로 되어 있고, 여러 가지 형식이 개발.

예) 건조기의 상부에서 액체 분무하여, 액체의 표면적을 크게 해서 건조되기 쉽게 한다.

- 노즐(nozle)분사방식 : 0.6~1.2mm 되는 작은 구멍을 통하여 압력을 걸어 분출시키는 방법
- 원심분사방식 : 고속으로 회전하는 원반(5000-20,000rpm) 위에 액체 식품을 떨어뜨려서 원심력에 의하여 안개 모양으로 비산시키는 방법
- 장점 : 미립자가 된 액체는 떨어지면서 하부에서 올라오는 열풍에 의하여 수분이 증발되어 건조되는데, 물의 기화열 때문에 액체의 온도는 그렇게 올라가지 않고 가열되는 시간도 짧다. 단백질의 변성이 비교적 적어 품질이 좋고 대량의 제품을 연속적, 경제적으로 만든는 데 적합하다.
- 단점 : 짧은 시간이지만 고온에 폭로되어 열 변성을 받는 수가 있다.
- 보완방법 : 열풍 대신 상온 또는 상온보다 낮은 저습도의 공기로써 분무된 액상 식품을 건조하는 방법이다. 저습 공기는 염화리튬, triethylene glycol 등과 같은 흡습제 용액의 shower사이에 공기를 통과시켜 공기 중의 수분을 흡착제에 흡착시켜 관계 습도 1-3%로 한 것으로 이 방법은 분사물을 장시간 저습 공기와 접촉시킬 필요가 있어 건조실 높이가 대단히 높은 대형 장치가 된다.

ⓕ 피막건조법

회전하는 대형 드럼 내부에 증기를 통하여 드럼 표면이 가열되어 있다. 이 표면에 paste상의 식품이 도포되면 회전하면서 건조되어 약 3/4회전했을 때 건조가 완료되도록 되어 있으므로, 칼로써 긁으면 flake상 제품이 된다.

녹말 제품에는 이 건조법이 잘 쓰이고, 호화한 녹말이 그대로 건조되는 이점이 있고, 대량의 제품을 연속적으로 건조할 수 있어 설비비는 비교적 싸다.

ⓖ 거품건조법

Foam-mat drying이라고도 하는 건조법으로서 미국에서 개발

- 건조원리 : 피 건조식품에 carboxy methyl cellulose(CMC) methyl cellulose(MC), monoglyceride, 천연 고무질 등의 점조제 또는 계면활성제를 가하고 질소가스를 불어넣어 거품을 발생시켜 표면적을 확대시키고 이것을 이동하는 구멍 뚫린 belt상에 spaghetti 상으로 압출시키든가, 또는 구멍 뚫린 건조 선반에 먼저 열풍을 강제적으로 작은 구멍을 통하여 불어넣어 건조시키는 것 즉 미세한 거품피막 사이에 있는 수분을 모세관 현상에 의하여 재빨리 증발 가능한 상태로 바뀌게 한 것이다. 제품이 벌집 모양의 조직을 하고 있어 복원성이 좋다. 예) 과즙

ⓗ 동건법

피건조 식품을 천연의 냉기 또는 동결고 중에서 -10℃정도의 온도에서 완만 동결(slow freezing) 시킨 다음 10℃ 정도의 온도에 방치하여 식품조직 중에 생성된 얼음을 융해, 유출시켜 탈수하는 방법 즉 동결, 융해를 반복시켜 수분을 제거하는 방법

예) 동두부, 동건명태(북어), 한천

ⓘ 진공건조법

감압 하에서는 물의 비등점이 낮게 되므로 온도를 많이 올리지 않고 식품 중의 물의 증발을 촉진시킬 수 있다. 따라서 피 건조물을 밀폐 용기에 넣고 알맞게 가온하면서 감압하여, 수분을 낮은 온도에서 증발시키는 방법이다. 제품은 단백질을 위시한 각종 성분의 변화가 적은 것이 특징이다. 최근에는 연속진공분사건조기, 연속진공피막건조법 등이 공업적 규모로 사용되나 시설비가 비싸다.

ⓙ 동결건조법(진공동결건조법)

피건조 식품을 급속 동결시켜 식품 중의 수분을 미세한 얼음결정으로 바꾸고 이것을 고진공 중에서 승화시켜, 얼음을 바로 수증기로써 제거하는 방법으로 승화를 급속히 진행시키기 위해서는 비교적 높은 진공도(1-0.01 mmHg)가 필요하다.

- 건조장치 : 동결 장치, 건조실, 탈수장치, 진공장치, 가열장치가 필요.

원료를 미리 동결하여 耐壓건조기 속의 선반에 얹어서 0.01 mmHg 정도의 고진공으로 하면 승화가 일어난다. 이때 승화열은 가열기로써 공급한다. 피건조 식품의 부피가 거의 감소하지 않고 스폰지 상태로 건조된다.

- 장점 : 조직은 수축하지 않고, 얼음 결정이 생긴 자리가 그대로 작은 공간이 되어 다공질의 가벼운 제품이 된다. 저온에서 탈수되므로 각종 성분의 변화가 적고 제품을 흡수시켰을 때 복원성이 특히 좋다. 이 방법으로 식품의 수분을 2% 정도로 건조시키는 것은 쉬운 일이다. 그러나 등온흡습곡선의 제1굴곡점 이하의 수분 함량까지 건조하는 것은 바람직하지 않다.
- 결점 : 제품이 부서지기 쉽고 다공질로서 표면적이 크므로 흡습 산화하기 쉽다. 유지, carotenoid 색소 등을 함유하는 식품은 항산화제로써 전처리를 할 필요가 있고, 건조 후의 포장은 제습실 안에서 해야 한다.

3) 염장식품

어류, 육류, 야채 등에 식염을 뿌려 마른간(dry salting)으로 하든지, 또는 물간(brine salting)으로 하는 방법은 예부터 행해져 왔다.

(1) 식염의 저장 효과

어류, 육류, 야채에 식염이 침투하기 때문에 이들 식품에 함유되어 있는 수분의 삼투압이 높아져서 수분활성치가 작아지기 때문이며, 탈수된 상태가 되기 때문이다. 또한 식염수의 산소용해도 감소, 염소이온의 저해, 효소력의 감퇴 등에 의한다.

(2) 미생물에 대한 식염의 작용

식중독을 일으키는 세균이나 병균은 10%정도의 식염 농도에서 발육이 정지된다.

예외) 간장에서 볼 수 있는 Pediococcus속의 젖산균, Sacharomyces속의 효모는 20%의 식염에도 견디며 증식. 일반적으로 식염에 잘 견디는 성질이 있는 미생물은 유용. 염장품의 표면에 곰팡이가 피는 경우는 공기 중의 습기에 의해 염장품 표면의 식염이 묽어진 상태가 되기 때문이다.

4) 당장식품

설탕의 미생물 생육 저지 효과는 당장 된 식품 중의 수분의 삼투압을 높여 수분활성을 저하시키기 때문이다. 삼투압은 분자의 mole수에 비례하므로 사용하는 당의 종류는 분자량이 적고 용해도가 높은 것일수록 좋다. 산을 첨가하여 pH를 저하시키면 미생물의 발육 저지 효과를 증가시킬 수가 있다. 포도당, 설탕 물엿의 분자량을 비교하면 포도당이 가장 적고, 설탕과 물엿의 순으로 크다. 그러므로 포도당의 저지 효과가 크나 단지 용해도가 낮아 결정이 생기기 쉽고 물엿은 결정이 생기지 않으므로 각각의 목적에 맞추어 사용한다.

미생물의 내당성은 높아서 세균은 45%까지 견다고, 효모나 곰팡이류는 80%까지 견딘다.

5) 식초절임식품

· 산을 첨가하여 pH를 낮게 하여 미생물의 발육 저지

· 유기산이효력이 크다(아세트산,젖산이효력이크고, 향미가좋기때문).

· 세균의 최적 pH는 7이고 산이 강해짐에 따라 발육 정지

· 효모는 pH5 전후까지 증식, 곰팡이는 pH3에도 견딘다.

· 산과 식염 병행하면 방부효과가 높다.

6) 훈연식품

· 어류 육류를 식염에 절인 다음 활엽수나 톱밥을 불완전 연소시켜 생기는 연기의 화학 성분을 식품 표면에 부착 침투시켜 건조시키는 것.

· 훈제품의 저장성은 탈수 정도의 다소에 좌우되므로 수분 함량이 많은 온훈품이나 열훈품은 냉장하지 않으면 안된다.

· 특징 : 특유의 향미, 훈연 처리 중 polyphenol류에 의한 항산화성이 있다.

4. 건조(乾燥; DRYING) 기술

1) 식품건조의 특징현상

(1) 수용성물질의 이동

건조하는 동안에 식품내부의 수분이 표면으로 이동하게 되며, 이 때 녹아 있던 용질도 함께 표면으로 이동한다. 표면에서 수분이 증발됨에 따라 수용성 물질은 표면에 모이게 된다. 표면이 건조될수록 표면 부분의 수용액의 농도가 증가하게 되며, 그 결과 중심부 용액과의 사에에 농도차가 생겨 역으로 용질이 중심부로 확산된다. 이와 같은 두 현상은 건조하는 동안에 동시에 일어나지만 어느 현상이 우세한가는 재료의 성질과 건조조건에 따라 다르다.

(2) 수축

육류와 채소류는 동결건조를 제외하고는 어떤 건조방법을 사용하든지 건조하는 동안에 수축하며, 수축정도는 건조속도에 크게 영향을 미친다. 건조초기에 건조속도가 느리면 수축량과 수분증발량 사이에 간단한 관계가 성립되나 건조말기에 가까워지면 수축은 감소하여 최종 제품의 크기와 형상은 건조가 끝나기 전에 정해진다.

건조 채소는 건조 초기에 건조속도가 빠르면 재료의 외층이 굳어져 그 최종 부피는 건조 초기에 정해지기 때문에 겉보기 밀도는 작아지고 복원성은 좋아진다. 반면에 건조 초기에 낮은 속도로 건조하면 재료가 상당히 수축되어 겉보기 밀도가 커진다.

(3) 겉마르기 : 표면건조 〉 내부확산

과일 어류 육류 등을 건조할 때 표면에 단단한 불투과성 막이 생겨 건조속도가 감소하는 현상

2) 건조식품의 吸濕 에 의한 변화

건조식품에는 모세관 응축작용으로 대기 중의 수증기가 응축하여 함수량이 많아지기 쉽고, 대기 중에 방치하는 경우 일반적으로 습도가 60-80%이므로 그 평형수

분에까지 흡습하는 것은 쉽다. 따라서 그 식품의 단분자층에 상당하는 함수량 이상으로 되기 쉬워 포장이나 저장 중 변질에 주의하여야 한다.

분무 건조한 것은 입자가 가늘고 동결 건조한 것은 다공질 상태이므로 표면적이 크고, 이러한 식품은 낮은 수분함량까지 건조되어 흡습성이 현저히 크다.

(1) 외관의 변화

① 형태의 수축

생육류, 생선패류 및 전 처리한 채소류 등의 동결 건조한 것은 보통 환경조건(온도 20-25℃, 습도 60-80%)에서 평형에 도달하여도 그다지 수축하지 않지만 당류, 아미노산, pectin등을 함유한 과일류는 수축이 현저히 이루어진다.

② 조직의 연화

전 처리한 야채류, 특히 엽채류, 식육과 어육을 얇게 절단한 동결 건조품 등은 저수분에 있어서는 그 조직이 대단히 연약하다.

식품의 저장성을 향상시키기 위해 식품의 부패나 변패의 원인이 되는 미생물 번식이나 효소반응 및 화학적 변화에 필요한 유효수분의 함량을 감소시키는 것이다.

식품표면에 가열공기를 접촉시키면 표면의 수분이 수증기로 증발되어 공기 속으로 이동되므로 건조가 일어난다. 식품표면의 수분이 증발되면 식품 속의 수분이 식품조직 내의 모세관을 따라 이동하는 모세관 이동과 식품표면과 내부의 수분농도 차이와 수증기 분압 차이에 따라 수분이 표면으로 이동하는 확산이동에 의해 식품 속에서 표면으로 수분이 이동되어 연속적인 건조가 일어난다.

(2) 건조에 영향을 미치는 인자

① 식품의 표면적 : 표면증발속도는 표면적에 비례하고 내부 확산속도는 식품두께의 제곱에 비례한다. 얇고 작은 것이 건조에 유리하다.

② 식품의 성질 : 식품 내에 존재하는 성분과 성질에 따라 건조속도가 달라진다. 지방이나 콜로이드가 혼합된 경우는 느리고 다공성 또는 결정성 입자는 건조속도가 빠르다.

③ 공기속도 : 공기 흐름이 빠를수록 대체로 건조속도는 증가한다.

④ 공기온도 : 공기의 온도가 높을수록 건조속도는 빠르나 갑자기 고온이 되면 품질의 저하를 가져온다.

⑤ 공기방향 : 공기가 식품표면에 평형으로 흐르면 건조속도가 바르고 수직이면 느리다.

⑥ 습도 : 습도가 높을수록 건조속도는 감소한다. 공기 중의 습도를 낮추고 온도를 유지시키면 최대증기압과의 차이가 커져 건조속도가 빨라진다.

· 식품의 크기와 모양 : 표면증발속도는 표면적에 비례하고 내부확산의 속도는 두께의 제곱에 반비례하므로 표면적이 넓고 얇은 형태가 건조가 빠르다.

(3) 건조에 의한 변화

① 물리적 변화

건조로 인해 식품은 수축, 경화, 내용물에 석출되는 등의 변화가 일어난다.

ⓐ 가용성 물질의 이동

수분이 이동할 때 녹아있던 용질도 함께 모세관을 따라 운반되는 현상으로 표면의 농도가 내부보다 고농도가 되기도 하고 건조 중에 일어나는 수축현상으로 가용성 물질의 이동이 촉진되기도 한다. 식품의 성질 건조조건에 따라 가용성 물질의 이동방향은 달라지는데 표면과 내부의 양쪽 방향으로 동시에 이동되는 경우가 대부분이다.

ⓑ 수축현상

식품이 건조되면 수분이 점유했던 용적만큼 수축현상이 생기게 되며 수축정도는 건조속도에 크게 영향을 받지 않는다. 즉 건조속도가 빠른 건조 초기에는 수축이 비교적 많이 일어나지만 건조 후기에는 감소되어 건조가 완전히 끝나기 전에 수축은 끝나고 건조제품의 형태가 고정된다.

ⓒ 겉마르기(CASE HARDENING, SKIN EFFECT)

표면경화는 내부의 확산속도보다 표면에서의 증발량이 더 많고 내부의 수용성 물질이 표면으로 이동되고(표면확산) 건조말기의 온도가 높기 때문에 표면으로 이동하는 모세관이 막혀버리므로 표면에 단단한 불투고성 막이 생기는 현상이다. 이로 인해 건조가 지연 중단되며 당류 또는 용질의 농도가 높은 식품에서 심하게 발생된다. 이를 방지하기 위해서는 초기 건조속도는 빠르게 하고 후기로 갈수록 건조온도를 낮추고 상대습도를 높여 내부수분확산은 촉진시키고 표면증발을 늦추는 건조속도의 조절이 필요하다.

ⓓ 성분의 석출

건조식품의 표면에 성분이 석출되어 흰 가루가 관찰되는 경우가 있다. 전복의 흰 반점은 주로 타우린이고 마른 오징어의 경우 타우린 외에 베타인, 글루탐산, 히스티딘 등이 석출된 것이다. 복어 조미건제품이나 방어의 훈제유지조림의 흰 반점은 주로 티로신이며 마른 미역이나 다시마에서 볼 수 있는 흰가루의 주 성분은 만니톨이다.

② 화학적 변화

ⓐ 갈변현상

갈변은 식품의 수분함량이 낮은 건조후기에 가장 심하게 발생하므로 건조후기의 온도를 낮게 조절하면 갈변을 어느 정도은 감소시킬 수 있다. 갈변에 영향을 미치는 요인은 온도, pH, 수분활성도, 당과 아미노산의 종류 및 함량이다.

ⓑ 영양가의 변화

식품이 건조되면 상대적으로 영양소의 함량이 증가한다. 하지만 대부분의 열과 광선, 산화에 불안정한 영양소는 건조과정 중에 손실되는데 특히 비타민의 손실이 크다. 동결건조에 의해서는 거의 모든 영양소의 손실이 없으며 자연건조보다 인공건조인 경우 손실이 적다.

ⓒ 단백질의 변성

건조초기 55도 이상에서 일어나는데 온도, 수분, pH, 산 전해질 등이 영향을 미친다. 수분이 많은 식품은 저온에서도 단백질 변성이 일어나고 수분이 저은 식품은 고온에서 단백질 변성이 일어난다. 단백질 변성에 의해 조직감, 보수력, 용해성, 거품성, 수축성이 떨어진다. 아미노산 중 열에 민감한 라이신이 건조과정 중에 파괴되며 환원당과 아미노산이 메일라드 반응으로 갈변되어 아미노산 함량이 급격히 감소한다.

ⓓ 지방의 산패

고온건조의 경우 유지산패가 일어나며 산패한 유지의 불쾌한 자극취는 주로 알데히드 및 저급지방산에 의한 것이고 떫은 맛은 주로 저급지방산에 의한다. 이때 항산화제로 보호하면 매우 효과적이다.

(4) 건조방법 및 건조기

① 천일건조

태양의 복사열과 바람으로 표면의 수분을 제거하는 방법이다. 특별한 설비나 기술도 필요없고 경비도 저렴하지만 날씨조건에 따라 좌우되고 장시간 건조해야 하며 건조 중의 먼지, 파리, 해충 등의 피해로 품질이 나빠질 가능성이 많다. 천일건조는 어패류나 해조류 등의 건조에 많이 이용되는 가장 원시적인 방밥으로 직사광선을 피하고 바람이 잘 통하는 그늘에서 말리면 표면경화현상이 억제되고 균일하게 건조되며 변형을 최소화할 수 있다.

② 자연동결건조

겨울철의 야간 기온이 -5도 전후이고 주간 기온이 0도 이상인 지역에서 할 수 있는 건조방법이다. 야간에는 식품 중의 수분이 얼고 주간에는 녹으면서 수분이 조금씩 증발된다. 이러한 과정을 반복하게 되면 구멍이 많은 스펀지형 다공질 조직을 가진 건조품이 만들어지는데 한천이나 마른 명태가 이 방법 의해 건조된다.

③ 열풍건조

송풍기와 열원을 사용하여 열풍을 만들고 여기에 식품을 노출식 건조하는 방법으로 킬른 건조기, 캐비넷 건조기, 터널 건조기, 컨베이어 건조기, 부상식 건조기, 기송식 건조기, 분무건조기 등이 사용된다.

ⓐ 킬른 건조기(klin drier)와 캐비넷 건조건(tray drier, cabinet drier)

킬른 건조기는 송풍기, 공기가열기에 의해 열풍을 수평 또는 수직으로 순화시켜 신선한 공기의 흡입량과 열풍의 재순환량을 조절할 수 있다. 시설비와 운용비가 적게 들고 사용방법이 편리하며 용도가 다양하다. 과일 채소, 어패류 향신료 등의 소량건조에 사용되며 실험건조용으로도 적합하다.

ⓑ 터널(Tunnel)건조기

터널건조기는 긴 터널로 되어 있으며 과일이나 채소를 궤도 운반차에 실어 이동되면서 건조가 일어나는 반연속식 건조법으로 대량건조가 가능하다. 건조기 내부입구에는 공기를 유입하여 송풍기와 가열기를 통해 더운 공기를 송풍하고 터널 끝에는 증기배출구가 설치되어 있다. 건조시킬 식품은 식품 선반차에 넣어 터널의 한쪽으로 들어가서 긴 터널을 통과하여 배출구의 끝으로 나오는 과정에서 건조된다. 공기의 흐름방향과 식품의 이동방향이 같은 병류식 건조(cocurrent tunnel drier)와 반대방향인 향류식이 있다.

병류식 건조기는 입구에서 수분이 많은 상태의 식품이 고온, 저습의 열풍과 접촉하지만 다량의 수분이 증발할 때 열도 함께 제거되므로 식품의 열손상이 적고 초기 건조속도가 빠르다. 초기의 건조한 열풍으로 일찍 표면의 형태가 고정되므로 건조에 의한 수축이 억제되어 밀도가 낮은 건조제품을 얻을 수 있다. 건조말기에는 저온 다습한 공기와 접촉하게 되므로 과열에 의한 변질은 없으나 건조속도가 느려져 최종수분함량이 낮은 제품을 얻기는 어렵다.

항류식 건조기(countercurrent tunnel drier)는 입구에서 식품이 저온 다습한 공기와 접하게 되므로 초기건조속도가 낮아 수축이 계속되어 밀도가 높은 건조제품이 된다. 따라서 미생물에 의한 변질이 일어나기 쉬우며 건조말기에는 고온 건조한 열풍과 접하게 되므로 최종수분함량이 낮은 제품을 얻을 수 있으나 과열로 인해 변질될 위험이 많다.

혼합류식 건조기(combined flow tunnel drier)는 최기에 병류식으로 고온 건조한 공기로 빨리 건조시키고 향류식의 고온 건조한 공기를 접촉시켜 더욱 빨리 건조하는 방식이다. 열 전달 효과가 좋으므로 건조시간이 짧고 다량의 식품을 건조할 수 있으며 건조조절이 가능하나 시설비가 많이 든다.

ⓒ 컨베이어 벨트 건조기(conveyor belt drier)

컨베이어 벨트 건조기는 터널 건조기와 비슷하나 식품을 금속망 또는 구멍이 뚫린 금속판의 컨베이어벨트 위에 일정한 두께로 올려놓아 이동하면서 건조한다. 대부분의 경우 벨트가 이동하지만 벨트가 고정되어 있는 경우에는 가열공기를 불어 넣어 주면서 칼날을 이용하여 건조물을 회수한다. 벨트의 이동방향은 건조품의 이동방향과 같거나 역방향이다. 컨베이어벨트의 단수와 속도, 풍속 등을 조절할 수 있으며 열풍은 수직 흐름의 통기류(through circulation)가 일반적이나 수평흐름의 병류, 향류도 이용된다. 건조속도가 빠르며 사용되는 범위가 넓어 과일 채소 건조만두, 한천, 과자 등의 건조에 이용되고 있다.

ⓓ 부상식 건조기(fluidized bed drier)

입자, 또는 분말 식품에 아래쪽으로부터 열풍을 불어 올려주어 부력에 의해 식품이 위로 뜨게 하여 재료와 열풍의 접촉을 향상시킨 건조기이다. 부유식 또는 유동층식 건조기라고 하며 다공판은 식품을 받쳐주고 분말 분리기가 미립자를 회수하기 위해 설치되어 있으며 콩류, 곡류, 소금, 설탕, 채소류 등의 코팅과 조립에도 이용된다. 열풍에 분산되기 쉬운 유동성 있는 분말상태의 고체입자 식품건조에 적합하며 열풍이 식품 표면 전체에 균일하게 접촉되므로 건조속도가 빠르고 균일하게 건조할 수 있다.

ⓔ 기송식 건조기(pneumatic drier, air lift drier)

건조할 식품을 뜨거운 열풍 속에 투입하여 기류에 떠 있는 상태로 이동시키면서 건조하는 방식으로 식품을 속도가 빠른 열풍 흐름에 날려서 긴 파이프를 통과하면서 건조한다. 입자상태의 원료에 적합하고 건조표면적이 커서 건조속도가 빠르며 균일한 건조제품을 얻을 수 있는 동시에 수송의 역할도 한다. 반건조제품(25% 수분함량)의 6% 수분함랴의 최종제품으로 건조하기 위해 사용하기도 한다.

ⓕ 분무건조기(spray drier)

슬러지나 미세 액체 입자를 건조실내로 분무하여 미세 액체 입자와 열풍을 접촉하여 순간적으로(1~10초) 건조시키는 기계이다. 열풍온도는 높지만 수분이 증발될 대 재료에서 열을 빼앗아 기화열로 제거되므로 열풍의 습구온도 이상 올라가지 않게 열변성을 적게 받는다. 공기가열부, 원액분무장치 및 제품회수장치가 필요하다. 분유, 인스턴트 커피, 홍차, 달걀, 분말 물엿, 분말 이유식 등 액상에서 건조분말을 제조할 때 널리 사용한다. 열풍에 노출되는 분무입자의 표면적이 커서 건조속도가 빠르므로 열에 쉽게 손상을 받는다. 식품의 건조에 유용하게 쓰이고 단위시간당 제품생산량이 매우 많으며 제품의 모양을 구형, 덩어리형, 무정형 및 다공형 등으로 제조할 수 있다.

ⓖ 포말건조기(foam mat drier)

포말건조기는 식품을 농축한 후 기포제(메틸셀룰로스, 난백알부민 등)을 첨가하여 거품형태로 만들어 표면적을 증가시켜 순간 건조 열풍을 이용하여 건조하는 기계이다. 여러 가지 주스 분말, 커피, 분유, 엑기스 등의 제조에 이용된다.

ⓗ 드럼 건조기(drum drier)

액체 퓨레, 페이스트 및 매쉬 형태의 식품을 뜨거운 드럼 표면에 가해 얇은 피막의 형태로 건조, 고온의 회전하는 드럼 표면에 얇게 입혀지면서 건조되는 원리로 전도에 의하여 열전달되어 건조가 일어나는 것이다. 건조된 제품은 칼날로 긁어내어 회수하게 되며 높은 건조온도와 드럼 표면에 얇게 입혀져야 하므로 드럼건조기로 건조할 수 있는 식품은 점도가 높거나 고형분 입자가 크거나 고형분 함량이 많아서 분무 건조하기 곤란한 호화전분, 수프, 유아식품, 효모, 매쉬드 포테이토, 가용성 전분, 글루텐 등이다. 열에 강한 식품의 경제적 건조방법으로 분무건조보다 더 조리된 식품으로 건조된다.

ⓘ 진공건조기(vacuum drier)

선반에 담긴 식품을 감압이나 진공상태로 유지하면 낮은 온도에서도 수증기 증발이 일어나므로 열변성이 적게 일어나면서 건조된다. 즉 1기압에서는 100도에서 증발이 일어나지만 250mmHg에서는 72도, 50mmHg에서는 38도에서 증발되는 원리를 이용하는 것이다. 초기 건조속도는 빠르나 건조되면서 수축되어 굴곡이 생겨서 열전달이 감소되며 가열로 열손상을 받지 않도록 선방의 온도를 조절하여야 한다. 시설비가 많이 들기 때문에 열에 민감한 액체 또는 고체식품의 건조에 적합하다.

ⓙ 동결건조기(freeze drier)

낮은 압력에서 얼음이 액체로 녹는 과정 없이 바로 기체수증기로 승화되는 현상을 이용하여 식품을 건조시키는 방법이다. 식품 내의 수분을 동결시킨 후 수증기로 승화시켜 건조하므로 열에 민감한 액제 또는 고체식품의 건조에 이용된다. 식품을 동결상태로 유지할 수 있는 냉동시설, 승화열을 공급할 수 있는 가열기, 그리고 감압상태를 유지할 수 있는 감압시설이 필요하며 증발되는 다량의 수분을 응축, 제거 할 수 있는 기구가 부착되어야 한다. 동결상태에서 승화시켜 수분을 제거하였으므로 얼음이 잇던 부분이 다공성 구조가 되며 가벼운 제품이 되고 물에 넣거나 용해하였을 때 복원성이 좋다. 또한 모양과 크기가 동결전과 같은 상태를 유지하여 비타민과 향기성분의 손실이 적고 열에 의한 단백질 변성, 산화 및 화학반응이 거의 일어나지 않으며 수축현상, 가용성성분의 이동, 표면경화현상이 일어나지 않아 가장 좋은 건조방법이라고 할 수 있다. 하지만 고비용의 여러 장치가 필요하므로 육류, 버섯 등 비싼 식품에 주로 이용하며 커피, 홍차, 과일, 컵라면 스프, 천연조미료 등 향미가 중요한 식품에 사용된다. - 삼상점 응용원리

(5) 건조식품의 저장

건조식품을 습도가 높은 상태에서 보관하면 흡습하여 수축하면서 서로 부착하게 된다. 또한 미생물 번식과 효소의 작용이 활발해져 색, 맛, 향기 및 외관에 변화가 생기고 동결 건조식품의 경우에는 복원성도 변하게 된다. 식품에 친수성의 당, 산 아미노산 염류의 함량이 높으면 흡습성도 높아 주의해야 한다. 또한 건조 상태에서 지방의 산패도 잘 일어나므로 지방함량이 많은 식품의 경우에는 진공포장하거나 산소흡수제, 탈산소제를 함께 밀봉하고 질소가스로 치환하여 밀봉한다. 흡습을 방지하기 위해서는 수분이 투과하지 않는 밀봉가능한 포장재를 사용하고 건조제(염화칼슘, 5산화인, 실리카겔 등)을 함께 포장한다.

5. 농축(濃縮; CONCENTRATION) 기술

농축은 원료 및 제품의 수분함유량을 줄여 액체 중에 용질의 농도를 높이는 조작으로 최종제품이 액체상태이다. 일반적으로 농축은 용매의 증발에 의해 이루어지지만 냉동농축이나 역삼투에 의해서도 농축이 가능하다. 연유, 가당연유, 농축과일주스나 농축 채소주스, 당시럽, 잼, 젤리, 토마토페이스트, 과일 퓨레 등이 대표적 농축 제품이다.

1) 농축목적

· 건조제품을 만들기 위한 전처리 과정으로 또는 용질성분 분리를 위해 한다.

· 잼과 같이 농축에 의해 새로운 물성과 풍미를 부여하기 위하여 한다.

· 농축에 의해 수분함량과 수분활성도가 낮아지므로 미생물 번식을 억제시켜 제품의 보존성을 높이기 위해 한다.

(1) 증발 농축

① 문제점

ⓐ 점도 상승

농축이 진행되면서 용액의 농도가 상승하면 점도가 커지게 되는데 점도가 증가하면 증발관 내에서의 용액의 순환속도가 감소된다. 순환속도가 감소하면 열전달속도가 감소되므로 전체적인 열효율이 저하되므로 점도가 높아지면 자연대류에 의한 순환이 곤란해져서 강제 순환장치를 설치해야 한다.

ⓑ 관석생성

용액을 가열하여 증발시킬 때 뜨거운 열에 의해 증발관의 가열부 표면에 펙틴, 섬유소, 당 , 단백질 등의 성분이 딱딱한 층을 형성하는 것을 관석이라 한다. 관석은 용액의 순환속도를 떨어뜨리고 열전달을 방해하므로 증발을 저해시키며 순환속도가 느리거나 농도가 높으면 관석이 더 잘 형성되므로 용액의 순환속도를 높일 필요가 있다.

ⓒ 거품발생

거품은 단일의 순수물질에서는 생성되지 않으나 혼합용액에서 표면장력이 낮아지면서 증발할 때 발생된다. 대부분의 식품에서는 단백질, 유기산, 색소, 사포닌 등의 여러 가지 물질이 함유되어 있어 증발할 때에 거품이 형성된다. 감압상태에서는 거품이 더욱 많이 발생하게 되며 거품은 농축을 방해하므로 거품제거장치나 소포제를 사용하여야 한다.

ⓓ 비말동반

액체가 끓으면서 증기를 발생할 때 용액의 기포나 거품이 파열되어 튀어나올 때 농축액의 작은 액체방울도 함께 날아가 증기와 함께 밖으로 운반되는 현상을 비말동반이라 한다. 갑자기 끓거나 거품이 발생되기 때문에 생기며 농축액의 큰 손실을 가져오게 되어 방해판이나 원심분리식 액체분리기를 설치하여 방지 또는 회수한다.

(2) 동결수축

용액을 동결시키면 순수한 물부터 동결되므로 얼음을 분리해서 제거하여 농축하는 방법이다. 동결농축 장치는 미세한 얼음결정을 생성시키는 회전형 열교환 얼음결정기와 생성된 얼음결정을 성장시키는 교반형 결정기, 그리고 얼음결정과 용액을 분리시키는 원심분리기로 구성되어 있다. 저온조작이므로 미생물 오염, 품질 열화를 방지할 수 있고 휘발성 성분의 손실을 억제하여 고품질 제품으로 농축할 수 있다. 그리고 고가 장치와 조작비용 때문에 오렌지 주스 등 향미와 비타민이 중요한 과즙농축에 사용된다.

(3) 진공농축

압력을 낮춤으로써 증발이 일어나는 끓는 온도를 낮추어 품질저하는 방지하며 증발효율을 높이는 방법이다. 공기와 접하지 않고 저온상태의 진공하에서 농축되므로 품질저하를 막는다.

(4) 막분리농축

물만 통과할 수 있는 미세한 막에 삼투압보다 더 큰 압력을 가하면 진한 용액내 물이 막이 통과하여 분리되므로 용액의 농도를 높일수 있는 역 삼투막을 이용한다.

6. 포장(包裝; PACKAGING) 기술

1) 포장재의 조건

(1) 위생적 안정성

유해, 유독성분이 없고 무미 무취이어야 한다. 포장재의 유해한 성분은 식품의 수분, 산, 지방 등에 의해 용출되어 직접 접촉하고 있는 식품에 이행되어 문제가 된다. 플라스틱 필름 제조시 가소제 및 안정제로 사용되는 시티렌 모노머 및 다이머는 환경호르몬이며 인쇄잉크로 인한 카드뮴과 납 등의 오염 열경화성 페놀 용기에서 검출되는 포름알데히드 등을 주의한다.

(2) 보호성

식품을 제조 유통, 판매하는 과정에서 포장재가 손상되어 내용물이 파손되지 않도록 포장재는 물리적 강도가 커야 한다. 차광성, 방습성, 방수성 보향 성이 우수한 포장재를 사용한다.

(3) 작업성

식품을 자동 포장하는 과정 중에 포장재가 물리적 손상을 입지 않아야 하고 밀봉이 용이해야 한다. 플라스틱 필름은 열접착성이 좋다.

(4) 편리성

소비자가 사용하기에 편리하도록 개보이 쉬워야 한다. easy open 등에는 손으로 당기는 full tab 과 탭링을 잡아당겨 완전히 떼어네는 ring full 방식이 있다. 링풀에는 탭 분리형과 탭을 잡아당기면서 내측으로 누르는 stay on tab이 있는데 이 탭은 뚜껑에서 완전히 분리되지 않아 환경탭이라 한다. 또한 마개를 열 때 pp 밴드가 캡 본체와 갈라지면서 떨어져 쉽게 열리는 pp(pilfer proof)캡 포장봉지를 쉽게 개봉할 수 있도록 점선으로 표시되어 있는 개봉선 등이 있다.

(5) 상품성

저렴한 비용으로 큰 광고 효과를 얻을 수 있는 판매촉진 기능이 있다. 청결감과 구입충동을 느낄 수 있어야 한다.

(6) 경제성

포장재료는 저렴한 가격에 대량생산할 수 있어야 한다. 가볍고 부피가 작아 운반이나 보관이 편리해야 한다.

(7) 환경친화성

포장재의 폐기는 환경오염, 자원낭비 등의 문제를 일으키므로 포장재를 재하용하거나 재활용해야 한다.

2) 포장재의 종류

(1) 유리

투명하고 광택이 있으며 청량감이 있다. 무겁고 외부 충격에 약하지만 화학적으로 불활성이므로 성분과 반응하지 않아 오래 저장할 수 있다. 규산나트륨 및 규산칼슘으로 되어 있다.

① 경량병

두께가 얇은 유리병에 발포성 폴리스티렌이나 수축 폴리염화비닐 종이라벨을 끼워 만든다. 두께가 얇고 매우 가벼우며 병이 깨질 때 파편이 흩어지지 않으나 플라스틱을 함유하고 있어 재활용시 쉽게 분리되지 않는다. 소형 드링크병, 양주병 등 한번 사용후 폐기하는 one-way 병으로 사용된다.

② 강화병

유리병의 강도를 증가시킨 것으로 화학 강화병, 플라스틱 강화병 등이 있다.

화학강화병은 고온에서 나트륨 이온을 칼륨이온으로 교환함으로써 유리병 표면에 무거운 압축층을 형성시켜 강도를 강화하는 것이다. 유리병의 무게를 30~50% 가볍게 할 수 있다. 간장병, 맥주병, 토마토케첩 용기로 사용된다. 탄산음료는 제조

과정이나 고온 보관시 내압에 의해 깨지는 경우가 있으므로 이를 막기 위해 유리 겉 표면에 폴리우레탄계의 플라스틱 수지를 코팅하여 강도를 높여 준 플라스틱 강화병을 사용한다. 투시성은 좋지 않으나 회수하여 재사용할 수 있다.

한편 유리병의 표면을 보호하고 강도를 강화하기 위해 표면에 코팅을 하기도 한다.

(2) 알루미늄박

알루미늄을 압연해서 두께 0.015mm 이하로 만든 것으로 가볍고 금속광택이 있으며 가스차단성, 내유성, 내한성, 내열성이 우수하나 내산성, 내알칼리성, 내염분성은 좋지 않다. 기계적 강도가 약해 종이나 플라스틱 필름과 라미네이션 필름을 만들어 물리적 강도를 높여 과자류, 차류, 라면 등의 유연포장재로 사용한다.

(3) 종이

가볍고 가격이 저렴하며 인쇄적성이 좋으나 기체투과성이 크고 방습성 및 내수성이 없으며 열접착성이 없다. 종이는 다른 재료를 코팅하거나 접합하므로써 종이 단점 보완한다.

(4) 셀로판(CELLOPHANE)

셀로판은 펄프로 만든 비스코스를 압출한 후 유연제(글리세롤, 에틸렌글리콜, 솔비톨 등)로 처리, 건조시켜 부드럽게 만든다. 셀로판은 광택이 있고 인쇄가 잘 되며 가스투과성이 낮고 먼지가 잘 묻지 않는다. 그러나 수분 및 산소투과성이 크고 열접착성이 없으므로 한 면이나 양면에 니트로 셀루로스나 폴리염화비닐리덴을 코팅하여 사용한다. 코팅한 셀로판은 강도, 투명도, 열접착성이 우수하며 수분 및 산소차단성, 인쇄성이 좋다. 셀로판은 접힘성이 좋아 캔디의 트위스트 포장에 이용되고 개봉성이 좋아 도시락 기내식의 1회용 포장에 많이 이용된다. 패스트푸드 점에서 많이 사용하는 1회용 케첩이나 머스터드 등의 포장에 이용된다.

(5) 판지

식품의 외포장재로 많이 사용하는 것으로 국산 판지는 두께 0.3㎜이상이거나 중량 100g/㎡이상의 종이를 말한다. 판지는 라이너 원지를 단일 겹 또는 여러 겹으로 만드느데 여러 겹의 종이층으로 만드는 다층판지이므로 두껍고 단단하다.

(6) 종이용기

(7) 컴포지트 캔(composite can)

composite can은 종이 플라스틱, 금속 등을 조합하여 만든 복합용기로 냉동농축주스, 핫필 과일주스, 녹차, 과자 등의 포장에 이용된다. 컴포지트 캔은 판지와 알루미늄 포일 등을 나선형 또는 일반 회전에 의해 평평하게 감아 만든다. 컴포지트 캔은 가격이 저렴하고 가벼우며 쉽게 계기할 수 있지만 금속 캔처럼 증기나 열수에서 살균할 수 없으며 빌봉성이 좋지 않다.

(8) 밀크카톤(Tetrapack)

내면이나 양면에 폴리에틸렌을 라미네이션하거나 왁스코팅하여 내수성 갖게 한 포장재로 우유, 주스, 소주, 청량음료 포장에 이용된다. 테트라 팩은 무균포장에 많이 이용된다.

3) 플라스틱(PLASTIC FILM) 포장재

(1) 폴리에틸렌(PE)

에틸렌을 중합하여 만든 고분자 중합체로 가장 먼저 상업화된 폴리올레핀계 물질이다. 에틸렌을 1000~3000 정도의 고압하에서 중합하면 밀도가 낮은 저밀도 폴리에틸렌(LDPE)이 얻어지며 상압-100기압 정도의 낮은 압력하에서 합하면 밀도가 높은 고밀도 폴리에틸렌(HDPE)이 되는데 가격이 저렴하고 방습, 방수성이 좋으나 기체투과성은 크다.

LDPE(Low density polyEthylene) 은 내한성이 커서 냉동 포장식품에 좋고 유연성 좋고 가격 저렴하여 봉투, 백, 겉포장 등에 사용되며 열접착성이 좋아 다른 포장재와 라미네이션하여 열착성 포장제로 사용한다. HDPE는 LDPE에 비해 유연성은 좋지 않지만 기체 차단성이 좋고 120℃ 정도에서 연화되므로 가열살균포장용기로 사용된다.

(2) 폴리프로필렌(PP)

가장 가벼운 플라스틱 필름으로 표면광택과 투명성, 내유성, 내한성 방습성이 좋고 내열성이 커서 레토르트 파우치 포장재로 이용되고 있다. 폴리프로필렌에는 늘리지 않은 무연신(無延伸) 폴리프로필렌필름(Cast polypropylene CPP)가 세포 가로 두 방향으로 연신한 이축((二縮)연신 폴리프로필렌필름(Oriented PolyproPylene OPP)이 있다. 무연신 필름은 제빵류, 과일 채소 포장에 사용되며 라면 과자류의 포장재에 라미네이션하여 열접착용으로 이용도기도 한다. 물리적 강도와 내열성이 향상된 무연신 필름은 레토르트 식품포장에 사용된다. 이축연신필름은 투명성과 표면 광택이 좋고 기계적 강도가 높아 과자류, 라면, 빵 등의 유연포장재에 인쇄용으로 사용된다.

(3) 폴리염화비닐(PolyVinyl Chloride PVC)

PVC는 염화비닐을 중합시킨 중합재로 단단하고 부서지기 쉬우며 단단하고 부서지기 쉬우며 열에는 불안정하지만 내유성, 내산성, 내알칼리성이 크다. 폴리염화비닐은 가소제(可塑劑)를 사용하면 부드럽고 유연하게 되는데 일반적으로 가소제의 양이 많을수록 유연성이 커지고 기체 투과도가 높아진다. 가소제가 비교적 적게 사용된 단단한 경질 폴리염화비닐은 내유성, 내산성 내알칼리성이 크고 특히 가스 차단성이 좋아 유지 식품포장에 사용된다. 가소제가 많이 사용된 연질 필름은 유연하고 부드러우며 광택과 투명성이 좋다. 산소투과도가 비교적 높아 신선육의 선홍색 유지에 좋고 수분투과성이 커서 채소류 포장에서 포장 내 수분 응축방지 및 선도 유지에 좋다.

(4) 폴리염화비닐리덴(PolyVinylidene DiChloride PVDC)

염화비닐리덴과 염화비닐, 아크릴로 나이트릴과의 공중합체이다. 광택이 있고 투명하며 수분 및 기체 투과성이 낮고 방습성, 내열성 내수성이 좋다. -30℃에서도 유연성을 유지하며 인쇄성이 좋다. 폴리비닐리덴은 식품포장 후 가열하면 수축하여 밀착 포장을 할 수 있으므로 어육 소시지나 어묵의 케이싱, 닭고기와 햄 등의 수축 포장에 사용되며 용융점이 높아 전자레인지용 랩 필름, 김이나 스낵과 같이 향의 보존이 필요한 식품 포장에도 이용된다.

(5) 폴리스티렌(PolyStyrene PS)

스틸렌을 중합하여 만든 것으로 가볍고 투명하며 광택이 있고 인쇄적성이 좋고 단열성이 매우 우수하다. 그러나 충격에 약하고 수분 및 기체 투과도가 크며 내열성, 내한성이 좋지 못하다. 폴리스티렌은 연신하면 강도와 유연성이 좋아지므로 이축연신 폴리스티렌을 제조하여 과자의 내포장용 트레이에 사용하고 있다. 또한 부탄, 메틴 등의 발포제를 배합하여 20~70배로 팽창시켜 만든 발포성 폴리스티렌(EPS)은 달걀용기, 육류와 생선의 트레이로 사용되는데 한 때 패스트푸드용 용기로 사용되기도 하였다. 고무성 물질을 넣은 내충격성 폴리스티렌, 스티로폼인 발포성 성형용기는 아이스크림, 아이스박스, 컵라면 용기 등의 단열재 그리고 완충제 등으로 많이 사용한다.

(6) 폴리아미드(PA,nylone)

나일론이라고 하는 폴리아미드(polyamide PA)는 질기고 인장강도가 크며 내마모성이 좋고 내핀홀성이 우수하여 밴드, 끈 필름 등에 사용한다. -60도의 낮은 온도에서도 유연성을 보여 냉동식품포장에 사용되며 160도 정도의 고온에도 잘 견디므로 스팀살균도 가능하다. 폴리아미드는 가스차단성이 좋고 질기고 유연성이 커서 육가공품의 진공포장, 냉동식품의 포장, boil-in-bag 포장, 장류포장에 이용되는데 가격이 비싼 편이다.

(7) 에틸렌비닐 알코올(ethylene-vinyl alcohol EVOH)

에틸렌과 비닐알코올의 공중합체로 에틸렌이 27~48% 정도 함유되어 있다. 에틸렌이 증가하면 산소투과도는 높아지고 수분투과도는 낮아진다. 투명성, 광택성, 가스차단성, 보향성, 내유성, 내약품성이 매우 우수하고 인쇄적성, 열접착성도 좋으나 습기에 약하다. 따라서 폴리에틸렌이나 폴리프로필렌과 같이 샌드위치 형태로 공압출함으로써 습기차단성을 높여 식품포장용으로 사용하고 있다. 바비큐소스, 케첩과 같은 고온충전 용기로 사용하거나 폴리프로필렌 또는 폴리스티렌과 공 압출하여 컵이나 용기로 이용한다.

(8) 폴리에스터(polyester PET)

에틸렌 글리콜과 테레프탈산을 축중합한 화합물로 가소제를 배합하지 않아 위생적으로 안정하다. 폴리에스터는 1970년대 미국에서 탄산음료용 용기로 개발 사용되었는데 기존의 유리병에 비해 가볍고 질기며 깨지지 않고 유리병처럼 폭발 위험성이 없어 이용이 급증하였다. 이축연신폴리에스터는 매우 질기고 광택이 있으며 기체 및 수증기 차단성이 매우 우수하며 인쇄성, 내열성, 내한성이 좋다. 사용온도 범위가 넓은데 특히 용융점이 높아 보일 인 백이나 레토르트파우치 등에 사용된다.

(9) 플라스틱 라미네이션 필름(Plastic lamination film)

한 종류의 플라스틱 필름은 포장재로서 필요한 모든 특성을 가지고 있지 않으므로 주로 필요한 특성을 가지고 있는 다른 플라스틱 필름을 여러 층으로 라미네이션 한 라미네이션 필름을 사용한다. 접착 라미네이션을 할 때는 습식 또는 건식방법을 사용하는데 습식은 베이스 필름에 접착제를 바른 다음 접착제가 마르기 전에 다른 베이스 필름을 라미네이션 하는 것으로 종이나 알루미늄포일 등을 붙일 때 사용한다. 접착제가 마른 후에 라미네이션 하는 건식방법은 플라스틱 필름을 적층할 때 이용한다. 접착 라미네이션 필름 중 OPP/CPP는 과자 포장에 사용되며 PET/AL/CPP는 레토르트 식품의 포장에 이용된다. 압출 라미네이션은 나일론, 셀로판, 폴리프로필렌, 폴리에스터 등에 폴리에틸렌, 폴리프로필렌 등을 300도 이상의 온도에서 용융압출 하여 다층 필름을 만든다. 압출 라미네이션한 복합필름인 OPP/PE는 라면이나 스낵 포장재로 PET/PE/AL/PE는 커피 포장재로 이용된다.

· 증착 : 진공하에서 플라스틱 필름에 얇은 금속 피막을 형성시키는 것으로 식품포장재로는 PE, PP, PET, OPP, CPP 등에 알루미늄을 증착한 필름이 이용된다. PE와 PP는 금속과의 결합력이 약하므로 표면에 코팅과 같은 처리를 한 다음 증착한다. 증착필름은 외관이 아름답고 빛과 가스투과도가 낮고 보향성이 좋으며 정전기 발생이 적고 기계적 강도가 커서 커피, 스낵, 라면 등의 포장에 이용된다.

(10) 플라스틱 용기

플라스틱 컵과 트레이 제조에는 GPPS, EP‹ HIPs, PVC, PP 등이 사용된다. 플라스틱 컵은 주로 음료, 인스턴트식품 등의 식품포장용기 또는 요구르트, 푸딩의 용기로 사용되며 전자레인지용 용기에는 PP/차단층/PP로 된 내열성 공압출용기가 이용된다. 플라스틱병으로는 주로 경질인 페트병과 연질인 공압출다층병이 사용된다. 투명하고 차단성이 좋은 페트병은 1977년 펩시콜라에서 콜라용으로 사용되기 시작하였는데 재활용할 수 있어 많이 사용된다. 콜라병으로 사용되는 페트병은 연신블로우성형(stretch blow moulding)된 병이다. 스퀴즈성(식품을 짜내기 쉬운 성질)과 차단성이 좋은 연질 플라스틱 병은 마요네즈, 케첩 등의 용기로 사용된다. 마요네즈는 지방산화를 막기 위해 케첩은 토마토 색소의 변색을 막기 위해 EVOH를 차단층으로 사용한다. 플라스틱 튜브로는 주로 차단성이 큰 공압출다층튜브가 사용되며 튜브의 변형인 사파우트 파우치, 즉 파우치의 상부에 병모양으로 나사가 붙은 입구부가 달려 있는 것으로 유산균 음료 용기로 사용된다.

4) 새로운 포장재

(1) 기능성 포장재

기능성 포장재란 기존의 포장재에 신선도 유지, 선택투과성, 항균성 등과 같은 새로운 기능을 부여하거나 고차단성과 같이 기존의 특정기능을 강화한 포장재료이다.

신선도 유지 포장재는 과일, 채소, 생선, 고기 등의 신선도 유지를 위해 사용되는 포장재이다. 탄산칼슘, 제올라이트, 세라믹스를 첨가한 폴리프로필렌 필름은 에틸렌가스를 흡착하는 성질이 있어 과일과 채소의 신선도 유지에 사용된다. 선택투과성 포장재로는 식육가공품의 포장에 사용되는 스모커블 케이싱이 있다. 이 케이싱은 고온으로 가열할 때 소시지 표면에 훈연 성분이 침투하고 상온에서는 차단성이 매우 높아져 식육가공품의 신선도를 오랫동안 유지한다.

고차단성 포장재는 포장재의 차단성이 매우 높은 포장재로서 폴리염화비닐리덴과 에틸렌과 초산비닐의 공중합물을 차단층으로 하는 복합필름이 많이 이용된다. 이 포장재는 생선과 고기의 선도 유지에 효과적으로 알려져 있는데 온도가 높아지면 산소투과도가 증가하므로 신선도 유지를 위해 저온에서 보관하고 유통해야 한다.

(2) 생분해성 포장재

생분해성 플라스틱은 토양 중의 미생물에 의해 분해되는 플라스틱으로 생분해 가능한 천연 또는 합성 고분자나 미생물이 생산하는 바이오 플라스틱을 이용하고 있다. 전분, 열가소성 전분, 셀룰로스, 키토산 등을 사용한 천연 고분자계 포장재와 지방족 폴리에스터, 폴리글리콜리드, 폴리초산 등을 이용한 합성고분자계 포장재가 연구되고 있다.

5) 포장 방법

(1) 진공포장

식품산화를 방지하고자 식품 제조과정에서 포장 내부의 압력을 감소시켜 진공상태로 만들어 밀봉하는 것으로 저온에서 유통하고 저장하여야 한다.

· 기계적 탈기법 : 기계나 수압으로 파우치 내부의 공기를 빼내고 즉시 밀봉하는 방법으로 레토르트 식품 등에 이용된다.

· 노즐식 탈기법 : 포장 내부의 공기를 노즐에 의해 탈기하는 것을 햄, 소시지 등의 포장에 이용된다.

· 스팀(steam) 플래쉬법 : 헤드 스페이스 내에 수증기를 불어 넣고 밀봉한 후 냉각하여 진공상태를 만드는 것을 통조림의 탈기방법을 응용한 것이다.

· 스킨팩(skin pack) 포장 : 플라스틱으로 성형된 트레이, 필름 등에 식품을 올려놓고 진공 챔버부 위쪽에 있는 플라스틱 필름으로 덮고 감압 탈기하여 식품을 밀착 포장하는 것이다. 포장재가 투명하고 밀착 포장되어 외관이 좋다.

(2) 가스충전포장

포장 내부의 공기를 질소, 탄산가스, 혼합가스(질소와 탄산가스의 혼합) 등과 같은 불활성 가스로 치환하여 밀봉함으로써 식품성분의 산화를 억제하여 저장기간을 연장하는 방법이다. 질소가스 충전 포장에는 산소혼입률이 5%이상이면 산화방지 효과가 없으므로 고순도 질소가스를 사용해야 하며 이 방법은 산화방지 뿐 아니라 곰팡이, 효모, 호기성 세균의 생육억제에도 효과적이다. 탄산가스 충전 포장에서는

10% 탄산가스가 존재하면 곰팡이와 식품 표면 세균의 생육이 억제되고 40~50% 가 존재하면 곰팡이가 증식할 수 없어 곰팡이 생육억제에 우수한 효과를 보인다. 커피와 홍차는 색소, 비타민, 향기의 산화방지를 위해 질소를 치환포장하고 치즈와 햄은 혼합가스로 치환포장하여 지방과 색깔의 산화를 막고 세균의 발육을 억제시킨다.

(3) 레토르트(retort) 살균포장

고압 살균솥인 레토르트에서의 고압살균에 견딜 수 있는 플라스틱 복합필름으로 만든 파우치나 성형용기에 식품을 넣어 밀봉한 후 멸균한 것이다.

레토르트 식품포장에는 라미네이션 필름을 사용하는데 가장 바깥층은 강도가 크고 인쇄적성이 좋은 폴리에스터나 나일론을 중간층은 기체 차단성과 산 차단성이 좋은 알루미늄포일이나 폴리염화비닐리덴 등을 가장 안쪽에는 열접착성이 좋은 무연신 폴리프로필렌을 사용한다. 알루미늄 포일이 포함된 포장재를 사용한 레토르트 식품을 주로 끓는 물에 데워 먹는 것이고 전자레인지용 레토르트 식품을 알루미늄포일이 없는 포장재를 사용한다. 알루미늄 포일이 포한된 포장재를 사용한 식품을 주로 끓는 물에 데워 먹는 것이고 전자레인지용 레토르트 식품은 알루미늄포일이 없는 포장재를 사용한다. 전자레인지용 포장에는 PP/EVOH/PP/PP/PVDC/pp의 공압출 성용용기를 많이 사용한다. 에틸렌과 초산비닐의 공중 화합물이나 폴리염화비닐리덴은 가스 차단성을 제공한다. 레토르트 파우치 내부에 남아있는 공기의 탈기에는 슈노켈 방법, 진공포장, 방법, 카운터 프레셔 방법, 스팀플래쉬 방법 등이 있다.

· 슈노켈 방법 : 진공파이프가 파우치 내부 공기를 빼면서 이동한 후 밀봉한다.

· 진공포장방법 : 파우치 내부를 완전 진공으로 한 후 밀봉하는 방법으로 향신료를 사용한 햄버거의 포장에 이용한다.

· 카운터 프레셔 방법 : 카레, 스튜와 같이 고형분과 액상의 혼합식품의 포장에 사용된다.

7. 무균포장과 무균화(無菌化)포장

가열살균하면 저장기간은 연장되나 식품의 영양소 파괴, 향미 손실, 변색 등이 일어나는 것을 보완하기 위해 개발한 것이다.

1) 무균포장

식품과 포장재를 따로 살균한 다음 무균 상태에서 충전, 밀봉시키는 포장방법으로 바나나, 유제품과 같이 레토르트 살균을 할 수 없는 열에 약한 식품에 이용되어 왔으나 현재는 햄 베이컨 등 다양한 식품에 사용된다. 상온에서 장기간 보존할 수 있고 식품의 영양소, 색깔, 향미, 텍스처 변화를 최소화할 수 있으며 용기의 크기에 관계없이 일정한 품질의 식품을 얻을 수 있다. 멸균한 식품은 냉각 후 바로 무균 충전하므로 내열성 포장재가 아닌 적층 종이나 플라스틱을 소재한 용기 사용이 가능하므로 가격이 저렴하고 취급이 간편하다.

식품살균에는 초고온순간살균법을 이용하며 점성이 낮은 액상식품은 고온단시간 살균법도 사용한다. 액상식품은 135~150℃에서 2~6초간 가열하면 효과적으로 살균된다. 살균방법에는 식품은 수증기가 식품과 직접 접촉하여 가열 살균되는 직접 가열방법과 식품이 열매체와 직접 접촉하지 않는 간접가열방법이 있는데 간접방식에서 가열매체로는 수증기나 열수가 이용된다.

- 물리적 방법 : 포화증기, 가열공기를 이용하거나 포장재 제조과정에서 발생한 열이용
- 화학적 방법 : 염소나 과산화수소 이용방법
- 물리화학적 방법 : 과산화수소와 열이나 자외선을 이용한 방법
- 즉석밥 : 밥을 지어 고온의 증기로 가압순간살균을 한 다음 무균 포장 시스템으로 포장한 것으로 6개월간 상온에서 보관할 수 있다.

2) 산소탈제 봉입포장

소포장을 한 탈산소제를 식품과 함께 포장하여 포장 내부와 식품 중에 존재하는 산소를 탈산소제가 흡수 제거함으로써 진공상태로 만들어 미생물의 증식과 식품 성분의 산화를 막아 저장기간을 연장시키는 방법이다.

탈산소제에는 철계, 당류계, 아스코르빈산계, 활성탄 등이 있는데 대부분의 탈산소제는 철계이다. 철계의 탈산소제는 포장된 식품에서 수분을 흡수하여 산소와 반응하는 수분 의존형과 탄산소제 내에 수분이 들어 있어 공기와 접촉하면 산소와 반응하는 자력 반응형으로 나누어진다. 탈산소제를 사용할 때 포장재는 기체와 수증기 차단성이 우수한 포장재를 사용해야 하고 탈산소제는 통기성 있는 포장재로 포장해야 한다.

3) 방습, 방수, 흡습제 봉입포장

습기나 수분함량이 높으면 식품이 쉽게 변질되므로 식품포장에서 습도와 수분의 조절은 매우 중요하다. 방습포장은 습기나 수증기를 차단하기 위한 것으로 투습도가 낮은 폴리염화비닐리덴, 에틸렌과 초산비닐의 공중합 화합물 등이 주로 이용 된다.

방수포장은 액체 상태의 수분이 포장재를 통해 들어가고 나가는 것을 막아주기 위해 사용되며 종이나 골판지에 파라핀이나 왁스를 입힌 것 플라스틱 필름 등을 이용한다.

흡습제는 김, 녹차, 과자, 분말식품의 흡습을 막기 위해 사용하는 것으로 염화칼슘, 실리카겔 등을 이용한다. 소형봉지에 담겨 있는 흡습제를 식품과 함께 방습성 있는 플라스틱 용기에 담고 밀봉하면 장시간 보존 및 유통이 가능하다.

흡습제는 다공성의 포장재에 넣고 밀봉한다.

8. 냉장(冷藏) 및 냉동(冷凍) 기술

1) 저온저장

식품을 저온에 보관하여 식품의 열화를 방지하고 미생물의 생육을 억제할 수 있다. 대부분의 세균은 10℃ 이하의 온도에서 번식하기 어렵고 더 낮은 온도인 -10℃ 이하에서는 저온세균과 호냉세균도 번식하지 않으므로 미생물의 생육에 따른 식품의 부패와 변질을 방지할 수 있다.

저온에서는 효소활성이 낮아져 수확 후 호흡, 증산, 발근 및 발아 등의 대사작용을 억제할 수 있다.

갈변반응, 지방산화, 영양가 손실 등 반응속도가 저하되기 때문에 식품의 품질저하를 막을 수 있다. 그러나 저온저장법은 미생물의 번식이나 식품의 화학반응속도는 낮추지만 살균효과는 없으므로 가열이나 통조림 법 같은 가공이나 저장의 효과는 없다.

· 저온상태 조성 : 융해잠열을 이용하는 방법으로 얼음이 1kg 녹을 때 79.68kcal의 열을 흡수하는 원리를 이용한다. 증발잠열을 이용하는 것으로 액체 암모니아는 1기압 하에서 -3.3℃에서 기화하여 kg당 32kcal의 열을 흡수하는데 이 열의 흡수를 식품의 온도를 낮추는데 이용하는 것이다.

· 냉매 : 열을 흡수하여 온도를 내리는 물질을 냉매라 하고 암모니아 가스, 프레온 가스, 염화메틸, 탄산가스 등이 주로 사용된다.

· 냉매의 조건

· 쉽게 액화할 수 있어야 한다.

· 독성이 적고 기포성이나 연소성이 없어야 한다.

· 금속에 대해 부식성이 없어야 한다.

· 냉장법 : 식품이 얼지 않는 범위, 빙결점이상(-0.5~-2℃)에서 15℃ 이내의 온도 범위에서 저장하는 방법

· 빙온저장 : 2~-2℃(빙결점 부근)에서 저장하는 방법

· 동결저장 : -10℃ 이하에서 저장하는 방법

2) 냉장법

(1) 원리

0℃ 내외의 온도에서 식품을 저장하는 방법으로 어패류를 단기간 저장하거나 과채류를 저장할 때 이용한다.

식품 중에 살아 호흡을 계속하는 바나나, 오렌지, 사과 등의 과일, 알류, 채소를 저장에 이용한다.

빙결점 이하에서는 세포가 얼어 상품의 가치가 떨어지고 대사 이상으로 저온장애를 일으기는 경우도 있다. 일반적으로 채소와 과일은 냉장할 경우 저장 기간이 1주일에서 1개월 정도로 짧고 변질 가능성이 많기 때문에 보관에 주의해야 한다. 과채류는 동결점보다 약간 높은 0℃ 부근에서 90%의 상대습도를 유지하며 냉해에 약한 과채는 10℃, 85~90% 상대습도에서 냉장한다. 저온창고를 공동으로 이용하는 경우 어류 양파와 같이 냄새가 있는 식품은 버터 같이 냄새를 흡수하는 제품과 같은 저장고에 두면 안된다. 염장품은 -2~-4℃, 건제품은 2~4℃, 어묵은 동결하면 조직의 변화가 생기므로 얼지 않는 온도에 냉장 저장하는 것이 좋다.

(2) 빙장법(icing)

식품에 가루얼음을 섞던가 식품을 얼음물에 담궈 낮은 온도를 유지시키는 일종의 냉장법이다.

① 장점 : 저온유지를 위해 특별한 기계나 기구가 필요치 않고 아주 간편하다. 또한 냉각이 빠르며 식품이 얼음으로 덮여 있어 식품표면의 건조를 막을 수 있다.

② 단점 : 자가소화나 세균의 작용을 완전히 저지시킬 수 없으므로 단기간 보존에 만 쓸 수 있다. 또한 얼음을 사용하므로 부피나 무게가 늘어나며 얼음이 녹으면 새로운 얼음을 보충해야 하고 얼음이 무거워 식품이 손상될 수도 있다.

③ 사용법 : 얼음에 CTC(chlorotetracycline)같은 항생제를 5ppm 정도 넣어 사용하기도 한다. 소금 등의 염을 얼린 얼음을 염수빙(鹽水氷)이라고 하며 포화식염수를 얼린 것을 공융빙이라 하는데 -21.2℃에서 녹는다. 드라이아이스는 -78.5℃에서 기화하며 흡수하는 잠열은 132kcal/kg 이다. 또 기화한 기체가 0℃가 되는데 20kcal/kg 의 열을 흡수하므로 결국 152kcal/kg의 열을 흡수하므로 얼음의 융해잠열 80kcal에 비교하면 얼음보다 2배의 냉각력을 갖는다. -80℃ 가까운 저온을 얻을 수 있다는 점과 녹으면 용액이 용해되지 않고 바로 기화한다. 기화한 탄산가스가 세균억제 효과를 가지므로 식품의 보존성이 좋다.

(3) 냉장고의 기본사용법

냉장 냉동실에서도 식품 속 세균은 살아있다.

냉장고에 너무 많은 음식을 넣어두면 공기의 흐름이 방해받아 냉장효과가 떨어진다. 문 가까이 보다 안쪽이나 냉기가 나오는 부분의 온도가 낮다.

3) 동결저장법

식품에 함유된 수분을 모두 동결시켜 -18℃이하의 온도에서 저장하는 방법으로 미생물의 성장과 증식을 억제시키고 식품의 효소촉매 반응을 저하시키며 화학적 변화를 억제함으로써 식품을 장기 저장할 수 있다.

(1) 물의 동결

수분은 과냉각으로 0℃ 보다 낮은 온도에서도 결정을 형성시키지 않는데 일단 빙핵(氷核)이 형성되면 그 빙핵 을 중심으로 결정의 성장이 일어난다.

(2) 용액의 동결

용질이 녹아있기 때문에 0℃ 보다 낮은 온도에서 얼기 시작한다. 용질에 의한 빙점의 강하는 라올의 법칙(Raoult's law: 용질 1몰당 1.86도 빙점강하)을 따른다.

· 완전한 동결 : 식품의 자유수가 전부 어는 온도로 공융점이라 하며 -5℃이하가 되면 동결된 상태로 보인다. 이는 최대빙결정생성대의 온도가 -5℃까지이기 때문이다. 공융점에서 소금농도는 22.4%로 물 77.4%와 공존한다.

(3) 식품의 동결

식품이 어는 온도인 동결점은 식품에 따라 다르다.

(4) 식품의 동결률과 동결속도

우유를 얼리면 수분이 얼고 나머지 구성분은 농축되어 빙결되지 않은 중심부에 남는다. 온도가 더 내려가면 공융혼합물의 조성에 이르고 결정화된다. 육류의 경우 -2~-5℃에서 85%의 수분이 얼게 되는데 이를 최대빙 결정생성대(最大氷結晶生成帶)라고 하고 대부분의 수분이 얼기 때문에 고기는 고체화한다.

· 식품의 동결을 위한 전처리

잘 씻고 선별하여 다듬고 박피한 후 절단한다.

과일과 채소는 데쳐서 효소를 불활성화 시킨 뒤 갈변반응을 막기 위해 아황산가스, 구연산이나 사과산 또는 설탕용액을 처리한다. 어류는 사후강직 시 얼려 육질이 좋아지지 않는 것도 막고 자가소화에 의한 변패를 막기 위해 0℃정도에 보관한다. 닭은 사후 해당과정을 억제시켜야 하는데 10℃ 이하에서 냉각시킨다. 소고기는 도살 직후 1~2℃에서 20시간 보관하여 해당을 느리게 진행시킨 뒤 동결시킨다. 육류를 동결 전에 숙성시키면 육질이 좋아져 유연성과 보수성이 증가한다.

4) 냉동방법

(1) 공기동결법

· 정치공기동결법 : -18~-40℃로 냉각, 단열된 동결실 내에 냉각관을 선반식으로 조립하여 식품을 선반위에 올려놓고 동결시키는 방법이다.

· 송풍(送風)동결법 : -18~-40℃로 냉각된 공기를 30~1000m/min 속도로 흘려 동결시키거나 식품을 터널의 끝에서 끝으로 이동시키는 방법이다.

(2) 침지동결법(brine freezing)

저온으로 냉각된 염화나트륨, 염화칼슘, 염화마그네슘, 프로필렌 글리콜, 에틸렌 글리콜 등의 액체에 식품을 침지시켜 동결하는 방법이다. 액체는 열전도율이 커서 동결속도가 빠르고 모양이 불규칙한 식품의 동결에도 효율적이다.

액체질소는 -196℃라는 낮은 온도의 비점을 가지고 있는데 47.6kcal/kg의 증발잠열을 주위에서 흡수한다.

(3) 심온동결법(cryogenic freezing)

액체질소, 액체탄산가스, 프로온 12 등을 이용한 급속동결 방법이다. 액체질소를 분무하거나 침지시키면 액체질소가 기화하면서 식품의 열을 빼앗아 동결시키게 된다. 과일이나 채소 육류를 빠른 속도로 동결시킬 수 있다. 프레온 가스는 탄화불소(fluorocarbon)의 상품명으로 -30℃의 비점을 가지고 있다.

· 장점 : 외형이 좋아지고 동결 중에 산소를 제거할 수 있고 동결로 인한 손상을 최소로 할 수 있으며 시설이 간단하고 연속조작이 가능하고 탈수로 인한 손실을 1%이하로 할 수 있다.

(4) 접촉동결법(금속판접촉법)

열전도도가 높은 금속판을 냉매로 냉각시켜 놓고 여기에 식품을 끼워 넣어 동결시키는 방법이다. 금속판의 온도는 -30~-40℃이며 압력을 0.1~0.2kg.cm2 정도로 하면 3~4cm 두께의 식품을 1.5시간 정도에 동결시킬 수 있다.

(5) 유동층동결법(fluidized-bed freezing)

연속적으로 원료를 벨트 위에 올려놓고 냉동장치를 통과하는 동안에 동결되도록 하는 방법으로 열전달 속도를 높이고 제품의 탈수를 적게 하는 이점이 있다.

(6) 급속동결법

얼음결정이 미세하여 조직의 파괴와 단백질 변성이 적어 원상유지가 가능하다. 최대빙결정생성대를 빨리 통과함으로써 물리화학적인 품질의 변화를 줄일 수 있다. 급속동결은 한계온도대를 35분 이내에 통과시킴으로써 얼음결정이 70u이하로 하는 것이다.

(7) 프리즈 플로(Freeze flow) 저장법

미국의 리치사가 개발한 중간수분식품과 냉동식품을 조합한 것으로 냉장이나 가열을 하지 않아도 미생물적으로 안정하며 동결되지 않은 동결식품으로 불린다. 이것은 딱딱하지 않고 보존성이 좋으므로 첨가물이나 보존료를 필요로 하지 않는 자연식품에 응용한다.

· 장점 : 간편성-냉동고에서 꺼내 쉽게 먹을 수 있고 재해동과 재 냉동이 가능하다.

· 보존성의 향상 : 자유수가 결합수와 같이 작용하므로 미생물에 대해 안전하고 건조에 의한 노화도 없다.

· 에너지 절약 : 냉동식품보다 낮은 온도에서 저장하므로 에너지가 적게 든다.

· 중간수분식품(IMF intermediate moisture food) : 수분함량이 10~40% 정도로 수분활성도가 0.65~0.85 정도인 간장, 된장, 즉석컵라면, 잼 등의 식품으로 냉장이나 가열을 하지 않아도 미생물학적으로 안정한 식품을 말한다.

5) 가정의 냉동기술

(1) 채소

채소는 데친 뒤 냉동하는 것이 기본이다. 무와 단감 등은 날것 상태로 갈아서 냉동시키는 것이 좋다. 채소를 냉동할 때는 아주 살짝만 데치고 찬물에 헹군 뒤 물기를 제거한다. 한 달 이내 보존 가능하다.

(2) 고기

고기는 그냥 냉동해도 되지만 양념을 해서 냉동시키면 맛이 보존되고 상하기 쉬운 저민 고기나 닭고기 등은 가열한 뒤에 냉동시키면 더 안전하다.

(3) 냉동요령

식품의 수분을 줄여 냉동시키는데 이를 위해 데치거나 소금 간장, 설탕, 식초 등으로 탈수시킨 후 냉동시킨다. 그러고 단시간에 냉동하도록 한다. 이를 위해 직은 부피로 여러 개로 나눠서 납작하게 포장하고 찬 기운이 빨리 전달되는 금속용기를 쓴다. 주머니 안의 공기를 눌러써 빼고 속을 진공에 가까운 상태로 만드는 것도 필요하다. 더운 것은 식힌 뒤에 냉동실에 넣어야 냉동실 안의 온도가 올라가는 것을 막을 수 있다. 냉동실에 넣은 뒤 적어도 1시간은 문을 열지 말아야 한다.

(4) 냉동할 때 주의해야 하는 식품

· 섬유소가 많아 질겨짐 : 죽순, 연근 머위

· 날 채소일 때 물러짐 : 양상추, 양배추, 배추

· 수분이 많고 흐느적거리는 식품이라 맛이 없어짐 : 두부, 달걀찜, 젤리, 푸딩

· 기름과 물로 분리됨 : 우유, 요구르트, 마요네즈

· 껍질이 갈라짐 : 달걀

· 지방이 많아 산화됨 : 고기, 생선

· 병이 터질 염려가 있음 : 병 음료

※ 동결식품의 저장

-18~20℃가 적당하다. -18℃는 미생물의 성장을 저지하고 자기소화나 기타 변패를 막을 수 있는 온도지만 물리적 변화가 있을 수 있다. 재결정화는 저장실의 온도변화가 있을 때 일어나며 승화는 외관이나 맛의 손상을 부른다. 얼음이 승화되면 다공성의 조직이 형성되고 색소의 변색과 지방산화 등의 냉동화상(freezer burn)이 나타난다. 이러한 냉동해를 막기 위해 저장실의 상대습도를 높이고 어류에는 빙의(ice glaze)를 입히고 물 분자를 투과하지 않는 재료로 포장하는 것이 바람직하다.

6) 저온저장 중 식품의 변화

(1) 생물학적 변화

① 저온장해

열대나 아열대 지방을 원산지로 하는 채소와 과일은 대사에 장해를 일으키는데 이를 저온장해(chilling injury)라고 한다. 바나나, 가지, 피망 등은 저온장해를 일이키기 쉽기 때문에 빙결점보다 훨씬 높은 온도에서 저장해야 한다. 바나나는 동결점이 -1℃지만 12~13℃ 이하에서는 과피가 흑갈색으로 변한다. 토마토의 연부현상이나 레몬과육의 갈변을 피하기 위해 10℃ 이하에서는 저장하면 안 된다.

· 저온장해의 원인

미토콘드리아 막의 유연성을 저하시키고 인지질의 이탈을 쉽게 하기 때문인데 TCA 회로 일부 효소가 저온에서 활성이 떨어져 대사중간물이 축적되는 이상대사현상을 보여 과피의 변색, 육질의 고무화, 반점생성이 야기된다.

· 저온장해의 증상

저온장해로 호흡작용의 변화, 막의 투과성, 성분의 변화가 나타나는데 비타민 C의 감소가 발생하기도 한다. 비타민 C의 감소는 페놀류의 산화와 축적을 수반하여 갈변이 원인이 된다.

· 저온장해의 방지

저온장해는 습도가 낮을 때 발생하기 쉬우며 95~100%의 습도에서는 잘 일어나지 않는다. 따라서 플라스틱 포장은 증산이 억제되어 선도유지와 저온장해 예방에도 좋다. 미숙과일일수록 저온장해를 받기 쉽다.

② 선도저하

과채류의 경우 냉장 중에도 성숙작용이 계속되므로 성분의 변화와 함께 식품의 선도가 떨어지며 육류는 자가소화작용이 저온에서 너무 완만하게 진행되면서 품질이 떨어진다.

③ 미생물과 효소의 작용

냉장 중에도 미생물의 번식을 완전히 저지시킬 수 없으므로 장기간의 냉장은 안전하지 않다 효소는 -73℃에서도 반응속도는 느리지만 진행되며 같은 온도라도 동결된 조직보다 과냉된 부분에서 촉진되므로 식품의 빙점에서 심한 손실이 있게 된다.

(2) 물리적 변화

① 수분증발

냉장 중 에도 식품의 수분은 증발하여 중량감소 위축, 연화 변색을 일으킨다.

② 조직손상

식품을 동결시키면 식품의 주된 구성분인 물이 빙결함으로써 부피가 늘어난 얼음에 의해 식품의 조직이 파괴된다. 그러나 서서히 동결시키면 핵에서 큰 결정이 형성되고 급속히 얼리면 많은 핵이 생기지만 결정이 커지지 않아 조직의 변화를 줄일 수 있다. 식품 중의 수분이 어는 상태는 냉각속도에 따라 다르며 급속동결은 미세한 입자가 세포 내에 균일하게 분포되어 품질의 변화가 없으나 완만한 속도로 동결시킨 식품의 얼음입자는 세포조직을 기계적으로 손상, 파괴시킨다.

얼음결정이 세포 밖에서 커지면서 세포내 수분이 빠져나가 식물세포에서는 원형질분리가 동물세포에서는 변형, 수축이 일어나 세포는 변질된다. 또 동결된 식품의 표면이 공기와 접하고 있으면 얼음이 승화하고 내부도 다공질의 건조 층이 생기는데 이런 현상을 냉동화상이라 한다. 이것으로 식품의 색깔, 향미, 조직, 영양가가 변화한다.

③ 유화상태와 겔상의 파괴

냉동은 수중 유적형, 유중수적형 유화액을 불안정하게 한다. 또한 냉동은 탄수화물과 물의 겔과 단백질과 물의 겔상을 불가역적으로 변성시킨다.

④ 전분의 노화와 단백질의 변성

조리 가공된 전분의 호화상태는 방치하면 노화되는데 냉장온도는 전분의 노화를 촉진한다. 빙결점 이상의 저온에서 단백질은 가역적으로 변성되는데 이것은 단백질의 소수결합이 저온에서 불안정하기 때문인 것으로 생각된다. 또한 동결로 효소활성, 용해성, 점도, 겔 형성, 기포성의 변화가 나타난다. 동결에 의한 변성기구는 빙결정으로 결합수의 이탈, 농축된 무기염류에 의한 염석, 단백질의 상호접근에 의한 분자 간 결합의 형성 등을 들 수 있다.

(3) 화학적 변화

① 색과 향미의 변화

식물성 색소의 대부분은 저온에서도 안전성이 없어 변화한다. 엽록소는 페오피틴으로 카로티노이드와 안토시아닌은 산화되어 퇴색한다. 동물성 색소인 헤모글로빈도 산화되어 갈변한다.

② 지질과 비타민의 변화

유지함량이 큰 냉동식품은 유지의 산화에 의한 변패가 일어난다. 냉동어류의 지방은 냉동육류의 지방보다 더 빨리 산화되는 경향이 있다. 식물조직은 산패에 가장 저항이 크다. 냉동과정 자체는 영양소를 크게 파괴하지 않으나 냉동을 위해 조리, 준비, 가공 중에 비타민의 손실이 일어난다. 냉동상태에서 아스크르브산의 손실은 계속된다. 포장은 냉동식품의 비타민 파괴, 영양소 산화를 방지하는 수단이 될 수 있다.

9. 가열(加熱) 기술

1) 가열의 원리

1 cal는 물 1g을 14.5℃에서 15.5℃로 올리는데 필요한 열에너지의 양

① 현열(顯熱; sensible heat) : 어떤 물질에 열을 가해 온도가 올라 갈 경우의 열

② 잠열(潛熱; latent heat) : 가열해도 온도변화가 없는 것

③ 융해열(融解熱) : 물질이 고체상태에서 액체상태로 변할 때 소요되는 잠열

④ 응고열(凝固熱) : 물질이 액체상태에서 고체상태로 변할 때 소요되는 잠열

⑤ 기화열(氣化熱) : 액체상태의 물질이 온도 변화 없이 기체상태로 변할 때의 잠열

⑥ 응축열(凝縮熱) : 기체상태의 물질이 온도 변화 없이 액체상태로 변할 때의 잠열

2) 열전달기작

식품가공에서 열은 다양한 열전달기작에 의해 전달된다.

(1) 전도(conduction)

물질의 개개 분자가 가지고 있는 운동에너지가 차차 인접한 분자로 직접 전달되는 현상으로 그 분자 자신은 진동만 하고 실제 이동하지는 않는다.

열은 고온의 물질로부터 저온의 물질로 흐르며 그 흐름은 항상 온도감사방향으로 진행한다. 열전도도는 한 물질의 열전달 특징을 나타내는 지표인데 식품의 다공성, 조직, 화학성분, 상의 변화, 온도, 압력 등에 따라 달라진다.

(2) 대류(convection)

액체분자가 이동하여 혼합함으로써 열전달이 일어나는 현상이다.

액체나 기체에 열을 가하면 전도보다 빨리 열이 모든 곳에 전달된다.

자연대류의 경우 액체에서 대류가 일어나는 이유는 액체 내의 온도차이로 인한 밀도차로 부력이 달라지기 때문이다. 즉 열을 받아 뜨거워진 것은 밀도가 작아져 가벼워서 위로 올라가게 되고 상대적으로 무거운 찬 액체는 밑으로 내려오게 된다.

이것은 가열되어 또 가벼워져 위로 올라가는 과정을 반복하며 액체는 전체적으로 따뜻해지게 된다.

(3) 복사(radiation)

모든 물체는 절도 영도가 아닌 한 온도에 따라 그 표면에서부터 모든 방향으로 열에너지를 전자파로 복사한다. 이 에너지 공간을 통과해서 물체에 도달하는 일부는 물체에 흡수되는데 이것은 물체의 온도를 높인다. 이를 복사현상이라 한다.

복사는 열전달 매체 없이 고온의 물체에서 저온의 물체로 열이 직접 이동하는 현상이다. 이 중에서 흡수된 양만이 열로 바뀌고 반사 또는 투과된 복사선도 다른 흡수체에 도달하면 열로 변화한다. 만약 어떤 식품의 표면이 그곳에 가해진 모든 복사선을 투과나 반사 없이 모두 흡수한다고 하면 흡수율은 1이 되며 검은색 식품이 예이다.

(4) 확산

식품에 따라 다르며 열전도도에 비례하고 밀도와 비열에는 반비례한다. 식품의 성분, 조직, 다공성과도 관련이 있으며 온도가 높으면 확산을 커진다.

① 다공성

ⓐ 물 〉 지방 〉 공기

ⓑ 냉동 〉 액상

ⓒ 높은 압력 〉 낮은 압력

ⓓ 낮은 농도 〉 높은 농도

② 냉점

포장식품에서 대류나 전도의 열이 가장 늦게 도달하는 부분이다.

통조림 살균에서 냉점이 살균되지 않고 남아 있으면 완전 살균되지 않은 것이므로 주의한다. 통조림이 최적 살균조건은 내용물의 성질, 내부 세균의 형태와 수, 내열성 미생물의 치사시간 등에 의해 결정된다.

③ 살균효과

수분이 열전달 매체인 습열은 공기가 열전달 매체인 건열보다 가열효과가 크다.

습열은 균의 세포 내 단백질을 응고시키고 건열은 세균의 산화에 영향을 미치는 것으로 알려져 있다. 가열온도와 압력도 가열효과에 영향을 미치는 요소이다.

평압에서 포화수증기는 100℃의 에너지를 가지므로 120℃온도를 올리려면 압력을 높여야 한다.

④ 미생물의 가열치사곡선

가열시간과 생존 포자수의 관계를 나타낸 그래프를 사멸곡선이라 한다.

ⓐ 가열치사곡선(TDT curve)

- 일정한 온도에서 미생물이 사멸하는 시간을 나타내는 대수그래프
- 가열치사시간 : 주어진 온도에서 포자수가 1/1012로 감소되었을 때의 시간

ⓑ D값(D-Value)

- 일정한 온도에서 균의 수를 90% 사멸시키는데 소요되는 시간

ⓒ F 값(F-Value)

- 일정온도(온도표시가 없을 경우 121℃ 혹은 250F)에서 일정농도의 미생물을 완전히(100%) 사멸시키는데 필요한 시간

ⓓ Z값(Z-Value)

- 가열치사시간의 1/10에 대응하는 가열온도의 변화를 나타내는 값
- 가열치사시간을 90% 단축하는데 따른 상승온도

Z=10이면 살균시간을 1/10로 감소시키려면 온도를 10℃ 높여야 한다.

3) 내열성에 영향을 미치는 인자(因子)

① 산도와 내열성

새우, 게, 알칼리 가공한 콩, 오래 묵은 달걀 같은 식품은 세균이 잘 생육할 수 있으므로 주의해야 한다. pH가 7정도인 달걀, 굴, 우유, 옥수수, 육류와 pH가 6인 소금 절임 소고기, 완두, 아스파라거스, 감자와 pH 5인 무화과와 토마토 수프가 여기에 속한다. 이들은 116~121℃에서 고온살균해야 한다. 감자샐러드나 토마토, 배, 살구, 오렌지, 파인애플, 사과, 딸기 같은 식품은 pH가 3.7정도이며 pH가 3정도인 소금 절임, 초절임 식품은 강산성식품으로 끓는 물로 가열살균하면 된다. 식품은 산도가 낮을수록(pH가 높을수록) 살균조건이 커진다.

② 미생물

미생물1킨다. 소금은 미생물의 영양세포의 생육도 억제하는 효과가 있다. 전분은 간접적으로 포자의 내열성을 향상시키며 단백질과 지방도 내열성을 보호한다.

③ 효소

살균과정에서 세균은 멸균되었더라도 효소는 불활성화 되지 못하고 남아 있다면 식품을 안전하게 저장할 수 없다.

효소의 활성은 온도가 10℃ 상승하면 효소반응은 1.4~2배 정도 증가한다. 그러나 온도가 높아지면 효소는 불활성화 되고 80℃로 가열하면 단시간 내 불 활성화된다.

효소가 산성식품의 변패에 관여하는 일이 있는데 피클의 과산화효소는 85℃에서도 활성을 가지므로 효소의 파괴를 위해 식초를 첨가하면 좋다.

토마토 통조림의 효소는 통조림제조 후에도 내열성을 가지고 양배추의 과산화효소도 가열 후에 활성을 회복하는 것으로 알려졌다.

우유살균의 기준은 포스파타제 활성소실로 판정한다. 포스파타제 파괴온도는 결핵균 같은 병원균의 살균온도와 일치하므로 포스파타제 활성이 남아 있다면 다른 병원균의 살균도 불완전하다고 볼 수 있다.

10. 살균(殺菌)과 멸균(滅菌) 기술

· 살균 : 포자파괴를 하는 것으로 생존 미생물을 사멸시키는 것

· 멸균 : 무균상태로 생세포의 완전한 사멸과 포자의 사멸이 모두 이루어 졌을 때

1) 식품의 가열살균법

① 저온 장시간 살균법(LTLT Low Temperature Long Time) – 우유살균

균체와 효모, 곰팡이 포자의 파괴가 목적으로 병원성미생물은 존재하지 않지만 부패미생물은 일부가 존재하므로 냉동처리, 방부제 첨가, 포장 시 산소제거 등으로 살균효과를 높인다. 63~65℃에서 30분간 살균(소폐결핵균 포자치사조건)

② 고온순간살균법(HTST, High Temperature Short Time) – 우유살균

72~75℃에서 15~20초 살균

③ 초고온 순간살균법(UHT Ultra High Temperature heating method) – 우유살균

2단처리

· 원유를 예열 : 80~83℃/2~6분 by PHE 간접가열

· 본살균 : 130~150℃/0.5~4초 by 직접증기가열

④ 증기살균법

코흐(Koch)살균솥을 이용하여 물이 끓어서 수증기가 발생할 때 내용물을 넣고 밀폐시켜 100℃로 상승한 후부터 30분간 살균한다. 그러나 내열성포자는 1기압이상에서 100℃이상으로 처리해야 한다.

⑤ 건열살균법

공기를 가열시켜 미생물을 살균하는 방법으로 140~160℃에서 30~60분 정도 건열기에서 가열시킨다.

⑥ 순간살균법

주로 액체식품을 순간적으로 살균하는 방법으로 70~80℃에서 3~5초 처리하거나 100·150℃로 0.5~2초 처리하는 방법이 있다.

⑦ 간헐살균법

내열성균의 완전살균을 위해 100℃에서 30분간 살균시킨 후 30℃의 항온기에 1일 두면 포자가 발아하여 영양세포가 되고 이것을 다시 100℃에서 살균한다. 이 과정을 3회 반복하면 균이 완전살균된다.

⑧ 비가열 살균 : 적외선, 자외선, 방사선, 전자선 살균법

- 자외선 살균 : 살균 후 식품에 거의 변화가 없고 간단히 적용할 수 있으며 공기 살균에 적합하다.
- 방사선 살균 : Co60, Cs137의 gamma 선을 사용하는데 살균효과가 양호하지만 설비비가 높고 안전문제가 있다.
- 전자선(電子線) : 고속전자선을 이용하는 것으로 조사를 제어하이 투과에 한도가 있고 설비비가 높다.

⑨ 극초단파 살균법

식품에 극초단파를 단시간 쪼여 가열시키는 방법으로 전자레인지에 장치된 마그네트론에서 발생되는 250 MHz의 극초단파를 조사하면 전파에너지가 열에너지로 바뀌어 발열하는 것이다. 가열속도가 빠르고 가열이 균일하며 영양소의 파괴가 적고 열손상이 최소이면서 취급이 쉽다.

⑩ 상업적 살균법

영양가의 손실이나 기호적인 손실을 막고 품질을 좋게 하는 살균법이다. 통조림의 가열살균은 반드시 완전 살균할 필요가 없으므로 위생상 유해하다고 생각되는 세균을 대상으로 가열하고 보통 산성의 과일통조림에 많이 이용된다. 70℃ 이상에서 100℃이하의 온도를 사용한다. 보통 미생물의 오염도가 클수록 내열성이 클수록 가열시간은 길고 온도는 높아야 한다.

2) 가열살균 시 식품의 변화

① 색의 변화

가열 중에는 메일라드 반응과 캐러멜화 반응 같은 갈변이 일어난다. 고온에서 단시간 가열하면 갈변을 최소화할 수 있다.

② 향미와 조직의 변화

식품을 가열하면 휘발성 물질의 발산과 화학반응으로 인해 식품의 향미성분이 변화된다. 육류를 비롯한 동물성 식품과 콩류는 가열로 향미가 좋아질 수 있다. 조직의 변화는 가열로 인해 식품이 변화되는 가장 큰 영향이라 할 수 있다.

특히 과일이나 채소 조직은 가열로 인해 팽압이 소실된다. 젤라틴이나 펙틴은 겔 형성 능력이 약해져 겔을 만들지 못하기도 한다.

③ 탄수화물, 단백질, 유지, 비타민의 변화

녹말과 당은 가열로 분해되며 메일라드 반응으로 갈변이 일어나기도 한다. 단백질은 가열로 변성되고 지나치게 가열된 단백질은 단백분해효소에 의해 쉽게 분해되지 않는다. 유지는 가열에 예민하게 반응하여 가수분해적 산패와 산화적 산패에 영행을 준다. 유지의 산화속도는 10℃ 증가하면 2배 증가한다. 금속이나 광선이 있으면 촉진되며 산소가 없을 경우에는 습열에 대해 안전하다. 티아민은 열에 약하고 리보플라빈은 열에는 안전하나 광선에 예민하여 리보플라빈이 들어있는 식품은 투명유리병에 보관하는 것을 피해야 한다. 아스코르빈산은 저온에서 장기간 가열하면 파괴되는데 산소, 구리, 산화효소에 의해 가속화된다.

3) 가열저장과 살균

가장 널리 가정에서 이용되는 방법으로 가열로써 조리, 튀김, 굽기 등에 이용되며, 가열은 저장성을 부여하고 식품을 부드럽고 맛있게 하며, 미생물과 효소를 파괴하고 저장기간을 연장해 준다.

· 고온단시간 살균(high temperature short time, HTST) : 액상 단백질 식품은 100℃ 이하(우유 72℃ 15초) 통조림은 150℃가까이 적용된다. 이 온도를 우유에 적용할 때는 초고온 순간멸균(瞬間滅菌, ultra high temperature UHT 멸균)이라 부른다.

11. 삼투압(滲透壓) 응용기술(염장, 당장, 산장)

1) 삼투압의 방부원리

삼투작용이란 식품내외의 삼투압 차이에 의해 침투와 확산으로 식품내에 존재하는 소금, 당 등은 식품 내에 스며들어 흡수되고 수분은 탈수되어 식품의 수분활성도가 낮아지며 식품에 묻어 잇는 미생물도 소금 당 등에 의한 삼투압으로 원형질 분리가 일어나 생육이 억제되거나 사멸되는 현상을 말한다.

특히 호기성균은 삼투현상에 의해 생육이 억제된다. 삼투압을 이용하여 식품을 가공 저장하는 목적은 유해 미생물의 생육을 저해하고 식품 내의 수분함량을 조절함으로써 식품의 저장성과 보존성을 높여주기 위한 것이며 미생물의 저항력은 식품의 종류, 균류의 종류 및 식염의 농도 등에 따라 다르다.

2) 염장식품의 가공 및 저장

(1) 식염의 방부력

① 식염의 방부작용

· 식염의 장점 : 방부효과, 위생적인 안정성, 제품의 풍미, 사용상의 간편성, 가격이 저렴하다.

· 식염의 방부력 : 식염용액이 가지는 높은 삼투압에 의한 세균세포로부터의 탈수작용으로 세균세포는 정상적인 발육이 억제되는 것으로 이 작용이 급격히 일어나면 세포는 원형질 분리(plasmolysis)를 일으켜 사멸된다.

고농도의 식염용액은 미생물이 분비하는 단백질 분해효소의 작용을 저해한다. 즉 단백질이 가수 분해되기 위하여는 효소가 단백질 분자의 peptide 결합위치에 결합하지 않으면 안 되는데 식염의 구성원소가 먼저 peptide결합위치에 결합하여 버리므로 효소가 결합하는 것을 막아 버리기 때문으로 육류를 염장하면 peptide결합한 곳이 식염으로 봉쇄되어 미생물이 분비하는 단백질 분해효소의 작용이 약화하는 것이다.

소금은 식품의 기본맛을 내는 물질로 보존성을 높인다. 세균은 상온에서 소금농도 2%에서부터 억제되기 시작하여 10% 전후에서 상당량 억제되며 효모는 15%이상, 곰팡이는 20% 이상의 소금농도에서 억제된다. 소금의 삼투속도는 염장초기에 빠르고 이후 완만하여 평형에 도달하는데 소금의 침투속도나 침투량은 식품의 성상, 크기, 지방 또는 단백질 등 성분의 함량 정도, 소금농도, 온도, 염장방법, 식품의 상태 등에 따라 달라진다. 고형식품은 액상식품보다. 지방이 많은 식품은 적은 식품보다, 대형식품은 소형식품보다 삼투속도가 느리다.

(2) 염장품 품질영향요인

① 식염의 종류 : 식염에는 정제되어 오염균이 없는 소금인 암염 및 정염과 화학적인 불순물과 내염성미생물도 함유하고 있는 천일염이 있으며 식품가공 등에 사용되는 식염은 불순물이 거의 없는 것을 사용한다.

② 식염농도: 온도가 높을수록 삼투압은 커지며 식염농도 10%이상이면 세균의 생육이 억제된다.

③ 염장방법: 건염보다 염수법이 삼투속도가 크다.

④ 식염 순도: 식염 중 칼슘염이나 마그네슘염이 소량 함유되어 있으면 식염의 침투가 저해된다. 순수한 식염의 삼투속도가 크다.

⑤ 식품성상: 생선이 경우 피하지방층이 두터울수록 소금의 침투가 어렵다.

⑥ 온도: 삼투속도는 온도와 비례하므로 온도가 높을수록 삼투속도도 크다.

(3) 염장 중 물리적변화

염장은 식품 내외의 삼투압차에 의하여 일어나는 삼투와 확산의 두 작용에 의하여 이루어지며 염장의 진행에 따라 식품중의 식염량, 수분량, 식품의 무게 등이 변화한다.

① 식염농도와 염장온도의 영향

용액의 삼투압은 농도와 온도에 비례하므로 염장에 있어서 식염의 삼투속도도 식염농도와 온도가 높을수록 크다.

물간을 하는 경우 충분한 양의 식염수를 사용하여 장시간 염장을 하여도 식염중의 식염농도는 사용한 식염수의 농도에 미달되는데 이것은 식품중 수분의 일부가 결합수의 형태로 작용하지 않기 때문이다.

② 염장방법의 영향

물간을 하면 마른간을 했을 때보다 식염의 침투속도가 크고 평형상태가 되었을 때의 침투 식염량 도 많다. 그러나 식품을 염장하면 수분량이 변화되고 그 변화의 정도가 염장조건에 따라 많이 다르므로 단순히 식품중의 식염농도로서 단정하기는 어렵다.

③ 식염순도의 영향

식염 중의 Ca염이나 Mg염이 소량이라도 섞여 있으면 식염의 침투가 저해된다. 염장에 있어서 식염 중의 불순염의 영향은 이러한 식염침투의 방해뿐만 아니라 제품의 맛에도 영향을 미치므로 순도가 높은 것 사용.

한편 KCl, KNO_3 등은 식염의 침투를 촉진시키고, 육질을 단단하게 한다고도 하나 확실치 않다.

④ 식품성상의 영향

일반적으로 어체의 지방함량이 많은 것은 피하지방층이 두꺼워 어체를 그대로 염장하는 경우에는 식염의 침투가 어렵다.

3) 염장중의 육질변화

(1) 탄성의 변화

염장품을 만들면 그 육조직이 단단해지고 탄성이 있는 제품이 된다.

예로 굴비의 독특한 풍미는 맛 뿐 아니라 단단하고 탄성이 있는 육질의 촉감에도 영향을 받는다. 이러한 탄성은 육질의 엉겨 앉음(setting)현상으로 즉 어육에 식염을 가하여 걸면 점착성이 없어지고 탄성이 있는 gel로 변화하는 현상. 어육을 염장하면 침투한 식염에 단백질이 용해되어 sol을 만들고 이것이 엉겨붙게 되고 엉겨 앉은 채 건조되면 탄성이 있는 제품이 되는 것이다. 엉겨 앉은 고기의 조직은 망상구조를 하고 있는데 고온에 두면 붕괴된다. 이 현상을 되풀림(returning)라고 한다. 고등어 정어리 등은 되풀림이 일어나기 쉽다.

(2) 자가소화

염장육의 자가소화는 식염에 의하여 어느 정도 저해되나, 포화에 가까운 식염농도에서도 젓갈의 자가소화는 진행된다.

4) 염장방법

(1) 일반염장법

① 마른간법

식품에 직접 소금을 뿌려 염장하는 방법으로 뿌린 소금은 식품 표면의 수분이나 또는 내부에서 삼출한 수분에 녹아 포화 식염수를 만들므로 식품표면은 항상 포화 식염수로 둘려 싸여 있는 형태가 된다. 그러므로 식품 내외의 삼투압차가 커서 식염이 식품내로 삼투하는 것과 식품육의 수분이 밖으로 탈수되는 것이 일방적으로 진행된다.

염의 사용량은 보통 식품무게의 20~35%의 소금물 사용 어체 를 마른간을 할때 소금을 고루 뿌리고 어층 사이사이에는 사잇 소금을 뿌려준다.

ⓐ 장점 : 염장에 특별한 설비가 필요 없으며, 용염량에 비하여 탈수량이 많고 식염의 삼투가 빠르므로 염장 초기의 부패가 적으며, 염장이 잘못 되었을때 그 피해를 부분적으로 그치게 할 수 있다.

ⓑ 단점 : 소금의 침투가 불균일하게 되기 쉬워 제품의 품질이 고르지 못하고, 강하게 탈수되어 제품의 외관이 좋지 못하고, 수율도 낮으며, 염장중 공기와 접촉하므로 지방이 산화되어 기름변색(rusting)을 일으키기 쉽다.

② 물간법

적당한 농도의 식염수에 식염을 담그어 염장하는 방법으로 식품에 소금이 삼투압에 따라 탈수의 농도가 묽어지므로 수시로 소금을 첨가하든가 또는 미리 여분의 소금을 넣어 두어서 염수농도를 일정하게 유지하여야 한다.

또 소금의 삼투와 동시에 탈수가 일어나서 식품 주위에 묽은 연수층이 생겨서 소금의 삼투와 탈수를 방해하므로 수시로 교반하여 묽은 염수층을 제거하여야 한다.

ⓐ 장점

- 소금의 삼투가 균일하여 제품의 품질이 고르며
- 염장 중 공기와 접촉하지 않으므로 지방의 산화가 적고
- 과도한 탈수가 일어나지 않으므로 외관, 수율, 풍미가 좋으며

· 제품의 염미를 조절할 수 있다.

ⓑ 단점

- 물이 새지 않는 염장용기가 필요하고
- 마른간에 비해 용염량이 많이 들며
- 염장중 자주 교반하자 않으면 식품 주위에 묽은 염수층이 생겨 염장초기에 부패하기 쉽다.

③ 개량물건법

식염용기 또는 탱크에 식품을 1단씩 마른간을 하여 재우고 어층을 쌓아올린 후 내림 뚜껑을 하여 누름돌을 얹어 적당히 가압하면 식품으로부터 삼출한 수분에 의하여 포화식염수가 형성되어 물간을 한 것 같다.

ⓐ 장점

- 염장초기에 부패를 일으킬 염려가 적고
- 소금의 삼투가 균일하며
- 외관이나 수율이 좋고

- 기름변화를 막을 수 있다.

④ 염수주사법

형태가 큰 대형 고기나 어육의 경우 담그는 시간이 길고 그 사이에 내부에서 변질되기 쉬우므로 염지기간을 단축시키고 균일하게 염지되도록 하기 위해 사용하는 방법으로 햄, 베이컨의 제조에 이용되어 왔다.

· 근육주사법 : 주사기에 염지 용액을 넣고 근육중심부에 주사하여 염지한다. 염지기간을 1/3 이내로 단축시키고 균일하게 염지할 수 있다.

· 맥관주사법 : 도살 즉시 흉부를 절개하여 혈압과 같은 압력으로 혈관 내에 주입하여 염지하는 것으로 3~4분 만에 전신의 혈관에 퍼지게 된다. 이것을 해체한 후 냉각하여 다시 건염법으로 염지한다.

⑤ 압착염장법

완전히 밀폐된 용기에 식품을 넣고 용기내를 감압하여 식품조직에 있는 기체를 배제한 다음 용기 내를 가압하여 식염의 침투를 신속하게 하는 금속염장법의 하나이다. 처음에는 건염법으로 하고 다음에 염수법으로 염지하여 식염을 삼투한 후 염수에서 건져내어 적당히 가압하여 과잉의 염분을 수분과 함께 압출시키면 염미가 적은 맛 좋은 제품을 얻을 수 있다. 소금기를 적게 하고 풍미를 목적으로 할 때 이용되나 대량생산용으로는 부적당하다.

5) 당장식품의 가공 및 저장

당장법은 염장법과 같은 삼투압차에 의한 방부작용과 당분자의 친수기인 -OH와 물의 수소결합으로 수분활성도를 낮추어 미생물 생육을 저지하는 것이다.

당은 식염에 비해 삼투압이 낮아 식품 내부로의 삼투가 느리게 진행된다.

삼투압은 분자의 몰수에 비례하므로 분자량이 적고 용해도가 큰 당일수록 침투속도는 빠르다. 단당류인 포도당(MW 180), 과당 등은 이당류인 설탕(MW 342)보다 효과적이다.

각종 미생물에 대한 당류의 최소 발육저지 농도는 설탕의 경우 60~70%인데 반해 과당, 포도당, 젖당 등은 20~30%에서도 억제가 가능하다. 따라서 안정성을 고려하면 일반적으로 미생물은 당 농도가 50%이상 일 때 미생물의 성장이 억제되어 저장성을 가지며 당 농도가 50% 이하가 되면 영양물질로서 작용하여 미생물이 더 잘 번식하여 식품을 상하게 만든다. 유기산은 보존효과를 증진시켜 잼 젤리의 경우 산도가 1.2% 정도이면 당농도 45%에서 효모와 세균의 발육을 억제할 수 있다.

6) 산장식품의 가공 및 저장

(1) 산장법(pickling 산절임법, 초지법)

수소이온 농도가 높은 초산, 젖산, 구연산 등을 이용하여 미생물들이 잘 살 수 없는 중산성 내지 강산성 영역으로 해주어 식품을 저장하는 방법이다. 오이피클, 마늘피클, 단무지, 김치, 죽순, 양배추 등의 채소류와 토마토 등의 과일류, 칼피스, 탄산음료, 정어리나 전갱이 등의 어육의 초절임 식품 및 육류 등으로 방부외에 조미효과도 있다.

산절임법은 주로 산의 살균작용에 의한 원리나 그 외에도 해리되지 않은 분자나 산화합물의 음이온이 관계하는 것으로 생각된다. 즉 pH가 낮은 강산성일수록 저장의 효과는 크며 산류의 살균작용은 수소이온에 의한 세포단백질의 응고 결과로 생긴다.

식품 중 채소류나 과일류는 대략 pH3~5 범위에 있는 이들 초절임 제품은 1% 이상의 초산, 젖산을 함유하고 있는 경우가 많다. 곡류, 육류, 수산물 식품은 약산성 영역인 pH5~7영역에 많이 분포되며 대부분의 세균은 중성인 pH7 내외 영역에서 잘 성장한다. 세균은 점차 pH7 → pH6 → pH5 이하의 강산성 영역쪽으로 하면 생육이 억제되어 보존성을 높일 수 있다 효모는 pH4이하, 곰팡이는 pH3 이하에서 생육이 억제되지만 장기간 보존에는 소금, 당, 알코올, 살균 등을 함께 사용하는 것이 좋다.

12. 훈연(燻煙) 및 훈증(熏蒸) 기술

1) 훈연식품

(1) 훈연의 의의와 방부원리

육류나 어패류 등의 식품에 목재 등을 불완전 연소시켜 생긴 연기 즉 연기 속의 방부성 성분, 산화방지성 성분 등을 침착시키거나 살균력을 가진 연기성분의 물질을 흡착시키는 동안 건조를 수반하면서 상승효과를 얻어 저장성을 갖는 방법을 훈연이라 한다. 훈연시 사용되는 목재는 수지함량이 적고 방부성 물질이 많이 생산되며 잘 건조된 단단한 나무가 좋다. 훈연성분은 연기 속에 약 200여 종이상의 화학성분이 존재하며 살균작용을 갖는 알데히드류, 알코올, 초산, 개미산, 지방산 등이 있다. 폴리페놀류의 화합물은 지방을 함유한 육 어류 식품의 한산화 작용을 하며 이외에도 염지성분, 냄새성분, 훈연성분 등이 어우러져 훈연취가 부여되어 독특한 풍미를 갖게 된다. 훈연재로 좋은 나무는 참나무, 벚나무, 떡갈나무, 자작나무, 호두나무, 단풍나무 등이 좋으며 왕겨, 옥수수속도 잘 쓰인다. 그러나 소나무, 전나무, 뽕나무, 감나무, 삼나무 등은 수지가 많고 향기가 좋지 않아 부적당하다.

(2) 훈연방법

① 냉훈법

온도 20~30℃에서 3~4주간 훈연과 건조를 오래 되풀이 하는 방법으로 제품의 수분을 20~45%까지 감소시켜서 장기간의 저장성을 목적으로 훈연하는 방법이다.

② 온훈법(warm smoking) 및 열훈법(hot heating)

온훈법은 30~50℃에서 1~3일 훈연, 열훈법은 50~80℃에서 5~12시간 훈연하는 방법을 말한다. 50℃ 내외의 훈연처리는 중온법, 70℃ 내외의 훈연은 고온법으로 분류한다. 온훈법은 독특한 풍미를 주기 위한 것이 주목적이므로 맛과 향기는 좋으나 장기저장은 곤란하다.

③ 배훈법(roast smoking)

95~120℃에서 2~4시간 훈연하는 것으로 저장보다는 바로 식용할 수 있는 훈연법이다.

④ 액훈법(liquid smoking method)

훈연재료를 사용하는 대신 목초액, 크레졸, 알코올, 붕산, 명반, 초석 색소 등을 배합하고 필요 시 조미료, 향신료도 배합하여 염지와 동시에 고기를 담가 연기성분을 침투시키는 방법을 말한다.

⑤ 전기훈연법(electric smoking)

코로나 방전으로 연기성분의 흡착을 촉진시켜 주는 방법이다. 원료 식품을 5cm 간격으로 교차시키고 훈연하면서 전압을 걸어 방전시키면 연기 중의 하전된 유효성분이 반대극의 원료에 흡착되는 방법이다. 수분증발이 적어 저장성도 약하다.

2) 훈증법(fumigation)

주로 곡류나 과일류 등을 저장할 때 해충이나 미생물로부터 보호하기 위해 일정한 용기 또는 포장된 포대 등에 휘발성 살충제나 살균제 즉 훈증제를 기화가스로 하여 해충이나 충란 또는 미생물을 사멸시키는 방법이다. 훈증시 곡물 중에 가스가 잘 침투되도록 하여야 하며 살균제는 종류나 사용량에 따라 사람과 가축에게 유해할 수 있으므로 적절한 훈증이 필요하다. 저장창고는 잘 밀폐되지 않으면 가스가 새어나가므로 완전 밀폐하여 훈증하도록 하며 종자용 곡물은 발아가 상실될 수 있으므로 유의해야 한다. 훈증제로는 에틸렌 옥사이드, 클로르피린, 메틸브로마이드 등이 사용된다.

13. 미생물(微生物) 과학

미생물은 단세포생물로 조직분화를 하지 못하며 식물처럼 세포벽이 있으며 운동성이 있는 것과 없는 것이 있다. 미생물의 종류는 ① 세균, ② 곰팡이, ③ 효모, ④ virus, ⑤ 조류, ⑥ 원생동물, ⑦ 리켓치아 등이 있고, 식품과 관련된 것은 이 중 ①, ②, ③ 등이다.

1) 생물계의 분류

① 동물계

② 식물계

③ 원생생물계

ⓐ 고등미생물

- 원생동물
- 지의류
- 조류 : 진핵세포로 구성
- 균류 : 점균류
- 진균류 : 조상균류
- 순정균류 : 자낭균류, 담자균류, 불완전균류

ⓑ 하등미생물

- 분열동물 : 세균(원시핵세포-핵막, 인 미토콘드리아가 없으며 액색체 수가 1개이므로 유사분열을 하지 않고 분열에 의해 번식), 방선균,남조류

ⓒ 바이러스

2) 원시핵세포(하등 미생물)와 진핵세포(고등미생물)의 비교

구조 및 성질	원시핵(原始核)세포	진핵(眞核)세포
형태적 성질		
세포크기	0.3~2u 이하	2~20u 이상
핵막, 인, 미토콘드리아	없다	있다
유전적 성질		
염색체수	1개	2개이상
세포분열, 유전적조환방법	비유사분열	유사분열, 감수분열
화학구조		
세포벽구성	복잡한mucor 복합체 mucopeptide, peptido-glycan	단순한glucose 중합체cellulose, hemicellulose, chitin
미생물	하등미생물 (세균,방선균남조류)	고등미생물(곰팡이, 버섯효모, 조류(남조류 제외)원생생물)

3) 세포 구성 물질

① 세포막 : 세포물질의 출입조절, 세포형태 유지

② 핵 : 유전물질 DNA-유전형질 발현

핵 속 인 RNA안에 있어 핵내 단백질 합성

③ 미토콘드리아 : 산소호흡과정 중 TCA회로 전자전달계를 가지고 있어 호흡에 의한 에너지 생산

④ 리보좀 : 단백질 생산

⑤ 리소좀 : 가수분해 효소가 있어 죽은 세포물질을 새로운 대사에 쓰일 재료로 전환-소화

⑥ 메소좀 : 세포막의 일부가 함입된 관, 주머니 모양으로 호흡능력이 집중

4) 곰팡이(Mold)

(1) 곰팡이의 특징

· 진균류, 포자에 의해 증식한다.

· 진핵세포(핵막, 인, 미토콘드리아)를 갖는 고등미생물

· 균사체는 영양기관이고 자실체는 번식기관이다.

· 식물성이지만 클로필이 없어 광합성을 하지 못하고 복잡한 유기물을 먹이로 한다.

→ saprophytes : 사체의 유기물을 먹고 자라는 곰팡이

→ parasites : 살아있는 동식물에 기생하는 곰팡이

① 곰팡이(moulds)

· 다세포 미생물이나 각각의 세포가 독립적인 성장을 할 수 있어 미생물로 분류

· 균사(phpha)로 구성되며 균사체를 이룸(mycelium)

· 무성포자에 의해 번식

→ 독소 : Aspergillus flavus 가 생성하는 aflatoxin

→ 유용물질 : 페니실린 항생제

(2) 곰팡이의 분류

① 조상균류

· 균사에 격벽이 없다.

· 무성생식대는 내생포자, 유성생식때는 접합포자로 증식

· 균사끝에 중축이 생기고 그곳에 포자낭이 형성되어 포자낭포자 내생

· Mucor(털곰팡이), Rhizopus(거미줄곰팡이), Absidia(활털곰팡이), Thamnidium 속

② 자낭균류

· 균사에 격벽이 있다.

· 유성생식때는 자낭포자, 무성생식때는 접합포자로 증식

· 분생포자병의 끝에 정낭을 만들고 그 곳에 경자가 매달려 그끝에 분생포자를 외생한다.

· Aspergillus(누룩곰팡이)속, Penicillium(푸른곰팡이)속, Monascus(홍국곰팡이)속, Nuerospora(붉은빵곰팡이)속

(3) 곰팡이 종류 및 특성

① Aspergilus 속

ⓐ *Aspergilus oryzae*(황국균)

- 장모(長毛)균 : 당화력이 강함- 청주 등 감주제조

- 단모(短毛)균 : 단백질 분해력이 강함: 개량 메주 된장 등 장류제조에 이용

ⓑ *Aspergilus niger*(흑국균) : Citric acid, oxalic acid 등 유기산 생성, pectinase를 생산하여 과일 주스 청징 제로 이용

ⓒ aflatoxin(발암물질)분비 : *Aspergilus flavus, Aspergillus paraciticus*

② Penicillum(푸른곰팡이)속

· penicillin 생산

· *Penicillium notatum, Penicillium chrysogenum*

· cheese 숙성

· *Penicillium roqueforti*(Roquefort cheese숙성), *Penicillium camemberti*(Camemberti cheese 숙성)

· Yellow rice(황변미의 원인균)

· *Penicillium citrinum*(태국 황변미) : cirtrinin-신장독

· *Penicillium toxicarium* : citreoviridin-신경독(운동마비, 순환기 장애)

· *Penicillium islandicum*(islandia 황변미) : islanditoxin, luteoskyrin-간장독

③ 불완전균류

· 진균류 중에서 유성생식과정이 알려져 있지 않는 균류

· *Monilia* 속, *Oidium* 속, *Botrytis* 속, *Fusarium* 속

5) 효모

(1) 특징

① 진균류로 출아로 증식 : 무성생식, 세포의 한 곳에서 세포질이 싹이 트듯 두드러져 나와 이것이 자라 새로운 세포가 된다.

② 단세포 곰팡이

③ 진핵세포를 갖는 고등미생물로 핵막, 인 미토콘드리아를 갖는다.

④ 알코올 발효능이 강하다.

(2) 형태

구형, 난형, 타원형, 소시지형, 레몬형, 삼각형, 위균사형

(3) 증식

① 출아법(budding)

② 양극출아

③ 다극출아 : *Saccharomyces* 속

④ 분열법(fission): *Schizosaccharomyces* 속

⑤ 출아분열법 : *Saccharomycodes* 속

(4) 효모의 특징별 분류

① 상면발효 효모와 하면발효 효모

	상면발효 효모	하면발효효모
형태	원형	타원형 난형
배양	세포는 액면에 뜨므로 발효액이 혼탁균체가 균막을 형성	세포는 저면으로 침강하므로 발효액이 투명 , 균체가 균막을 형성하지 않음
생리	발육온도가 10~25℃로 발효작용빠름 raffinose, melibiose 발효하지 않음	발육온도 5~10℃로 발효작용느림 raffinose,melibiose발효
종류	*Saccharomyces cerevisiae*	*Saccharomyces carlsbergenis*

② 산막효모(film yeast)와 비산막효모

산막효모	비산막효모
산소를 강력히 요구하며 산화력 강하다.	산소 요구 적으며 발효력이 강하다.
액면에서 발육하며 피막형성	액내부에서 발육하며 피막형성 않함
Debaryomyes 속, *Pichia* 속, *Hansenula* 속	*Saccharomyces* 속 *Schizosaccharomyces* 속

③ 유포자 효모와 무포자 효모

ⓐ 유포자 효모

- 포자낭 포자를 형성한다.
- *Saccharomyces* 속, *Schizosaccharomyces* 속, *Pichia* 속, *Hanseniaspora* 속
- *Hansenula* 속, *Endomycopsis* 속, *Debaryomyces* 속, *Lipomyes* 속, *Nadsonia* 속

ⓑ 무포자 효모

- 포자낭포자를 형성하지 않는다.
- *Candida* 속, *Cryptococcus* 속, *Kloekera* 속, *Rhodotorula* 속, *Toruloposis* 속

④ 위균사효모

· *Pichia* 속, *Hansenula* 속, *Endomycopsis* 속, *Candida* 속

6) 세균(bacteria)

(1) 특징

① 분류균류에 속하며 세포분열에 의해 증식한다.

② 하등미생물에 속한다.

③ 단세포미생물로 직경이 0.4um 정도

④ 세포질과 핵물질 가지고 있다.

⑤ 세포벽으로 싸여있고 다당류나 폴리펩타이드로 구성된 캡슐이나 slime 층이 다시 겹을 싸고 있다.

(2) 형태

① 구균(coccus) : 단구균, 쌍구균, 사연구균, 8연구균, 연쇄상구균, 포도당구균

② 간균(rod, bacillus) : 막대모양으로 생긴 간균
단간균, 간균, 장간균, 연쇄상간균, coryne 형 간균

③ 나선균 : 호균, 나선균

(3) 구조

① 세균세포의 외부구조

· 편모 : 운동기관위치에 따라 극모, 주모로 분류

· 선모 : 중앙이 관으로 구성된 DNA 물질의 이동통로와 부착기관

· 협막 : 세포벽을 둘리싸고 있는 점질층

② 세균의 내부구조

· 핵막, 인, 미토콘드리아 없음

(4) Gram 염색

① 세균의 분류학상 대단히 중요한 염색법

② 세균 세포벽의 펩티도글리칸의 양이 다름

③ 그람양성균은 그람음성균보다 펩티도글리칸이 5배 많음

④ 균체를 슬라이드 글라스위에 도말 건조, 고정 → crystal violet 으로 염색 → 요오드 solution에 침지 → 95% 알코올 탈색 → safranine 대비염색 → 수세 → 건조 도말

	그람 양성	그람음성
탈색여부	탈색않됨-청자색	탈색 - 적색
세포벽 성분특징	두꺼운 peptidoglycan층 엷은 teichoic acid로 연결	peptidoglycan층lipopolysaccha-ride, 단백질
대표균종	대다수구균, 포자형성세균	수중세균, 장내세균, 병원성 세균

7) 미생물의 생리 및 대사

(1) 미생물의 성장

① 미생물의 분열 및 성장곡선

② 세대기간 : 세균이 한 번 분열이 일러난 후 다음 분열이 일어나는데까지 걸리는 시간

ⓐ 유도기(lag phase) : 새로운 생육환경에 적응하는 시기로 RNA 함량 증가. 새로운 환경에 대한 적응효소 생성, 대사활동 활발, 호흡기능 활발, 세포투가성 증가. 빠른 대사속도를 보이나 세균수는 증가하지 않고 세균크기만 증가

ⓑ 대수기(logarithmic phase) : 세포가 대수적으로 증가하는 기간으로 세포질의 합성속도와 분열속도가 거의 비례하며 세대기간이 짧고 세포질 증대가 최대이다. 대사물질이 세포질 합성에 가장 잘 이용되는 시기로 배양균을 접종할 가장 좋은 시기이다. 세균 크기가 최소이며 외부의 자극에 약함

ⓒ 정지기(stationary phase) : 생균수가 거의 일정하고 세포수가 최대에 달하는 기간으로 포자형성, 영양분을 소비하여 배지 자체의 pH 변화 유해대사물이 생성되는 시기이다.

ⓓ 사멸기(declined phase) : 생균수가 대수적으로 감소하는 기간으로 DNA, RNA 분해, 단백질 분해 세포벽 분해, 효소단백 변성 등이 일어나는 시기이다.

③ 증식의 세대기간

b(총균수) = a(초기균수) × 2n(분열횟수)

(2) 미생물증식에 영향을 미치는 요인

① 수분

· 자유수 : free water로서 건조, 냉동이 가능하고 미생물이 이용 할수 있다.

· 결합수 : 식품의 유효성분과 화학적으로 결합하고 있어 미생물이 이용할 수 없다.

② 영영양소

· 탄소원 : 세포구성 및 에너지원으로 필요하다. 당류, 탄화수소, 무기탄소 등이 이용되는데 세균은 0.1~2%, 효모나 곰팡이는 5%, 정도, 발효를 위해서는 10~15% 이상에서 배양한다.

· 질소원 : 균체성분합성 및 에너지원으로 필요하다. 암모늄염, 질산염 등 무기질소원과 아미노산, 펩타이드, 딘백질등 유기질소원이 이용되며 0.1~0.5%정도 필요하다.

· 무기염류 : 세포성분, 조효소, 세포 내의 삼투압조절 배지의 완충작용으로 중요하다. 다량원소는 P, Mg S, K, Na, Ca, Fe, Mn, Co 등이 있다.

· 생육인자 : 균체 자신은 합성능력이 없고 미량으로 요구되는 유기화합물로 비타민, 핵산, 아미노산이 있다.

③ 온도

미생물	생육온도℃	예
저온균	10~20	*Pseudomonas, Achromobacter*
중온균	20~45	곰팡이, 효모, 고초균, 대장균, 병원균
고온균	50~60	포자형성균(*Bacillus, clostriduium*)

④ 공기량

· 산소요구에 따라 편성호기성균, 미호기성균, 통성호기성균(충분한 산소가 있어야 자라나 혐기적으로도 성장 가능한 세균)

· 편성혐기성균(산소가 전혀 없어야 잘 자라는 세균), 통성혐기성균(산소가 없어야 잘 자라나 호기적 상태에서도 자라는 세균)

⑤ pH : pH가 낮을수록 생육저지효과가 나타나는데 유기산이 무기산 보다 크다. 곰팡이, 효모 4.0~6.0, 세균 6.5~7.5

⑥ 식염농도

· 호염균

· 편성호염균 : 2% 식염농도 이상에서 생육

· 통성호염균 : 2% 식염농도 이상, 이하 모두 생육

· 비호염균 : 2% 식염농도에서 생육이 불가능

· 내염성균 : 10~20%농도에서도 생육, 효모로는 *Saccharomyces rouxii*, 세균은 *Pediococcus halophilus*, 곰팡이로는 *Penicillium* 균주

· 생육저해 요인

· 삼투압이 증가하여 원형질 분리

· 탈수작용

· 효소 활성저해

· 산화환원전위(ORP oxidoreduction potential)를 낮춰 산소용해도 감소

· 한 물질이 전자를 잃거나 얻으려는 경향의 측정치

· 산화환원전위값은 수소로 둘러싸여 있는 수소-백금전극으로 측정

· 산화된상태(전자를 얻으려는경향)의 물질은 + 값을 산화된상태의 물질은 -값을 띰

· 식품의 산화환원전위와 미생물의 성장

· 가공되지 않은 식품 : 살아있는 조직으로 환원된 상태로의 산화환원전위값을 가짐

· 식품의 산화환원전위값은 식품이 놓여져 있는 환경의 산소농도 및 산소의 식품접근 용이성

· 산소가 투과할 수 있는 식품조직상 밀도

· 식품내 환원물질의 농도 및 형태

· 식품의 pH에 의해 영향을 받는다.

· 이산화탄소의 감수성이 높아진다.

· Cl-의 살균작용

⑦ 당농도 : 당농도를 높이면 삼투압이 증가하여 미생물의 생육이 저지된다. 같은 농도에서는 분자량이 작은 당이 삼투압을 높여서 저지효과가 크다. 설탕은 80~70%, 포도당은 45~50%에서 생육이 저지된다.

8) 미생물간의 상호작용

① 경합 : 미생물들이 공존할 때 영양물질, 산소, 생활공간등을서로 차지하려는 현상

② 길항 : 미생물들이 공존할 대 한 미생물의 대사산물이 다른 균의 생장을 억제

③ 공생

ⓐ 편리공생 : 미생물 공존 시에 한 미생물의 대사산물이 다른 균의 생장에 유리하게 작용

ⓑ 불편공생 : 미생물 간에 서로 영향을 미치지 않고 생육

ⓒ 공동작용 : 서로 종류가 다른 미생물이 공동작용으로 새로운 기능을 발현

9) 식품미생물의 이용

(1) 미생물의 효소

① 효소이용의 장점

· 독성이 없고 맛과 냄새가 없어 식품의 가치를 향상시킨다.

· 기질의 특이성으로 불필요한 화학변화는 일어나지 않는다.

· 작용조건이 온화해서 품질저하가 없다.

· 낮은 온도에서도 반응이 신속히 일어난다.

· 쉽게 불활성되어 반응을 마칠 수 있다.

② 효소이용의 단점

· 값이 비싸다.

· 활성을 잃기 쉽다.

(2) 효소생성 미생물 및 이용

① amylase

· 세균 : amylase

· *Bac. subtilis-mesentericus, Bac. amyloldiquefaciens Bac. amylosolvens*

· Bae. hydroyticus

· 곰팡이 amylase

· *Asp. oryzae, Asp nigar, Asp usamii Asp. awamori Rhi. niveus. Rhi. delemar*

· *Rhi. Japonicus*

· 곰팡이는 같은 균종이라도 배양조건에 따라 생성효소가 상이하다. pH가 중성일 때 a-amylase, transglucosidase를 생성하며 산성일 때는 glucoamylase을 생성한다.

② Protease

· 세균 : protease(*Bac. subtilis*)

· 곰팡이 : protease(*Asp. oryzae*)

· 곰팡이는 배양조건 중 C 함량과 N 함량의 비율에 따라 C:N 비율이 적으면 중성 protease 가 많아지고 많으면 pH에 따라 산성 또는 알칼리성 protease가 생성된다.

③ lipase : *Asp. Pen. Rhi. Mucor. Candida, Pseudomonas*: 치즈 제조시의 탈지, 초콜릿의 경우에 유지의 산패냄새를 막는데 이용된다.

④ Cellulase : *Mycothecium verrrucaria, Irpex lacteus, Trichoderma koningi*: 오렌지 주스 등의 섬유소에 의한 혼탁을 제거하는데 이용된다.

⑤ Lactase : *Sacch. fragilis, Sacch. lactis, Candida sperica, Candida pseudotropicalis, Candida utilis*

⑥ Invertase: *Sacch. cerevisiae*

⑦ nargnginase : *Asp. niger*: naringin을 분해하여 rhamnose와 narigenin-glucoside를 생성시킨다.

(3) 발효식품의 제조

① 청주

ⓐ 관련균 : *Asp. oryzae*(당화), *Sacch. sake*(발효), lactic acid bacteria(재래주모제조때에 젖산 생성, 속양주모제조시는 시판 젖산을 첨가함), *Hansenula anomala*(방향)

ⓑ 변패균 : *Lactobacillus heterohiochi*(화락균: 백탁 및 산패의 원인균)

② 맥주

ⓐ 관련균

– 상면발효효모 : *sacch. cerevisiae-Saaz, Sacch. cerevisiae-Frohberg*

– 하면발효효모 : *Sacch. carlsbergensis, Sacch monacensis*

ⓑ 변패균 : *Pediococcus*(Sarcinaqud: 술이 흐려지고 pH를 강하시키며 좋지 않은 냄새를 생성)

③ 포도주

Sacch. ellipsoideus: 원료 포도에 산이 너무 많을 때는 $CaCO_3$로 중화하여 사용하며 과피의 미생물 억제에는 $K_2S_2O_5$가 쓰인다. 제품시살균온도는 60~65이하이다.

④ 약.탁주

ⓐ 관련균 : *Asp. kawachii, Asp shirousamii, Mucor, Rhizopus*, absidia, Monascus 등의 곰팡이와 Sacch. coreanus, Sacch. cerevisiae 등의 효모가 관련이 있다.

ⓑ 유해균 : 일반 젖산균류

⑤ 주정

당밀을 원료로 사용할 경우에는 알코올발효능이 강한 *Sacch. formosensis, Sacch. robuster* 등의 효모만이 이용되지만 전분질원인 고구마나 타피오카 등을 사용할 경우에는 전분의 당화를 위해 여러 방법이 이용되고 있다.

· 국법: 곰팡이에 의한 당화 : *Asp. awamori, Asp. usamii var shirousamii, Asp delemar*

· 맥아법: 맥아의 amylase 이용

· Amylo 법 : amylo 균 이용 : *Mucor rouxii, Rhi. japonicus, Rhi. tonkinesis, Rhi. delemar, Rhi. javanicus*

· Amylo 절충법: 국법+Amylo 법

· 산당화법 : 황산 등 이용

(4) 조미식품

① 된장

Koji 곰팡이로는 황곡균인 *Asp. oryzae*(amylase와 protease 생성)가 사용되며 개방발효로 인해 숙성 중 풍미를 증진시키는 효모(*Sacch. Zygosaccharomyces, Pichia, Hansenula, Debaryomyces, Torulopsis* 등)와 단백질 분해력이 있는 *Bacillus subtilis* 및 산생성 능력이 있는 *Bacillus mesentricus miso* 등의 세균이 관여한다.

② 간장(Soy sauce)

Koji 곰팡이로는 *Asp. oryzae* 이외 단백질 분해력이 강한 *Asp. sojae*가 이용되는데 숙성 중 내삼투압성 효모(*Zygosacch. major, Zygosacch, sojae* 등)와 단백질분해력이 있는 *Bacillus subtilis*, 내염성인 *Pediococcus soyae* 및 젖산생성을 하는 *Pediococcus halophilus* 등의 세균이 관여한다. 유해균으로는 산막효모로 간장표면에 필림(곱)을 만든다.

③ 청국장

Bacillus subtilis 와 *Bacillus natto* 등의 납두(納頭)균이 이용된다.

④ Butter

Starter 및 숙성균으로 *Streptococcus lactis, Streptococcus cremoris, Bacillus aerogenes* 등이 있으며 방향성분인 diacetyl, acetic acid, propionic acid를 생성하는 *Bacillus acid lactici*가 관여한다.

⑤ 치 즈(Cheese)

숙성균으로 *Strepococcus lactis, Streptococcus cremoris* 등의 세균과 *Pen. camenberti, Pen. roqueforti* 등의 곰팡이가 있다.

⑥ 김치

· 발효초기 : *Leuconostoc mesenteroides*

· 발효 중기 이후 : *Lactobacillus plantarum, Lactobacillus brevis*

· 유해균 : *Bacillus subtcilis, Aspergillus, Penicillium* 속, *Candida pseudotropicalis*

14. 유기산(有機酸) 발효공업

1) 구연산(Citric acid)

Asp. niger 의 특정주에 의해 당밀로부터 생산한다. 배지 중에 중금속이 많을 경우 생산량이 저하되므로 황혈염을 적량 첨가한다.

2) 사과산(malic acid)

Fumaric acid를 원료로 *Lactobacillus brevis*에 의해 생산한다.

3) 푸마르 산(Fumaric acid)

당을 원료로 하며 *Rhizopus*를 이용하여 생산하나 현재는합성법에 의해 생산된다.

4) 글루탐 산(Glutamic acid)

Corynebacterium, Brevibacterium, Micrococcus 등에 의해 당이나 합성초산 NH_3 또는 $(NH_4)_2Co$를 가한 액으로부터 생산된다. 생산조건으로는 통기량이 충분해야 하고 biotin 함량이 2~5r/ℓ 정도이어야 하며 pH는 항상 중성 또는 약알칼리성으로 유지해야 한다. 통기량이 부족할 때는 succinic acid가 생성되고 biotin이 지나치게 많으면 균체량이 증대하며 유산이 생성된다. 폐당밀에는 과량의 biotin이 함유되어 있어, biotin의 작용을 억제하기 위해 penicillin이나 계면활성제를 첨가한다.

15. 식품의 부패과학(腐敗科學)

1) 쌀밥

Bacillus 속(*B. subtilis, B. megaterium, B. cereus*)

취반 직후에는 쌀밥 1g 중의 Bacillus 속의 포자수가 102~3개이지만 부패시의 포자수는 107~8로 먹을 수 없게 된다.

2) 빵(Bread)

빵 곰팡이는 *Rhizopus, Mucor, Aspergillus, Monilia* 이며 ropiness 원인균은 *Bacillus mesentericus*이고 붉은 빵 원인균은 *Serratia marcescens*이다.

3) 청과물

감자, 양파 등의 연부병 원인균이로는 *Erwinia*(pectin 분해세균), *Rhizopus* 이고 사과, 귤의 푸른 곰팡이병은 *Penicillium expansum* 이 원인이며 복숭아, 배 등의 검은 곰팡이병은 *Rhizopus*가 원인균이다.

4) Jam 류

당분이 높은 환경에서 자라는 *Torulopsis bacillaris*가 부패의 원인균이다.

5) 난

난황이 황록색을 띠며 자외선을 쬐면 강한 형광을 내는 green rot 의 원인균은 *Pseudomonas fluorescens* 이다. 난황이 검게 되고 흐무러지며 전란이 갈색이 되고 H2S 의 악취가 나는 black rot 의 원인균은 *Proteus melanovogenes* 이다.

6) 어패류

어패류 부패는저온균인 *Micrococcus, Flavobacterium, Achromobacter, Pseudomonas*

7) 침채류

Rhodotorula 에 의해 carotenoid 색소가 생성된다.

8) 통조림

· H_2S를 생성하여 검게 하는 균: 고온균인 *Clostridium nigrificans*

· 팽창부패균 : 당류분해성이며 고온균인 *Clostridium therosaccharolyticum*

· flat sour 원인균 : *Bacillus coagulans, Bacillus thermoacidurans*

9) 육류

① 호기적인 경우

· 고기색소의 변색 : *Lactobacillus, Leuconostoc*

· 유지산패 : *Pseudomonas, Achromobacter*

· 표면의 착색 및 반점 생성 : *Serratia, Flavobacterium*(황색) *Micrococcus*

· 산취 : 젖산균, 효모

· 흙냄새 : *Actinomycetes*

② 혐기적인 경우

· 부패 : *Clostridium, Pseudomonas, Achromobacter, Proteus* 등

· 산패 : *Clostridium*

③ 육제품

· 소시지 표면에 점질물 생성 : *Micrococcus*

· 어육소시지를 백색으로 탈색 : *Streptococcus*

10) 우유

· 혐기성: *Clostridium lentoputrecens*

· 통성혐기성: *E. coli*

· 호기성: *Bacterium lactis*(적색변화)

· 통성호기성: *Proteus vulgaris*(불쾌한 냄새), *Pseudomonas syncyanea*(청색변화),

· *Pseudomonas fluorescens*(녹색변화, 불쾌한 냄새), *Pseudomonas synxantha*(황색변화, 끈끈하게 함), *Serratina marcescens*(적색변화, 불쾌한 냄새)

16. 통조림의 저장(貯藏) 기술

1) 통조림의 정의

통 · 병조림은 식품을 공관 또는 병(瓶)에 넣어서 밀봉을 한 다음 가열살균을 한 후 장기간의 보존성을 부여한 식품이다. 그러나 과즙제품과 같이 통에 넣기 전에 순간살균을 한 다음 충전하고 밀봉하는 것도 이 속에 포함되며, 잼이나 생선, 조개, 해초조림과 같이 삶은 다음 뜨거울 때 병에 넣어 여열(余熱)로 살균되는 것 같은 식품도 포함되며, 예외로서 연어조림과 같이 가열살균을 하지 않은 것도 통조림, 병조림으로 보고 있다.

① 밀봉살균 식품이란

- 전처리로 불 가식 부분을 제거한다.
- 공기 및 미생물의 투과할 수 없는 용기에 충전한다.
- 용기내의 공기를 탈기 후 밀봉한다.
- 용기 내에 생존하는 병원균 및 부패균을 가열 살멸시켜 장기간 안전하게 보존할 수 있는 식품
- 최근 플라스틱으로서 내열성이 우수한 필름이 개발되어 고압살균(retort)으로 100℃ 이상의 고온살균에 견디는 retort pouch가 실용화 되어 retort 통조림 식품이 제조되고 있고 이와 같은 식품을 retort food 라 한다. 또 건조과일과 같이 그 자체 보존성이 있는 것을 통, 병 용기에 넣은 것을 통조림, 병조림이라 한다.

따라서 식품을 탈기한 상태로 공관 내에 주입하고 유해한 미생물을 가열 살멸하여 이화학적 및 미생물학적으로도 안정된 환경 내에 두고 있으므로 상온에서 언제나 변하지 않는 풍미를 유지할 수 있다.

2) 통 병조림의 특성

통 · 병조림은 다른 가공식품에 비해서 안전성, 영양가, 경제성, 보존성, 편리성 등으로 우수한 점이 많다.

(1) 위생적으로 안전하며 영양가가 높다.

통조림은 공기, 물, 세균 등이 침입하지 못하도록 밀봉되어 있으며, 내용물이 완전 가열 살균되어 있으므로 식중독의 원인이 될 염려가 없다. 물론 살균제 또는 보존제와 같은 식품첨가물을 전혀 사용하고 있지 않다. 공기를 탈기 밀봉하여 진공의 상태에서 가열 살균하므로 비타민, 기타의 영양분이 가정에서 조리한 것보다 많이 포함되고 있음이 밝혀졌다.

(2) 운반, 포장이 용이하므로 경제적이다.

생체식품은 수송, 보관의 취급경비가 많고, 부패나 자연감량에 의한 손실도 커서 소매가격은 생산자 가격의 대략 2배 이상이 된다. 통조림은 원료 산지에서 대량 출하될 때 구입하여 가공한 후 소비자의 손에 들어갈 때까지의 비용도 30-35%로 근소한 것이다. 원료에는 불 가식부분이 30-50%나 있어서 폐기되고 있는데, 통조림의 경우는 내용물을 전부 먹을 수 있으며, 조리를 하는데 시간이나 연료비를 적게 할 수 있으므로 매우 경제적이며, 에너지 절약적인 식품이라고 할 수 있다.

(3) 장기저장이 가능하므로 보존성이 우수하다.

통조림은 완전히 밀봉하여 가열 멸균한 것이므로 내용물이 부패되지 않으며, 상온에서 장기간 보존가능

통조림은 얇은 철판에 주석을 도금한 함석용기에 채운 것이므로 통조림은 제조 후 3-4 년이 지나면 금속 냄새가 느껴진다. 이 냄새는 통에서 꺼내어 다른 용기에 옮기던가, 살짝 가열하면 냄새를 제거할 수 있다.

(4) 조리 가공하지 않고 사용하므로 이용가치가 높다.

각종 채소, 생선, 육류의 조미, 수자 그 외에 조리식품 등의 통조림은 그대로 먹어도 무방하지만, 요리재료의 소재로서 약간만 손을 쓰면 매우 간단하고 멋진 식단을 만들 수 있으며, 과일 통조림도 계절의 생 과물에 가하는 등 작업을 하여 과일 샐러드 또는 과일 칵테일, 가정용 케이크 제조에 이용

3) 용기의 조건

① 식품용기로서 충분히 위생적이어야 할 것.

② 공기 및 미생물의 투과를 허용치 않을 것.

③ 가열 살균 시 내열성을 유지할 것.

④ 보존, 수송의 취급에 견딜 수 있는 강도를 가져야 한다.

⑤ 밀봉이 용이 하며, 대량 생산이 가능하여야 한다.

4) 용기의 종류

가장 많이 사용되고 있는 것은 원통형인 2중 밀봉된 위생관이며 내면 도장된 관도 있다.

5) 통조림 제조법

· 밀봉된 살균 식품의 일반가공 과정

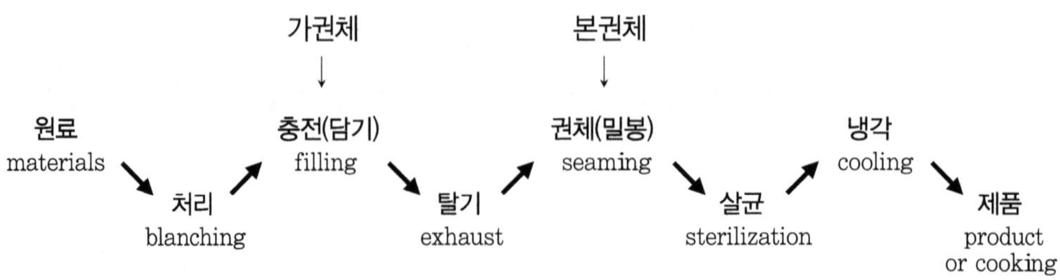

(1) 원료

통조림의 제조에서 가장 중요한 것은 원료품질의 선택이다. 특히 원료가 동일한 경우에는 원료 그 자체의 색, 향기, 육질을 그대로 살린 형태로 가공하여야 한다. 따라서 신선한 원료를 단시간 내에 가공 처리할 필요가 있다. 다만 과일의 경우는 적당히 가열한 향기 또는 맛을 가진 것을 상용할 필요가 있으므로 수확 후 어느 정도 방치 추숙하여 가공하는 경우도 있다. 그러므로 수산 통조림 공장은 어패류가 많이 집하되는 항구에 과일이나 야채 통조림의 공장은 원료가 재배되는 산지에 각각 세우는 것이 보통이다. 또 최근의 냉동 기술의 발전에 따라 어패류가 식육 등의 통조림에 냉동 원료가 쓰이게 되었다.

(2) 전처리

원료의 조정에서 불 가식 부분을 제거하는 데 있다.

① 선별 : 목적에 따라서 불량품(병충해와 손상, 기형, 숙도 불량, 다른 품종의 혼입)의 제거와 작업능률 향상을 위한 선별(품종,숙도,크기,모양)등 두 가지로 분류

② 세척 : 토사, 농약, 미생물들을 재거하기 위해 세척하는데 액상 식품제조기계를 분해 않고 자동화 세척으로하는 CIP (Clean In Place), 분해 청소하는 CIO(Clean IN OUT), 물세정(냉.온수,열탕)등이 있는데 일반 가공기계장치의 세척법으로

ⓐ 침지세척법

ⓑ 교반세척법

ⓒ 분무세척법 등이 있다.

③ 제핵 및 박피 : 과일, 채소의 대부분은 박피를 한다. 박피는 작업능률에 크게 영향을 주기 때문에 그 개선에 노력을 하고 있다. 박피 법으로

ⓐ 칼로 벗기는 방법 : 작업능률이 낮고 제품이 고르지 못함. 소규모의 (사과, 밤)

ⓑ 열탕, 증기에 의한 법(steam peeling) : 열탕에 1분간 데치거나 증기를 2~3분 작용시킨 후 냉각 후 박피. 육질이 부드러운 (백도복숭아, 토마토, 감자, 고구마)

ⓒ 알칼리 처리법(lye peeling) : 1~3% NaOH 용액 90~95℃에서 1~2분 담근 후 물로 씻는다.(법랑냄비 사용) 가격이 저렴하여 박피의 손실 적고 시설비가 적으나 시설이 부식됨. (복숭아, 오렌지, 당근, 감자, 고구마)

ⓓ 산 처리법(acid peeling) : 1~2% HCl, 황산을 온도 80℃이상의 황산용액에 담갔다가 꺼내 찬물에 담근 후 박피 (귤)

ⓔ 산 및 알칼리 처리법: 1~2% 염산 또는 황산 액에 일정시간 담근 후 찬물로 씻고 2-3%의 끓는 NaOH 용액에 담그면 껍질이 녹는다. (귤 통조림)

ⓕ 기계를 쓰는 법(mechanical peeling) : 기계적으로 박피 이용 균일한 제품을 얻고 노동력 감소 과육이 두꺼운 것에 적합(사과, 배, 파인애플, 근채류)

④ 데치기(Blanching) : 과일의 일부, 채소의 대부분을 단시간 증기 또는 열탕(熱湯), 82~93℃에서 2~5분간 가열

· 데치기 목적

· 효소를 불활성 화 시키고 가공 중의 갈변, 이취, 변미 등을 방지한다.

· 원료의 박피를 용이하게 한다.

· 조직 내의 가스(주로 산소)를 팽창 제거하고, 성분의 손실, 관재의 부식을 방지한다.

· 조직을 연화, 수축시키고 충전을 쉽게 한다.

· 불량 성분(떫은 맛) 및 wax 성분을 제거한다.

· 부착된 미생물을 제거, 살멸한다.

⑤ 헹그기 : 전처리 중 가한 약품이나 원료 중에 함유되어 있는 불량 성분을 용출 제거하기 위한 조작으로 밀감, 복숭아(박피용 약제), 죽순(백탁 원인 물질), 머위(떫음의 제거) 등이 있다. 물 헹그기가 지나치면 영양성분의 손실이 많아지므로 처리시간 결정이 중요하다.

(3) 담기(Filling)

전처리가 끝난 식품 및 주입 액을 용기에 채우는 것으로 고형량 담는 양은 규격, 수출 검사기준 등의 규격에 합격되도록 한다. 주입액은 식품의 종류에 따라서 묽은 식염수(그린피스, 버섯류 등), 당액(대부분의 과실류), 조미액(조미, 채소류) 등이 있다.

상부공극은 진공생성유지에 필요 : 유리병 부피의 6%이상, 이외는 전체 부피의 10%이하로 한다. : 상부공극- 4mm(잼), 8mm(쥬스), 150mm(일반통조림), 300mm(어.육류,콩.버섯)

주입액 주입효과로서는

· 맛을 조정

· 살균시의 열전도를 돕고 관 벽에 붙는 것을 방지한다.

· 수송 시 파괴 손실을 방지한다.

과일류의 주입당액은 과일 본래의 당도보다 높은 당액을 가한다. 따라서 과육은 수축되며, 당 용액의 평균화가 일어난다. 기간이 긴 것은 맛이 들 때까지 3개월 정도가 소요

● 적정당액농도 $= \dfrac{W_3Z - W_1X}{W_2Y}$ $\quad Y = \dfrac{W_3Z - W_1X}{W_2}$

여기서 W_1:과육량(g), W_2:당액량, W_3:내용총량, X:과육당도(%), Y:당액당도, Z:목표당도

(4) 탈기(Exhausting)

① 목적

· 금속관에서는 관내면 부식을 방지한다.

· 3종류(색, 풍미, 영양에 관계하는 성분)는 모두 내용물의 산화 을 방지한다.

· 금속관 에서는 가열, 냉각시의 관의변형을 방지(변패관 과 팽창관 검출용이).

· 병조림 및 레토르트 식품에서 가압가열 및 가압냉각을 하는 경우 병뚜껑의 밀착을 도우며 파우치의 파열을 방지

· 3종류 어느 경우에도 살균 등의 전열을 좋게 한다.

· 생체를 충전하는 경우 고형물의 용적을 안정

· 제품의 저장기간을 길게 한다.(호기성 미생물의 발육 억제)

② 탈기방법

ⓐ 가열 탈기법 : 용기에 식품을 채운 다음 가 밀봉을 하고, 용기 채 증기의 터널을 지나게 하는 방법으로 이것을 하는 장치를 탈기상자(exhaust box)라고 한다. 이 탈기상자 속을 일정한 시간 동안 통과시키고 증기로 가열된 관, 병조림을 죽시 밀봉한다. 고형물을 포함하는 관 병조림에서는 이 방법이 간편하며 또 충분히 탈기되는 잇 점이 있으나 장치를 필요로 하는 식품과 시간도 필요하다.

과일, 야채 등과 겉이 열에 민감한 식품의 경우는 되도록 가열량을 적게 하여야 하므로 다른 방법으로 탈기한다.

ⓑ 열간 충전에 의한 탈기법 : 식품을 미리 가열하고 또 뜨거운채 용기에 충전한 다음 즉시 밀봉하는 방법

ⓒ 진공 밀봉장치에 의한 탈기법 : 밀봉을 진공 하에서 기계에 의한 물리적 탈기법이다.

ⓓ 증기 분사 탈기 : 분상식품을 충전 후 장치에서 증기분사로 상부공간의 공기 배출 후 밀봉한다.

ⓔ 사스치환법 : 진공 후 불활성 gas 치환 후 밀봉(분유)

- 장점 : 식품이 상온 또는 저온에서도 비교적 균일하게 탈기할 수 있다는것이며, 열에 민감한 식품에 적당하다.

  그러나 충전 량이 적고 head space가 큰 경우나 시럽물질을 가하지 않은 고형 식품으로서 틈새가 많을 경우에는 탈기가 충분히 되지 않을 경우가 있다.

(5) 밀봉

① 가밀봉(clinching) : 본 밀봉의 예비조작으로 완전 밀봉이 아니고 탈기할 때 내부 공기와 일부 수증기가 탈수증기 할 정도로 가밀봉기에 의하여 밀봉하는 것.

ⓐ 가밀봉 목적(目的)

- 물방울이 관내에 낙하 방지
- 탈기함에서 2중 밀봉기 사이로 이동중 에 상부공극(head space)중의 공기가 냉각 방지
- 진공밀봉기의 고속회전 시 뚜껑의 낙하 방지

② 이중밀봉 : 관 뚜껑의 가장자리를 굽힌 부분 즉 curl를 관동 상부의 가장자리를 밖으로 구부린 부분, 즉 flange밑으로 말아 넣어 압착하여 관동과 뚜껑을 접착시키고, 뚜껑의 curl부 안쪽에 도포된 충전재인 sealing compound가 packing 역할을 하여 기밀을 유지하도록 하는 것.

(6) 살균

식품에 부착한미생물의 활동을 비가역적으로 불활성화함으로써 저장성을 창출한다.

(7) 냉각

① 내용물의 고온 방치시간의 단축 : 급냉 함으로써 내용물의 과열에 의한 조직의 연화를 막고 황화수소의 발생을 적게 하여 변색을 방지한다.

② struvite의 성장 방지 : 게, 연어, 오징어, 참치 등의 통조림 속에 때로 유리조각 모양의 결정을 볼 수가 있는데 이것이 struvite이다. 이것은 내용물의 Mg 및 인(燐) 화합물과 고기 분해생성물인 암모니아가 가열 시에 화합하여 냉각할 수없는 소형의 결정이 석출한 것[$Mg(NH_4)PO_4$]으로 이 때 냉각의 속도가 빠르면 육안으로 볼 수 없는 소형의 결정이 다소 석출되나 완만하게 냉각되면 육안으로 볼 수 있는 큰 결정으로 성장하여 석출한다. 이러한 결정의 성장속도는 50-30℃ 에서 가장 커 이 온도대 를 빨리 통과시키기 위하여 급냉이 필요하다.

③ 호열성 세균의 발육억제 : 호열성 세균은 내열성이 강하기 때문에 살균처리에 의하여도 완전 살균되지 않고 잔존하는 수가 많다. 이러한 경우 고온(50-55℃) 방치시간이 길면 그 아포의 발아율이 높아지기 때문에 급냉 하여 고온 방치시간을 단축시켜야 한다.

포장과 수송에 약하다.

(8) 고결, 조해

Instant coffee와 cream, 천연과즙, 분말 등은 건조도가 높아서 용해성이 좋지만 제품의 수분이 많거나 흡습하거나 저장온도가 높아지면 건조도가 높던 분말이 고결(caking)하여 덩어리가 되고 다시 조해하여 액화되기도 한다.

17. 저온저장(低溫貯藏) 기술

1) 저온저장의 종류

① 빙장(icing) : 쇄빙 또는 각빙을 사용하여 어패류와 조육 류를 냉각하거나 선도 저하를 방지하는 단기적인 냉장법

② 냉각저장(Cooler storage) : 식품을 얼리지 않은 상태에서 저장하는 것 즉 냉각 상태(0~15℃)에서 저장하는 것이다.

③ 동결저장((freezing storage) : 식품을 얼린 상태에서 저장하는 것으로 동결시킨 후, 동결상태(-15~-30℃)에서 저장하는 것.

ⓐ 냉장저장 (동결점이상에서 저장)

- 15℃ 이하의 온도와 동결온도 이상 사이의 온도에서 저장하는 것.
- 미생물의 증식 억제
- 수확 후 식물 조직의 대사 작용 과 도살 후 동물 조직의 대사작용
- 효소에 의한 지질의 산화와 갈변, 자기소화, 영양성분의 소실 등 품질을 저하시키는 화확반응
- 수분의 소실 등의 현상을 억제하여 단기간의 식품저장에 이용

2) 냉장저장 중 품질의 변화

(1) 수분의 증발

식품 중의 수분이 증발하면 중량의 감소(감량)가 일어나고 이것에 따라 과일과 채소에서 시들음 현상, 연화(경도의 감소) 그리고 적색 육에서는 변색 등이 일어난다. 이와 같은 증발이 진행되고 있을 때에는 산화작용도 수반하는 경우가 많으며, 이것에 따라 비타민 C의 감소가 일어난다.

(2) 생리작용

과일과 채소에서는 성숙작용이 계속되므로 전분과 당의 비, 당과 산의 비, pectin 질의 변화, 비타민 C의 감소, 향과 색소의 변화가 나타난다.

(3) 숙성

식육에서는 사후변화 중 자기소화(artolysis)작용이 진행되어 연화와 풍미향상을 나타낸다.

(4) 지질의 변화

식품중의 유지는 가수분해, 지방산의 산화와 중합 등의 변화 때문에 풍미의 악화, 산패, 점성이 증가하는 등의 변화가 나타난다.

(5) 미생물의 번식

냉각저장 중 과일과 채소의 생체는 점점 약해져서 상처가 있으면 그 부분에서 곰팡이가 번식하게 된다. 식육에서는 곰팡이 또는 세균이 번식한다. 냉각저장에서는 미생물의 번식과 분해 작용을 충분히 억제할 수 없으므로 너무 오랫동안 냉장을 시키면 부패하게 된다.

(6) 풍미의 변화

향기와 냄새가 심한 식품과 다른 식품을 같이 냉장하면(共藏) 그 향기와 냄새가 다른 식품으로 옮겨진다.

예) 마늘과 사과, 배 등을 냉장할 경우, 마늘 냄새는 사과와 배로 옮겨지고, 양파와 계란의 경우도 양파의 냄새가 계란으로 옮겨져서 풍미를 나쁘게 한다.

(7) 전분의 노화

식품 중의 전분이 α상태로 있는 경우, 어느 범위의 저온에서는 β화가 빨라지므로 전분의 노화가 심해진다. 대표적인 것으로 빵을 들 수 있으며, 이것을 냉각저장하면 노화가 빨라져서 맛이 없게 된다.

수분이 30~60%, 온도는 2~5℃, amylose 함량이 많을 수록 노화가 촉진된다.

· Amylose : glucose가 α-1,4 결합을 하고 있는 선상의 구조

· Amylopectin : glucose가 α-1,4 결합을 하고 있으며, 중간에 α-1,6 결합으로 분지를 치고 있는 구조

3) 동결저장(Freeze storage)

-20℃ 이하의 저온에서 냉장하는 것이 좋다. 저온은 미생물에 대해서 살균이 아니고, 정균적으로 작용하며, 산화 등도 온도가 낮으면 감소한다.

(1) 동결저장 중 품질변화

① 냉동저장 중의 물리적 변화

ⓐ 건조 : 식품의 표면이 공기에 노출되면 냉각과 동결 중에도 건조가 일어나지만 냉장은 장시간이므로 건조는 현저해진다.

냉동식품에서는 수분의 증발에 의해, 동결식품에서는 승화(昇華, sublimition)에 의해서 식품의 중량이 줄어들어 감량되며, 동시에 공기 중의 산소에 의한 산화작용으로 품질의 악변은 더욱 커진다. 특히 동결식품의 동결저장 중의 건조는 승화에 의한 탈수가 많아지고 동시에 공기에 의한 산화작용이 식품의 심부가지 미쳐서 냉동소(freezer burn)을 초래하기 때문이다. 식품이 방습기밀한 포장이 되어 있으면 건조가 줄어들며, 이 때 포장이 표면에 밀착되어 있는 것이 내측에 공간이 있는 것보다 건조를 방지하는데 효과적이다.

ⓑ 재결정 : 최초의 얼음입자 형성 후에 생기는 얼음입자의 수, 크기, 모양, 결정의 재배열 등의 변화.

식품 중에 생성된 얼음결정은 결코 안정된 것이 아니며 동결저장 중에 있어서도 온도가 높으면 미세결정은 점점 크게 자라서 큰 결정이 이루어지게 되어 식품품질에 지장을 주게 된다.

수분이 빙결하면 체적은 약 9% 정도 팽창하고 이 팽압에 의해 세포나 조직이 기계적으로 손상, 파괴된다. 식품의 함수율이 높고 빙결율이 높을수록 더 심하게 된다. 세포조직 중의 수용액에 녹아 있는 가스가 물이 빙결될 때 분리되어 체적이 수백 배로 급팽창하는 데 이때 생기는 팽압도 파괴적 작용을 나타내는 수가 있다.

다음에 얼음결정이 생성되므로 식품내부의 탈수적 손상이 일어난다. 얼음결정이 세포 밖에서 커지면 세포 내부의 수분이 빨려나가 식물세포에서는 원형질 분리가 일어나고 동물세포에서는 변형, 수축 등이 일어나 세포는 기능을 잃고 변질되게 된다.

ⓒ 냉동소(Freezer burn) : 동결 저장 중 건조에 의해서 탈수가 매우 많이 된 표면은 갈변하게 되는데 이를 freeze burn이라 한다. 동결저장 시 빙결정이 승화한 빈 자리는 미세한 구멍이 생기게 되고, 따라서 점점 내부까지 공기가 접촉하게 되어 승화작용이 계속 진행되며 동시에 산화작용이 일어나기 때문이다. 이것에 비해 동결하지 않고 생것으로 있는 식품 중의 수분이 증발하면 증발이 일어난 표면은 점점 수축경화(case hardening)하게 됨 으로서 내부에서의 증발을 방해하게 하며 그에 따라 건조에 의한 탈수와 산화작용은 동결식품보다 훨씬 약하게 된다.

※ Freeze burn을 방지법 : 밀착포장을 하거나, 용액에 침지하는 방법

② 냉동저장 중의 화학적 변화

ⓐ 지방의 산화 : 비교적 높은 동결온도에서 장기간 냉장한 경우에 일어나는 산패(rancidity)가 문제이다.

산패 시에는 지방이 가수분해 되어 지방산을 유리시키고, 유리된 지방산이 산화되어 산가(acid value)와 과산화물가(peroxide value)가 높아진다.

어육은 축육 에 비해 불포화지방산(unsaturated fatty acid)이 많기 때문에 산패되기 쉽다. 특히 청어, 고등어, 연어, 송어와 같은 것, 축육 에서는 칠면조육이 산화되기 쉬운 것으로 알려지고 있다.

ⓑ 효소적 갈변현상 : 사과, 복숭아, 배, 버섯, 감자 등의 과일이나 채소를 가열처리(blanching)하지 않고 냉동, 저장, 해동하면 갈색의 착색이 나타나는데, 이런 현상을 일반적으로 냉동식품의 효소적 갈변이라 한다. 식물체의 효소적 갈변은 산소가 존재하는 상태에서 phenol화합물이 효소에 의하여 산화되어 발생한다. 배나 사과에서 catechins과 chlorogenic acid가 polyphenoloxidase의 기질이 되고, 감자에서는 tyrosine이 효소적 갈변의 기질이 된다.

냉동에 의하여 식물 조직의 세포가 파괴되면 polyphenoloxidase와 이의 기질이 서로 접촉하여 효소적 갈변이 일어나며 이런 변화는 공기와 접촉하고 있는 조직의 표면에서 조직 내부보다 심하다. 냉동식품의 효소적 갈변을 억제하는 방법으로 냉동 전에 데치기를 실시하여 효소를 열불활성화(heat inactivation)하는 방법, ascorbic acid와 같은 효소적 갈변을 억제하는 물질의 첨가, 탈기 등을 들 수 있다.

ⓒ 엽록소의 파괴 및 비타민 C의 산화 : Blenching을 한 녹색 채소류를 냉동저장하면 최초의 밝은 녹색이 서서히 연한 녹색으로 변하여 상당한 시간이 지나면 황록색으로 변하는데 이것은 chlorophyll이 pheophytin으로 변하기 때문이며, 데치기를 하지 않는 냉동채소에서 이런 변화가 급속히 진전된다. 녹색채소의 엽록소 파괴를 막는 가장 효과적 방법은 데치기이다. 또 엽록소의 피괴 속도는 저장온도와 최초 엽록소 함량에 영향을 받는데 저장온도가 낮을수록 파괴속도가 느리다.

Ascorbic acid는 쉽게 산화되어 dehydroascorbic acid로 변하는데 산화속도는 촉매(Cu, Fe)의 농도, 온도, pH, 산소농도 등에 의하여 영향을 받는다.

또한 많은 식물체에는 ascorbate oxidase가 존재하며, 만약 냉동 전에 열불활성화 시키지 않으면 냉동저장 중에 ascorbic acid를 파괴한다.

ⓓ 단백질의 불활성화(Insolubilization) : 냉동에 의하여 얼음입자가 형성되면 단백질의 불용화가 촉진되는 데 이런 현상은 온도를 떨어뜨리므로 생기는 변화라기보다는 얼음입자의 형성에 따른 세포조직의 변화에 기인한다고 본다.

※ 드립(Drip)현상

동결식품을 해동하면 내부의 빙결정은 녹아서 물로 되며, 본래대로 흡수하지 못하는 경우에는 분리되어 drip의 원인이 된다. 이것은 동결에 의해서 식품 내부에서 일어나는 물리적인 변화가 클수록 많아지므로 드립의 발생율은 품질을 측정하는 척도의 하나가 된다. 또 드립 중에는 수용성 성분이 포함되어 있으므로 해동과 그 후의 취급 중에 드립이 유출되면 단백질, 엑스분(extractives), 염류, 비타민류 등 수용성 성분을 잃게 되므로 식품의 풍미와 영양분이 감소할 뿐만 아니라 식품 중량은 드립 양 만큼 감량이 생기므로 식품의 가치와 중량의 손실이 있게 된다.

18. 훈연(燻煙)저장 기술

1) 훈연의 목적

제품의 풍미와 색을 향상 시키며, 동시에 방부성을 주어 저장성을 높이는데 있다. 목제를 불완전 연소시켜 발생하는 연기에 쐬어 어느 정도 건조시켜서 그 목적을 달성시킨다. 훈연 시 발생하는 연기는 불완전연소에 의해서 생기는 물질의 혼합물이며, 수증기, 기체, 미세한 고체입자 등으로 이루어져 있는데, 이 중에는 200여종 이상의 화합물이 존재한다는 것이 알려져 있다. 일반적으로 연기 성분에는 formaldehyde, phenol 및 저급지방산 등의 살균력을 가지는 성분이 함유되어 있어서 훈연 시에 세균수가 감소된다고 생각되고 있으나 반드시 그렇지도 않고 근래에는 보존성보다 풍미에 주 목적을 둔 제품이 많이 제조되고 있다.

2) 훈연재 및 훈연성분의 기능적인 작용

훈연재는 수지함량이 적고 방부성 물질이 많이 생산되며, 풍미를 좋게 하는 경질나무가 좋다.

(1) 항산화작용

훈연성분중 항산화작용에 효과적인 성분은 phenol이다.

훈연하는 동안 제품 중의 과산화물가가 약 20% 감소하고, 저장 중에도 약간 감소한다. 훈연의 산화방지효과는 제품의 표면층만 아니라 심부에도 미치지만 장기간 보존에는 훈연성분이 침투하지 못한 부위는 산패가 이루어진다. 훈연제품의 저장성은 -9.4℃에서 약 20일, 15℃에서 약 15일간 더 저장된다고 하지만 훈연시 온도 및 시간의 영향을 어떻게 받는지는 아직도 확실치 않다.

(2) 살균작용

항균성에 관여하는 인자

① 가열 : 속훈법

② 건조 : 냉훈법

③ 식염첨가

④ 훈연성분 첨가: 화학물질 첨가에 의한 저장법

⑤ 표층피막형성: 1),4)등의 조합에서 유래되는 성분간의 상호작용에 기인한다. 그러므로 훈제법은 가열, 건조, 염장, 화학물질 첨가 등 각종 저장법을 조합한 복합효과를 이용한 것이다.

ⓐ 가열 : 살균효과

ⓑ 건조 : 냉훈품에서는 수분함량이 보통 35% 정도까지 감소되어 있으므로 수분활성도 낮고, 미생물(단 곰팡이 제외)은 생육하기 어려운 상태

ⓒ 식염첨가 : 염지공정에서 첨가되는 식염은 대부분 탈염공정에서 제거되고 기호상으로도 식염농도를 지나치게 높일 수 없으므로 미생물의 생육을 완전히 저지할 수는 없으나 훈연과정 중 탈수가 진행됨에 따라 수분 및 수용성 성분의 이행 때문에 표면 근처에서 식염농도가 높게 되고 이때 열이 가해지면 그 협동작용에 의하여 살균효과가 커진다. 또한 일반미생물의 식염내성은 pH가 낮아짐에 따라 감소하지만 연기 중의 포름산, 아세트산 등이 표면에 부착하여 국부적으로 pH를 떨어뜨려 미생물의 생육을 저지하는 구실을 한다.

ⓓ 훈연성분의 첨가 : 포름알데히드, 페놀류, 산류 등이 살균력을 나타낸다.

ⓔ 표층피막의 형성 : 훈제품 표층의 단백질은 열이나 훈연성분과의 상호작용 등 에 의하여 변성 응고하는 동시에 공존하는 여러 가지 성분과 복잡한 상호작용을 거쳐서 일종의 피막을 형성한다. 이것을 단백질 변성피막이라 한다. 이러한 표층피막은 훈제품을 저장할때 미생물에 의한 이차적인 오염을 저지함과 동시에 표면 오염에 대해서도 육질 내부에서의 수분, 영양분 등의 침출을 방지하여 미생물의 증식을 억제한다.

(3) 훈연취부여

제품고유의 냄새와 염지 성분 과 훈연성분이 합쳐져서 발생

(4) 훈연색의 발색

훈연법은 아질산 환원균 의 발육적온보다 고온이지만 고기의 열전도율이 대단히 낮기 때문에 훈연 중 세균의 발육적온을 충분히 유지될 수 있으므로 발색반응이 진행될 수 있다. 그러나 적당한 훈연시간을 정하지 못하고 있다.

3) 훈연방법

(1) 냉훈법

장기 저장을 위해서 10~30℃의 낮은 온도에서 1~3주일간 훈연하여 제품의 수분함량을 20~40% 이하로 하는 훈연법으로 주로 dry sausage와 bacon, regular ham 제조에 이용 풍미는 온훈법보다 떨어지고 육색도 좋지 않다.

(2) 온훈법

50~80℃의 온도에서 단시간(2~12시간) 훈연하는 방법인데 50℃내외에서 하는 중온법(middle temperature method)과 고온법(high temperature method)의 두 가지가 있다. 건조도가 낮아서 수분함량이 50% 이상 되어 저장성 이 적지만 제품에 독특한 풍미를 줌 특히 고온법은 시간과 노력의 절약 및 수율이 좋아 많이 이용한다.

(3) 배훈법(Roast smoking)

100℃내외의 온도에서 2~4시간 정도의 짧은 시간에 훈연을 끝내는 것으로 고기는 완전히 익게 되어 저장성은 없으므로 3~4일 내에 이용해야 함. 또 bacon 과 같은 지방용출이 심한 것은 사용하지 않는다.

(4) 속훈법

① 훈연액법(smoke solution method)

훈연실의 응축수, 목제 건류 시 생기는 목착액 등의 배합으로 만든 훈연액을 증발되기 쉽게 낮은 용기에 넣고, 다시 탈지면을 끼워 이것을 훈연실에 넣어 가열 증발시켜서 실제의 훈연과 같은 효과를 얻는다.

② 전훈법(Electric smoking method)

높은 전압에서 코로나 방전을 하여 생긴 연기가 전극인 고기에 침착되도록 하는 것으로 살비비가 많이 들고 제품의 보존성이 약하여 별로 실용화되어 있지 않다.

③ 액훈법(Liquid smoking method)

연기의 성분을 갖는 액체에 고기를 담그 어서 유효성분을 침투시키는 방법 어류의 훈연에 주로 쓰인다.

19. 쌀(米穀; Rice)가공 기술

1) 쌀의 조직

(1) 현미

벼알은 (현미80%와 왕겨 20%) 안 껍질과 겉껍질이 서로 포개져 있는데, 도정에 의해서 이것을 벗긴 쌀알, 껍질은 왕겨라 한다.

현미(92%)는 과피, 종피, 호분층, 배유, 배아등의 쌀겨(8%)로 구성되어 있다.

현미 100에 대한 쌀겨층(과피, 종피, 호분층), 배유, 배아의 비율은 약 5:92:3

배유는 현미의 대부분을 차지하며, 대부분이 전분립이다. 외층에는 종피에 접하여 배유의 일부를 이루는 호분층이 있는데 이 층은 단백질, 지방, 비타민 등이 많다. 그러나 현미의 호분층은 섬유질이 많고 조직이 견고하여 조리하기 어려우며, 소화가 잘 안 되므로 이 부분을 제거함으로써 소화를 좋게 하고 기호에 알맞게 하여 식품가치를 높이는 것이 도정의 묵적으로 쌀알의 중심부는 단백질 함량이 적어서 주조(酒造)미로서 좋다.

(2) 정미(polished rice)

겨층을 제거하여 내부의 배유부 만을 얻는 조작을 도정이라 하고, 이 때 제거된 배아와 겨의 양을 도감, 제거물을 쌀겨(미강), 얻어진 쌀을 정미라 한다.

또 어느 정도의 겨를 제거하느냐에 까라 백미, 7분도미, 5분도미 등으로 구분된다. 백미는 겨를완전히 제거한 것인데, 겨의 양은 현미의 약 8%이므로 도정률은 92%가 된다. 5분도에는 겨를 현미 100에 대하여 4만 제거되므로 도정율은 96%이고, 7분도에는 6이 제거되므로 도정율은 94%가 된다.

곡류의 등겨층을 제거하는 기계를 도정기라 하는데 현미의 등겨층, 즉 쌀겨층을 제거하는 도정기를 정맥기라 한다.

① 마찰(Friction)

곡립이 서로 마찰되는 작용으로 곡립면이 매끈하게 되고 윤이 나며, 또한 알맹이가 고르게 된다.

② 찰리(Resultant tearing)

마찰력을 강하게 작용시켜 곡립면의 표면을 벗기는 것이다.

③ 절삭(Shaving, cutting)

금강사 로울러와 같이 단단한 물체의 모난 부분으로 곡립의 조직을 깍아내는 것인데, 절삭하는 단위가 작을 때에는 연마(polishing)라 하고, 단위가 클 때에는 연삭(grinding)이라 한다.

④ 충격(Impact)

어떤 물체를 큰 힘으로 곡립에 부딛치게 함으로서 등겨층을 벗긴다.

현미 → 정선(집진) → 도정 → 제강, 연마(쇄미) → 쇄미분리(영양강화) → 혼미 → 계량, 포장

- 정미(가공)공정 -

20. 보리(大麥; Barley)가공 기술

보리는 껍질이 종실에 밀착하여 분리되지 않는 겉보리(皮麥,covered barley)와 분리되어 있는 쌀보리(裸麥,naked barley)로 나누어비고, 이삭의 형태에 따라 2조맥, 4조맥이 있다. 배아, 배유, 강층으로 되어 있으며 겉보리의 각 부 비율은 배유70~73%, 배 2%, 종피 11%, 외피 10~14%이고, 쌀보리는 배유79%, 배3%, 종피가 18%이다.

나맥(裸麥)은 낟알에 밀착한 껍질의 분리가 쉽지만, 피맥의 외피는 단단하고 두꺼워서 정맥한 것만으로는 소화가 나쁘다. 그래서 납작보리(壓麥)로 가공한다. 보리의 배유는 경질과 연질(전분이 많고 단백질이 적으므로 맥주의 원료로 적당)이 있다.

대맥 → 정선 → 수직형연삭식 → 가수 → 수평식연삭식 → 연마기 → 예열
(백맥)
예열 ↓ 압편기 → 압맥

- 정맥공정 -

1) 정맥

보리의 과피와 종피를 제거하고 배유부만 남기는 것인데 정미와 정맥의 다른 점은 정맥할때 원료 보리에 물을 가해서 도정하는 것이다.
우리나라에서는 보리는 도정한 후 정맥의 형태로 쌀과 섞어 밥을 지어 먹는 것이 알반적이며, 도정시 도정도에 따라 탄수화물이 증가하고 섬유질, 회분, 비타민 B1은 감소한다.

2) 압맥

보리쌀은 조직이 쌀에 비하여 치밀하고, 경질이므로 쌀과 혼합하여 취반할 때 흡수속도가 늦다. 그러므로 정맥을 다시 2차 가공을 행하여 흡수율을 증대시킨 것 중의 하나가 압맥이다. 압맥은 정맥을 수분 14~16%로 조정한 후 가열한 다음 60~80℃의 수증기를 부여하여 20~30%의 수분과 유연성을 준 다음 압편 roller을 거쳐 압맥이 제조된다.

압맥은 취반조리 후 함수율 및 팽창율이 다른 가공맥류에 비하여 훨씬 높으므로 쌀과 쉽게 섞어 취반할 수 있는 장점이 있다.

21. 밀(小麥; Wheat)가공 기술

밀의 대부분은 제분하여 밀가루로 만든 다음 빵, 면류, 과자 등에 가공된다.

밀의 구조는 다른 곡류의 종자와 거의 같으나 밀을 쌀, 보리처럼 정맥하지 않고 밀가루로 가공하는 이유는

① 밀알의 홈이 정맥하면 제거되지 않는다.

② 밀알의 외피는 단단하지만 배유부가 유연하여 부숴지기 쉽다.

③ 밀은 다른 곡류에 없는 단백질 글루텐이 들어 있다.

글루텐은 글리아딘(gliadin)과 글루테닌(glutenin)으로 되어 있어 밀가루에 물을 넣고 반죽 하면 점탄성이 생긴다.

④ 정맥밀의 소화율은 90%이지만 밀가루로 하면 98%가 된다.

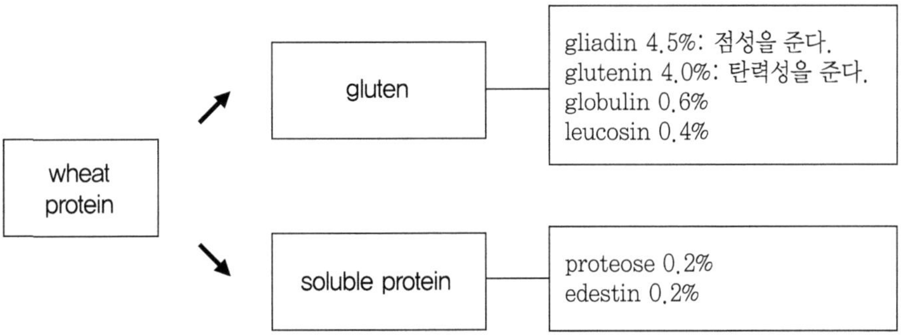

소맥분은 배유부 82%, 밀기울이 16%, 배아부 2% 정도이고 배유는 전분을 많이 가져서 가루가 되기 쉬우나 배아와 밀기울은 지방과 섬유질을 많이 가지고 있으므로 가루가 되기 어렵다.

배유 속의 세포에는 전분립 입자와 gluten입자가 있는데 중심부에 갈수록 gluten 입자가 적다. 무기질은 과피와 종피 등 밀의 외부에 많고 안으로 들어갈수록 적다. 이 밖에 배유 속에는 비타민 B1이 많다.

원료소맥 → 정선 → 수분첨가 → 배합 → 파쇄 → 체질 → 분쇄 → 밀가루 → 숙성 → 혼합 → 포장 → 제품

- 밀의 제조공정 -

1) 정선, 조질 및 배합

제분공장에 운반된 밀은 silo에 넣고 밀 이외의 다른 물질을 제거하고 기울부분이 분쇄되지 않도록 하며, 배유부가 분리되기 쉽도록 하기 위해서 물을 주어(연질 소맥은 14%, 경질 소맥은 16~17%) 일정한 시간(20~47시간) 동안 방치한다. 이 조작을 tempering이라 하는데 여기에는 조질(conditioning)이 있다. 조질은 템퍼링 한 것을 40~60℃로 가열하고 냉각시키면 밀이 팽창, 수축을 일으켜 피부와 배유부의 분리가 잘 될 뿐 아니라 밀 자체의 효소에 의해 글루텐의 질을 용도에 맞게 개선하여 2차 가공에 적합하게 된다. 다음에 여러 가지 밀의 특성을 살리기 위해서 용도에 맞는 밀을 배합한다.

2) 파쇄와 체질

밀의 피부가 파괴되지 않고 파쇄하여 조분과 밀기울을 분리하여 다시 각 입자별로 체질하면서 분쇄를 한다. 이 공정에서는 배유부가 부착하고 있는 피부, 배유부의 조분립(semolina), 피부가 부착하여 있는 배유중립자(middling)의 껍질이 많은 세립편(dunst) 및 조쇄공정의 파쇄분(break flour)이 나온다. 페이턴트 가루(patent flour)는 조립정선기(purifier)를 통과시켜 밀기울과 소피가 섞이지 않아 상급품으로 취급, 또 조립정선기에 걸리지 않아 피부와 배아가 약간 많이 섞인 밀가루를 클리어 가루(clear flour), 구별하지 않고 모두 합한 것을 straight flour라 하며, 이 공정에서 마지막 남은 밀기울에 가까운 것을 tail flour이라 한다.

3) 완성(Finish)

제분 직후의 밀가루는 불안정하므로 밀의 색소나 환원성 물질을 공기 중의 산소로 산화시키기 위하여 어느 기간 동안 숙성시켜야 한다.

미국에서는 가루 전체량의 75~80%되는 양을 patent flour로 하고 있다.

밀가루는 제분 후 일정기간 숙성하면 baking quality(제빵 적성)가 좋게 되고 탈색하게 되는데 이것은 공기의 산화작용에 의한 것으로 생각된다.

밀가루의 엷은 황색은 주로 카로틴색소이므로 이 카로틴과 그 밖의 색소를 산화시켜서 탈색하게 된다.

[밀가루의 종류와 품질]

(1) 회분의 함량

밀의 회분은 배유부에 적고 껍질부분에는 많으므로 밀의 회분량 을 측정하면 곧 제분율 을 알 수 있다. 대체로 회분량 이 0.5%이하이면 밀기울이 들어가지 않은 것이다.

(2) 아미노 그라프(Amylograph)

온도변화에 따른 밀가루 점도에 미치는 α-amylase의 효과를 측정할 수 있으며, 이것은 회전점도계의 일종으로서 밀가루, 물의 현탁액을 일정한 속도(1분간 1.5℃)로 가열 또는 냉각시키면서 paste의 점도 변화를 자동으로 기록하는 장치로 paste의 제조 및 점도를 동시에 측정한다.(α-amylase가 부족하면 빵은 건조되고 과잉되면 질퍽한 빵이 된다.)

(3) 파리노 그라프(Farinograph)

일정한 온도에서 반죽의 교반시 가소성 및 이동도를 측정하는 기기로 farinogram은 기본적으로 반죽의 굳기에 도달하는데 필요한 수분함량(즉, 흡수율) 및 반죽의 개략적인 반죽 특성의 물리적 성질을 측정한다. 이것은 30℃(+0.2℃)에서 50g 또는 300g용 mixing bowl을 사용하여 반죽의 굳기가 500B.U.(Brabender Unit)에 도달하도록 물을 가하고 여러 측정치를 시간(분) 또는 B.U.로 표시한다.

(4) 엑스텐소 그라프(Extensograph)

밀가루 반죽을 끊어 질 때 까지 늘려서 힘과 신장과의 curve를 기록하는 기기로 2차 가공, 즉 발효에 의한 반죽의 성질을 판정한다. 보통 밀가루에 2% 소금물을 가해 farinograph의 mixing bowl을 이용하여 1분간 혼합한 후 5분간 방치하고 다시 반죽 시작하여 farinograph 500B.U.에 curve의 중심이 도달하도록 한다. 반죽이 끝난 다음 150g의 반죽은 extensograph rouder에서 20번 정도 처리하고 30℃의 체임버에 45분간 방치한다. 1차 측정 후 다시 30℃의 체임버에 45분간 방치 후 2차 측정한다.(45분, 90분, 135분, 180분 까지 반복)

(5) 글루텐(gluten) 함량

종 류	단백질(%)	건부/습부율(%)	특징	용도
강력분	12~16	13↑/40↑	경질의 밀로 만들며 gluten 함량이 높아 탄력성과 점성이 강하고 수분의 흡착력이 크다.	식빵, 마카로니
중력분	10~13	10~13/30~40	다목적 밀가루로 사용	고급국수면류
박력분	8~11	10↓ /30↓	탄력성과 점성이 약하고 물의 흡착력도약하므로 섬세한 질을 가진다.	케이크, 튀김

※ 라면

일본에서 1950년대 말에 즉석라면을 개발한 이후 1962년에 면과 스프가 별도로 포장된 라면이 등장하였으며 1971년에는 면과 스프를 혼합하여 뜨거운 물만 부어 먹을 수 있는 컵라면이 시판되었다. 우리나라에서는 1960년대 초에 제조하여 시판하기 시작하였으며 이후 제품의 고급화, 다양화가 이루어져 왔다.

라면의 면은 준 강력분 또는 중력분 밀가루로 만든다. 밀가루와 소금 물 등을 넣고 반죽한 후 제면 롤을 통과시키면서 압연하여 면(麵)대를 만든 다음 가느다란 면선 으로 절단한다. 면선은 95도의 증기로 2분 정도 쪄서 전분을 호화시킨 후 1인분 씩 성형하고 150~160℃에서 1~2분정도 튀기면 수분함량이 40~50%에서 5% 정도로 낮아진다. 면을 튀기는 주목적은 수분을 감소시키는 데 있으며 튀김기름으로는 팜유, 라드 등을 사용하며 산화방지를 위해 산화방지제를 첨가하기도 한다.

원료 → 반죽 → 제면 → 찌기 → 성형 → 튀기기 → 냉각 → 포장 → 라면
+
스프

※ 생면에서 왜 식포냄새가 날까?

생면은 건조국수와는 달리 수분함량이 높아 오래 저장할 수 없으므로 저장성을 높이기 위해 산을 사용하고 무균포장을 한다. 생면에서 나는 식초냄새는 생면의 변질을 막기 위해 사용한 산인 식초 때문이다. 또 떡볶이 포장에는 주정을 첨가하여 저장성을 높이기도 하다.

22. 제빵 기술

1) 빵(Bread)의 분류

(1) 빵류, 케이크류

빵은 양질의 강력분을 주체로 이스트를 투입하여 발효과정을 통해 망상조직을 만들어 씹히는 식감으로 먹는 제품

케이크는 박력분을 주체로 난단백질의 기포성, 함기성을 이용하여 포립시켜 sponge조직을 얻어 부드러운 식감으로 먹는 제품, 발효과정이 없는 제품

① 원료에 의한 분류

· 밀가루를 원료로 한 것 : 밀가루 빵

· 호밀을 원료로 한 것 : 흑빵

② 제조방식에 의한 분류

· 미국식 빵 : 단백질이 많은 밀가루 사용하고 여러가지 조미료를 넣어 제조

· 프랑스식 빵 : 미국식 빵에 비하여 단백질이 작은 밀가루 사용 조미료를 될 수 있는 한 쓰지 않음

③ 굽는 방법에 의한 분류

· pan bread : pan에 반죽을 일정하게 넣고 굽는 빵

· Hearth bread : 반죽을 pan에 넣지 않고 굽는 빵

④ 발효에 의한 분류

· 발효빵 : yeast발효로 생긴 이산화탄소를 이용하여 만든 빵(식빵, 로울빵. 과자빵, burns)

· 무발효빵 : 팽창제에 의해 생긴 암모니아 및 이산화탄소를 이용하여 만든 빵(puffover, muffine, pancake, doughnut, biscuit, short cake)

2) 원료

(1) 주원료

① 밀가루 : 빵의 조직은 밀가루 gluten의 망상조직의 형성으로 이루어지며, gliadin은 점성, glutenin은 탄력성을 주며, 반죽 중에 발생된 탄산가스를 함유한다.

② 효모 : 팽창제역할, 빵에 향기 맛 세균 번식 억제

· 효소

· 반죽(dough) → alcohol+이산화탄소+aldehyde, ketone, 유기산

· 탄산가스에 의해 반죽이 팽창되어 다공질 망상구조 형성

③ 팽창제 : 발효에 의한 가스형성은 길므로 화하자용에 의한 가스형성으로 반죽을 팽창시킴, 산과 중조와 반응하여 이산화탄소 형성하는 것이 baking powder 원리

④ 물 : 경수는 gluten을 수축시켜 품질을 좋게 하나 고도한 경우 발효억제, 연수는 gluten을 연하게 발효 촉진 시키며 빵조직을 거칠게, 가스 보유력 없다, 연수-강력분 사용, 경수-중력분 사용

(2) 부원료

① 소금 : 적당한 맛과 풍미 부여, 해로운 균의 번식 억제, 효모발효조절, 글루텐의 물 흡수를 증가시켜 습기 부여, 노화방지, 탄력성 증가

② 당류 : 설탕, 포도당, 전화당(물엿), 맥아당, 효모의 영양원으로 발효촉진, 감미 빛깔을 좋게 함, 노화 방지

③ 지방 : 쇼오팅, 버터, 마아가린, 야자유, 땅콩 기름, 빵의 조직 연화 전분의 기포형성 향상, 탄력성 풍부로 반죽 취급 용이, 노화방지, 풍미 개량

(3) shortening의 이용효과

- 소맥분 100에 3-5%의 shortening 사용
- 빵반죽의 gluten 신장을 용이하게 해주어 반죽에 탄력성을 주고 기계적 내성을 높임
- 빵의 부피를 증대
- 빵의 노화 지연
- 입 안에서 촉감을 부드럽게
- 빵의 texture를 고르게
- 빵의 영양가 증대

Mixing 중 빵 반죽은 글루텐은 막을 형성하여 반죽의 골격을 이루고, 전분입자를 흡수하여 입상이 되게 글루텐 층 사이에 분산된다. shortening도 gluten막과 전분입자 사이에 막상으로 넓게 퍼져 있다. 이러한 빵 반죽을 오븐에서 구우면 전분입자는 가열에 의해 막이 파괴되고 상호 결합하여 빵의 골격을 형성한다. 그리고 글루텐은 탈수, 축소되면서 전분의 벽에 부착되어 74℃에서 고화되는데 이 과정에서 gluten은 탄산가스와 수증기를 보유한다. 여기서 shortening의 작용은 글르텐에 가스 보유력을 높여주며 또한 전분 벽에 부착되어 윤활작용을 하므로 씹 을때 유연한 느낌을 준다.

- 무 발효빵의 제조

무 발효빵은 효모 이외의 팽창제를 사용한 빵, 달걀 흰자 거품을 이용한 빵, 부풀리지 않은 빵 등을 총칭하며 도넛, 스폰지케이크, 파운드케이크 등과 같은 케이크류와 비스킷이 있다.

ⓐ 케이크(cake)류

스폰지 케이크는 달걀흰자의 기포 형성능력을 이용하여 만들며 매우 부드럽다. 설탕을 잘 섞은 달걀노른자와 거품 낸 달걀 흰자를 섞은 후 밀가루와 물 또는 우유 등을 첨가 혼합하여 케이크 팬에 넣고 150~160℃의 오븐에서 굽는다. 파운드케이크는 박력분, 설탕, 달걀, 버터 그리고 밀가루의 2~3% 정도의 베이킹파우더를 사용한다. 먼저 버터에 설탕을 넣어 크리밍한 다음 달걀을 천천히 첨가 혼합한다. 밀가루와 베이킹파우더를 섞어 팬에 붓고 180℃ 오븐에서 40분간 굽는데 도중에 케이크 윗면이 갈색이 되면 가운데 선을 그어 주어 표면이 갈라지도록 한다. 도넛은 녹인 버터에 설탕의 반을 넣어 혼합하고 달걀에 나머지 설탕을 넣어 거품을 내고 우유를 섞는다. 밀가루와 소금, 베이킹파우더를 혼합하여 다른 재료와 혼합 반죽한 후 반죽을 일정한 두께로 펴서 틀로 찍어내어 160~170℃에서 튀긴다.

ⓑ 비스킷(Biscuit)

비스킷은 밀가루, 설탕, 버터, 우유, 베이킹파우더를 혼합하여 반죽한 다음 일반 빵에 비해 건조하게 구운 것이다. 비스킷에는 소량의 지방과 설탕을 사용한 하드비스킷, 많은 양은 지방과 설탕을 사용한 소프트 비스킷, 다량의 달걀과 우유를 넣은 팬시 비스킷 등이 있다.

비스킷의 제조과정은 크게 원료 혼합, 성형, 굽기 등 세 단계로 나누어진다. 원료를 혼합 반죽하여 성형한 다음 120℃ 오븐에 넣어 서서히 온도를 올리면서 250℃ 정도가 될 때까지 굽는다. 큰 공장에서는 오븐 터널을 이용하여 갈색이 되도록 연속적으로 굽는다. 오븐 터널의 온도는 입구180~200℃, 중간부 220~250℃, 출구 120~130℃이다. 구운 비스킷은 바로 냉각하여 방습 포장한다.

비스킷 원료 → 혼합 반죽 → 성형 → 굽기 → 냉각 → 포장 → 비스킷

· 파스타(pastry)

마카로니, 스파게티 등을 말하며 조금 굵게 제분한 강력분과 물, 소금, 달걀, 올리브유 등을 혼합하여 반죽한 다음 압출한 것으로 다양한 크기와 모양의 파스타가 제조 판매되고 있다. 먼저 원료를 혼합하여 50~60분간 반죽한 다음 압출기에 넣어 적당한 길이로 잘라 건조시킨다. 너무 빨리 건조시키면 금이 가므로 수분함량이 12%가 되도록 건조시킨 후 60~70℃에서 건조시키는 것이 좋다.

23. 서류가공 기술

1) 감자

가지 과에 속하는 감자는 줄기 다음에 만들어진 뿌리에 양분을 축적하여 비대해진 괴경(塊莖)을 형성한다. 감자의 구조는 외피(주피)-후피-유관속-수심부로 되어 있다. 즉 가장 바깥쪽에 외피인 코르크층이 있고 그 안쪽으로 조금 두꺼운 후피, 유관속이 있다. 후피에는 전분립이 있으며 감자의 배대와 발육에 필요한 물질 통로인 유관속은 미생물의 침입통로이기도 하다. 감자의 대부분을 차지하는 수심부는 외수로 내수로 되어 있는데 별모양의 내수는 수분함량이 높고 투명도가 크다.

2) 고구마

메꽃과에 속하는 고구마는 표피-피층-유조직으로 되어있는 괴근(塊根)이다. 전분립은 표층에 있으며 그 내부는 유 조직으로 되어 있다. 표피는 얇으며 색소가 있는데 이 색소는 고구마 색깔에 영향을 준다. 고구마에는 점질과 분질이 있다. 점질 고구마는 당분이 많으나 전분이 적은데 식용보다는 가공원료로 많이 사용되고 분질 고구마는 단맛은 약하나 전분이 많으며 가공에는 수확량이 많고 당도가 높으며 전분수율이 높은 고구마가 좋다.

(1) 고구마 전분

가수
원료 → 세정 → 마쇄 → 선별 → 전분유 → 분리 → 생전분 → 건 조 → 1번분
전분맥 토육 2번분
토육분

ⓐ 원료 : 단위면적당 수량이 많고 당분, 단백질, polyphenol류, 섬유질은 적고 전분 함량이 높은 품종이 좋다.

ⓑ 처리

- 탱크(tank)침전법(구식법)
- 자연(自然)침전법
- 테이불(table)침전법
- 탱크침전, 원심분리병용(遠心分離併用)법
- 자연침전, 원심분리병용법
- 테이블침전, 원심분리병용법

① 세정 : 원료 고구마는 rotary washer, 분사세척기 등을 사용하여 표면에 묻은 미세한 흙을 완전히 제거하는 것이 중요하다. 세정이 불충분하면 양질의 전분을 얻기가 어렵다.

② 마쇄 : 세정한 고구마는 유수컨베이어에 의해 마쇄기로 운반되어 서서히 가수되면서 마쇄한다. 마쇄기는 큰 회전드럼에 강판과 같은 이빨을 붙인 것으로 매분 1500-2000회전한다. 최근에는 로울 마쇄기 대신 원반 마쇄기가 이용되고 있다. 이 기계는 회전하는 금속원반의 양면에 방사선 상에 36문의 칼날이 붙어 있으며 각 칼날에 작은 톱니가 서 있다. 로울 마쇄기는 평균 3000관(1톤) 정도 처리하면 마쇄능력이 없어지나, 원반식은 6만관(225톤) 처리하여도 이상이 없다.

③ 사별 : 3단식평사, 사(社)면사를 이용하여 전분유와 박과의 분리를 하였음

④ 전분분리

ⓐ 탱크(tank)침전법 : 전분유를 침전조에 넣고 만수하여 정치시켜 전분을 침전시킨 후 배수하는 방법이며, 전분의 침전에 장시간(10~12시간)을 요하여 공장의 처리 능력을 저해하는 결과가 된다. 또 물의 온도가 높을 때 혐기성 세균의 번식을 일으켜 제품의 품질저하 초래.

ⓑ 테이블(table)법 : 입자 자체의 중력에 따라 입자의 침강을 이용하는 점에서는 탱크 침전법과 동일하나 전분유를 대단히 낮은 사면에 흘려보내면 무거운 입자는 앞쪽에 침강되고 가벼운 입자는 멀리 침강되며 한번 침강된 입자는 액의 흐름이 흐트러지지 않는 한 흐름이 느리므로 떠오르지 않는다. 또 폐액이 연속적으로 제거되는 잇점도 있다.

전분의 분리에 사용되는 테이블은 폭 60~75cm, 길이 30~36m, 경사 구배 1/200~1/500되는 목제, 콘크리트제, 콘크리트의 표면에 합성수지를 바른 것 등이 있다.

· 주의점 : 각 테이블에 공급되는 액량을 항상 일정량, 일정 시간에 연속적으로 공급하는 것.

ⓒ 원심분리법 : 고속도로 회전하는 분리판에서 생기는 원심력에 의해 비중이 다른 물질을 분리하는 방법으로서 전분유에서는 전분립과 액으로 분리시킨다. 이 방법으로 처리하면 단시간에 분리가능.

사별된 전분 유는 전분입자를 분리하며, 이 전분입자는 아직 불순물을 함유하고 있으므로 다시 가수 교반하여 정제한다.

(2) 전분의 가공

① 효소당화법

전분 → 액화 → 효소액화 → 가열 → 냉각 → 효소당화 → 가열 → 탈색 → 여과 ↓

시럽 ← 본 농축 ← 여과 ← 정제 ← 시럽 ← 예비농축

정제전분을 사용하여 30-35%의 전분 유를 만들고 전분에 대해 0.1~0.2%의 세균 amylase를 가하여 균일하게 교반하여 85-88℃의 열탕 중에 분사주입하면 전분입자는 순간적으로 팽윤하여 바로 amylase의 작용을 받아 액화하는데 품온을 85℃ 이하로 떨어지지 않도록 주의한다. 액화 완료된 액은 한번 끓여 액화효소를 실활시키고 pH를 5.0으로 조절하여 당화 고온인 55℃까지 냉각시킨다. 이때 전분중의 단백질이 응고되어 떠오르게 된다. 이것을 제거하고 전분의 0.5%에 해당하는 당화효소를 첨가하여 55℃에서 48시간 보온하여 당화를 끝낸다.

당액은 75℃까지 가열시켜 당화효소를 실활 시키고, 활성탄을 액에 대해 0.5% 첨가하여 30-60분 접촉 흡착시켜 탈색하고 여과한다. 탈색된 당액은 다중 효능솥에서 50-85℃에서 농축한다. 예비농축을 마친 당액은 이온교환수지탑을 통하여 정제시키고 정밀 여과하여 본 농축솥에 옮게 농축.

· 장점 : 역 합성물질과 중간 생생물이 생성되지 않으므로 당액의 순도가 높고, 또한 이들(역 합성 oligo 당)으로 부터 유래된 감미도 없으며 정제 단계에서 분밀(分蜜)이 필요한지 않고 효소작용에 의하기 때문에 고열처리가 필요하지 않음.

※ 맥아엿

전분 → 용해 → 액화 → 가열 → 당화 → 가열 → 농축 → 맥아엿

대맥 → 침적 → 발아 → 맥아 ↗

· 원료 : 찹쌀이 가장 좋으나 최근에는 고구마전분이 많이 쓰인다.

· 맥아 : 대맥을 정선하여 협잡물을 제거하고 유수 중에 35~36시간 침지하여 충분히 흡수시켜 이것을 짚위에 5cm정도 퇴적하여 발아 시킨다. 여름에는 2~3일, 봄가을에는 4~5일에 발아된다. 발아를 시각하면 품온이 상승함으로 때때로 손질하여 신선한 공기를 보충하는 동시에 품온을 균일하게 해준다. 약 8~10일에 발아된 유근(幼根)이 입장의 2배에 도달하면 이것을 넓게 펼쳐서 생육을 중지시킨다.

이것을 녹(綠)맥아라 부르고 효소력은 건조맥아의 3~4배에 달한다. 녹맥아는 그대로 보존할 수 없으므로 건조하여 발아된 뿌리와 유근을 제거하고 알맹이만 건조시켜 저장한다. 사용할 때는 분쇄 사별하여 사용한다. 맥아는 10배량의 온수(40℃)에 침지시켜 당화 효소액 으로 한다.

· 처리 : 정세전분에 가수하여 전분 농도 30~40%의 전분유 를 만든다. 여기에 액화효소(전분의 0.3%)를 첨가하여 교반한 다음 가열하여 80℃에서 30분 액화시킨 후 끓여서 효소를 실활 시키고, 55℃까지 냉각한다. 여기에 미리 조정해 둔 당화 효소액을 가하여 교반하고 55℃로 보온하여 3~5시간 당화시킨다. 이 때 때때로 교반하여 균일하게 한다. 당화액은 30분 정도 끓이면 단백질 성분이 불순물과 함께 응고되어 떠오른다. 이것을 떠내고 정밀 여과하여 맑은 당액으로 해서 진공농축솥에 보내어 60℃정도에서 수분이 15~16%가 되게 농축하여 제품을 만든다.

② 산 당화법

· 전분을 산으로 가수분해하여 당화; 염산법, 황산법, 수산법

· 전분의 가수분해 정도는 D.E.(dextrose equivalent)

$$D.E. = \frac{\text{직접환원당(glucose로)}}{\text{고형분}} \times 100$$

전분당의 고형분은 Dextrin, 소당류, 포도당을 말하며 이들 세 가지 비율에 따라 제품의 성상이 달라진다.

전분의 분해가 증가하여 D.E.가 커질수록 Dextrin은 감소하고 평균 분자량도 적어진다. 이로 인하여 제품의 점도는 낮아지고 포도당의 양은 점차로 증가하므로 감미가 증가한다. 또 분자량이 감소함에 따라 빙점이 낮아지고 삼투성 및 방부효과는 증가한다.

소당류가 비교적 많이 함유되어 있으면(D.E.40~60)제품의 흡습성과 포도당의 결정화를 억제하는 효과가 커진다.

보통 물엿은 D.E.42~43, 수분 16%정도의 것이 많고 이 이하의 D.E.제품은 점도가 높고 dextrin의 노화가 일어나기 쉬우므로 엿으로 이용하는 것이 좋다. 한편 D.E.가 60이상이면 당화액의 착색 및 백탁의 침전이 생기는 경우가 있고, D.E. 80 이상이 되면 포도당의 재결정이 생기는 수가 많다.

ⓐ 정제포도당 : 농축당액에 분말 제품을 3~5%가하여 45℃전후에서 천천히 교반하여 결정의 석출을 촉진하여 백하당 상태로 될 때 틀에 넣고 겨울에는 24~48시간, 여름에는 72~96시간 방치하면 전체가 고화된다. 이것을 절삭기로 갈아 20mesh정도의 분말로 하여 열풍 로터리건조기(70℃전후)에서 건조후 20mesh로 사별하면 제품이 된다.

ⓑ 결정포도당 : 농축당액에 1%의 모정을 첨가한 후 서서히 교반시킨 후 품온을 42℃에서 20℃까지 100~120분 걸려 하강하고 50시간 정도로 결정화를 시킨다. 결정은 원심분리기로 분밀 후 물을 분무하여 세당하고 60~65℃에서 열풍건조로제품이 된다.

ⓒ 무수결정포도당 : 결정포도당을 원심 분리시킨 것을 당농도 60%가 되도록 가수 용해하고 활성탄을 가하여 70℃에서 30분간 탈색시켜 여과하여 당액을 만든다. 이 당액의 일부를 진공 결정조에 넣고 65℃에서 농축하고 무수포도당의 결정핵을 생성시킨다. 여기에 남아 있는 당액을 소량씩 첨가시키면서 증발을 계속하여 품온을 65℃로 유지하면 관내는 결정으로 차게되며 원심분리기로 분밀하여 뜨거운 물로 세당 후 로터리형 열풍건조기로 수분함량이 0.1% 이하가 되도록 건조한다.

(3) 변성전분

전분은 종류에 따라 다른 성질을 갖는데 일부 전분은 가공에 적합하지 않은 특성을 보인다. 즉 찰옥수수 전분은 끈기가 너무 강하고 옥수수 전분은 쉽게 노화되므로 이런 천연전분의 단점을 보완하기 위해 우수한 가공적성을 가진 변성전분을 제조 사용하고 있다.

① 호화전분 : 전분을 호화시킨 다음 팽윤상태에서 탈수시킨 전분으로 가열하지 않고 물만으로 걸쭉하게 만들 수 있다. 천연전분보다 점도, 겔의 투명도와 형성 속도 등이 낮으며 즉석 푸딩에서 점증제로 사용하고 있다.

② 산처리전분 : 전분의 산가수분해에 의해 가지가 제거된 것으로 뜨거울 때는 묽은 졸이 되고 식으면 단단한 겔을 형성한다. 검 사탕이나 제과용 원료로 많이 사용된다.

③ 산화전분 : 전분을 알칼리로 처리하여 만든 저점도 전분으로 안정성이 높은 졸을 형성하나 잘 겔화되지 않기 때문에 사용이 제한되고 있다.

④ 가교결합 전분 : 천연전분의 -OH기와 반응할 수 있는 물질을 반응시켜 만든 것으로 천연전분보다 점성이 높고 노화, 가열, 교반, 냉동, 해동에 대해 안정하나 pH 변화에 불안정하다. 인산염과 반응시켜 만든 인산화전분은 안정성과 투명성이 좋고 이액이 거의 없으며 끈끈하지 않은 겔을 형성한다.

덩어리 전분은 전분입자와 단백질을 분무시켜 만드는데 우수한 향미 성분 포집효과를 보인다.

24. 과실(果實)가공과 저장

1) 과실의 가공

(1) 과일 분류 및 특성

과일은 식물학 상으로 자방이 성숙한 것이나 꽃받침 또는 꽃받이 등이 변해서 자라 과일의 형태가 된 것을 말한다. 과일의 구조는 대체로 외부, 과육부, 종자로 구성되어 있다.

과일류는 수분을 많이 함유하고 있어 저장성이 낮지만 갈증해소와 수분섭취에 이상적이며 과당, 포도당 등의 당분과 만니톨 등의 당알코올류, 사과산, 구연산, 주석산 등의 유기산이 풍부하여 달고 상쾌한 맛을 부여한다. 또한 저급지방산의 에스터류를 비교적 많이 함유하고 있어 향기가 좋다. 덜 익은 과일은 엽록소를 함유하나 완숙됨에 따라 엽록소가 감소되고 안토시아닌과 카로티노이드 등의 색소에 의해 아름다운 색을 나타내어 기호성을 증가시킨다. 비타민 C, 카로틴, 비타민 B1, B2 등의 비타민류 및 무기염류를 함유하고 있어 영양적인 면에서도 중요하다. 단백질은 과즙 중에 녹아 과일주스, 잼, 젤리 등으로 가공하였을 때 제품을 흐리게 하나 끓이면 응고되어 표면에 쉽게 떠오르기 때문에 제거할 수 있다. 소량의 탄닌이 들어 있는 과일은 음료 제품의 색깔을 나쁘게 한다.

① 과일의 특성

· 수분함량이 많고 저장성이 없다.

· 포도당, 과당, 자당 등의 당분과 주석산, 구연산, 사과산 등의 유기산이 많아서 신선하고 상쾌한 맛을 주고 ester같은 좋은 방향

· 비타민과 무기질이 풍부하여 carotenoid, anthocyan, chlorophyll, flavonoid 등의 색소를 가졌으며, 사람의 기호를 돋운다.

· 열량원은 되지 못한다.

· pectin을 가지고 있어 jam, jelly를 만들 수 있다.

.② 과일의 성분조성

ⓐ 당질 : 포도당, 과당, 자당 등이 많이 함유

ⓑ 무기질 : Ca, P, Fe 등이 많다.

ⓒ Vitamin : vitamin C 많이 함유(특히 감, orange, 딸기, Tomato), 황색 과일에는 carotene이 많고 vitamin B도 있으며, vitamin D는 적다.

ⓓ 유기산 : 사과산, 주석산, 구연산, 탄닌산 등

ⓔ 색소

- Carotenoid- 가열조리 시 큰 변화를 일으키지 않으나 일광 건조와 가열 건조에 의해 갈색으로 변하기 쉽다.

  Tomato의 lycopene은 공기 중에서 가열하면 갈색으로 변하고, 손에 닿으면 변색되기 쉬우므로 주의 요함. chlorophyll은 항상 carotene과 같이 존재할 때가많아 공기 중의 산소와 햇빛의 작용으로 산화되어 변색되기 쉬워 그늘에서 건조

- anthocyan- 과일 외에 꽃과 가지에도 많이 있다. 이 색소는 금속에 의하여 변색되므로 조리 가공 시 금속 용기를 피하고 stainless steel 이나 사기를 입힌 용기를 사용

- Flavonoid- 밀감류에 들어 있으며 약산성에서 무색이지만 alkali에 반응시키면 황색으로 변하고, 오래 가열하면 갈색으로 변한다.

ⓕ 효소 : polyphenol oxidase에 의해 갈변

ⓖ pectin 질 : 당과 함께 가열하면 jelly 형성

(2) 과일 가공식품의 전처리 및 기본과정

① 원료의 선택 및 수확

복숭아, 살구, 서양배 등과 같이 숙기가 짧은 것은 수확시기를 잘 맞추어야 한다. 원료의 숙도는 제품의 색깔, 향기 및 품질에 영향이 크므로 수확한 원료는 가급적 빨리 가공하는 것이 좋다. 수확 직후에 가공할 수 없을 경우 일시적으로 원료를 저장할 때 햇볕을 피하고 찬 장소에 저장하며 습도를 적절히 조절한다.

② 원료처리

ⓐ 고르기 : 품질, 숙도, 크기, 색깔, 생산지의 입지조건 및 재배 방법에 의한 조직의 경도, 화학적 성분 고려

ⓑ 씻기 : 흙, 모래, 먼지, 약제 및 미생물 등을 제거하기 위해 세척한다.

ⓒ 데치기 : 과일류나 채소류를 뜨거운 물에 담그거나 증기로 처리하는 조작으로 산화효소를 파괴하여 가공 중에 일어나는 변색 및 변질 방지하며 원료의 조직을 부드럽게 하여 통조림 제조 시 담는 조작을 쉽게 하고 살균 가열할 때 부피가 줄어드는 것 예방한다. 껍질 벗기기를 쉽게 하며 원료를 깨끗이 하는 효과도 있다.

뜨거운 물보다 증기로 처리하는 것이 비타민 등 원료 중 영양성분의 손실이 적으나 황록색으로 변색

ⓓ 핵빼기 및 박피 : 복숭아, 배, 살구 등의 인과 핵과류는 핵과 심을 제거한 다음 껍질을 벗기지만 과실은 두쪽으로 쪼갠 다음 제핵기를 사용하여 제거한다.

칼로 벗기는 방법: 칼을 사용해 손으로 껍질을 벗기는 방법으로 작업능률이 낮고 외관이 좋지 않으며 원료 손실이 많다.

- 증기 또는 열탕박피 : 과일에 2~3분간 증기를 작용시키거나 끓는 물속에 담갔다가 껍질 벗기는 것.
- 약제박피법 : 산, 알칼리 약제를 사용하는 것으로 산 박피는 원료를 염산 및 황산용액에 침지하여 박피하는 방법으로 감귤류 등의 과일 박피에 사용. 알칼리박피법은 원료를 95~90℃의 수산화나트륨에 담갔다가 바로 수

세하여 박피한다. 수세와 중화필요

ⓔ 담그기 : 감귤류, 복숭아 등은 물에 담근다. 원료의 좋지 않은 맛을 제거하고 통조림 했을 때나 액을 흘게 하는 알칼로이드, 펙틴, 헤스페리딘 등과 약제를 제거하기 위한 것이다. 물을 자주 갈아주고 담가두는 동안 영양성분도 함께 용출되므로 짧은 시간 내에 한다.

– Jam, jelly, Marmalade

과실에 설탕을 넣어 가면서 가열한 다음 냉각시키면 과일에 들어 있는 pectin질과 유기산과의 상호 작용에 의해 응고하여 젤리화가 일어난다.

pectin분자는 galacturonic acid가 α-1,4결합에 의해 선상으로 연결된 poly-galact-uronic acid에 carboxyl기 들이 부분적으로 methylation된 구조를 가지고 있다.

pectin은 물에 분산되어 점도가 큰 교질용액을 만든다. 그 점도는 pectin분자량이 클수록 그리고 methylation(methyl ester, $-COOCH_3$) 결합이 많을수록 커진다.

Methoxy기($-OCH_3$)의 함량이 pectin분자의 7%이상이면 고(高)pectin질이라 하고 7%이하이면 저(低) pectin질이라 한다.

High methoxy pectin은 당과 산을 가하면 jelly 화가 잘 되지만 Low methoxy pectin은 당과 산을 가하여도 jelly화가 잘 형성되지 않고 Ca^{++}을 가함으로써 jelly화가 형성. 또 고(高) methoxy pectin은 수소 결합에 의하여 jelly화가 되고 저(低) methoxy pectin은 이온결합에 의하여 jelly화 형성된다.

jelly화에 효과가 있는 유기산은 사과산 주석산 젖산 등이다.

산이 강하면(pH가 낮으므로) 젤리 화는 잘 되나, pH3.46 이하가 되면 제품의 수분이 분리될 우려가 많다.

당류는 설탕 포도당 과당 맥아당 등을 사용해도 좋으나 일반적으로 설탕을 많이 사용한다.

- pectin : 1.0-1.5%
- 산 : pH 3.46(황산으로 환산한 것으로 0.3% 내외)
- 당분 : 60-65%
- pectin이 많을 때는 당분을 적게 넣어도 젤리화가 잘 된다.
- pectin이 1.0-1.55 이고 산이 많으면 당은 적게 넣어도 젤리화가 잘 된다.

③ 과일의 pectin과 산의 함량

함 유 상 태	과 일
pectin과 산이 많은 것	사과 포도 밀감 등
pectin이 많고 산이 적은 것	복숭아 앵두
pectin은 적고 산이 많은 것	살구 등
pectin과 산이 적당한 것	서양 포도 숙성한 사과 등
pectin과 산이 적은 것	성숙한 배

· pectin 산 및 당분의 검정

ⓐ pectin량: 0.6~1.0%

- alcohol test : 시험관에 95%의 알코올10cc를 넣고 여기에 과즙 10cc를 첨가한 후 잘 흔들어 방치하면 pectin량에 따라 응고하는 모양이 다르다.

※ Pectin의 검정과 가당량

알코올검사결과	펙틴 함량	가 당 량
과즙모두젤리상응고/큰덩어리형성	많다	과즙의 1/2~1/3
몇개의 젤리상의 덩어리형성	적당	과즙과 동량
작은덩어리가 많거나 침전물이 없음	적음	농축하거나 펙틴많은과즙첨가

ⓑ 산도: 0.3% PH 3.64

ⓒ 당분: 60~65%

ⓓ 설탕의 양: 원료과일의 80-90%의 설탕을 넣어 70-80%가 될 때까지 농축 설탕은 전량을 2회로 나누어 넣고 가열 농축하는 시간은 솥에 눌어붙지 않도록 밑바닥에서부터 서서히 저어준다.

ⓔ 가열 농축하는 솥: stainless steel alumite솥은 과일즙의 빛깔을 변화시키지 않으므로 좋다.

ⓕ 농축하는 정도 : 가당한 당을 조려 젤리화하는 완성점을 결정하는 것은 다음 방법에 의해 결정

- 당도계로 당도를 측정하여 60-65%가 될 때까지 농축
- 온도계로 103-104℃가 될 때까지 조린다.
- cup test를 함 : 냉수를 cup에 받아 주걱으로 가당 액을 떠서 떨어 뜨렸을 때 흩어지지 않고 밑바닥까지 침전하여 굳어지면 완성 점에 도달한 것으로 판정
- spoon test를 함 즉 가당 액을 숟갈 또는 주걱으로 흘러내리게 할 때 syrup과 같이 흘러 떨어지면 불충분한 것이고 혓바닥 같은 모양이 되거나 꿀과 같이 떨어지고 일부가 붙어오르면 된다.

2) Jam, Jelly, Marmalade의 제법

(1) 딸기잼(Strawberry jam)

① 원료

신선한 것이나 과육이 뭉그러져도 악취가 나지 않는 것

② 제법

꼭지를 뗀 후 딸기(15Kg) 남비에 끓이면서 소요되는 설탕(13.5Kg)을 1/2로 나누어 설탕의 반(6.75Kg)을 딸기에 넣어 가열하면서 천천히 밑바닥까지 주걱으로 저어준다. 설탕이 용해된 후 나머지 반을 넣어 과육 알맹이가 뭉개지지 않도록 20~30분간 가열 농축한 후 완성점을 정한다. 완성점에 도달하기 전에 구연산 2g을 첨가하고 5cc의 물에 적색의 식용색소를 용해하여 조금씩 첨가한다. 약 20Kg의 제품생산

③ 담기 · 밀봉 · 살균

완성점에 도달한 잼은 불에서 내려 살균한 병에 담고 곧 밀봉한 후 병을 거꾸로 세워두기만 해도(20분간) 살균 가능

· 건조과실

수분을 제거하여 저장성을 부여한 가공품으로 단맛이 증가하고 풍미 생성, 수분을 20%정도로 낮춘 것으로 건포도 등이 있으며 저장성을 높이기 위한 것이므로 미생물이 번식하지 않을 정도로 건조한다. 아황산가스를 처리하는데 이산화황은 산화를 방지하여 갈변이 억제되고 아황산의 방부효과로 인해 미생물의 번식을 억제시켜 과육 세포 중의 원형질 분리와 삼투작용을 일으켜 건조 촉진한다.(CA저장, MA저장)

3) 과실의 저장

· 저장목적 : 신선한 과일의 판매와 가공할 때까지의 보존기간을 연장시키고 생과를 후숙 시켜 품질을 향상시키는 데 있다. 생과로 식용할 것은 채취한 후 변패 변질을 막기 위하여 호흡작용을 억제하는 것이 효과적이다.

(1) 냉동

상온이나 저온에서는 과일 채소의 호흡을 억제해도 세포가 파괴되지 않으나 냉도은 세포를 파괴함과 동시에 성숙작용을 정지시키므로 신선한 풍미를 지니면서 미생물의 활동을 억제하는 데 효과적이다.

그러나 동결 해동 등의 조작으로 조직의 파괴와 효소의 활성화 등으로 즙액이 분리되고 풍미가 변하게 된다. 이 때문에 과일을 동결 시킬 때 당액에 침지하거나 설탕을 혼합하고 채소는 blanching해야 한다.

(2) 저장에 미치는 호흡작용과 증산 작용

과일 채소는 수확한 후에도 호흡작용을 하며 성분의 변화를 일으킴과 동시에 증산작용도 수반되므로 신선도와 무게가 줄어든다.

호흡작용은 일반적으로 채취한 직후 가장 왕성하다가 차차 저하되나 감자 양파와 같이 저장 중 발아하는 것은 발아 직전에 호흡작용이 가장 심하게 일어난다.

호흡작용은 30~40℃에서 가장 빠르며 10℃이하에서 늦다.

0℃에서는 호흡작용을 거의 볼 수 없으며 미생물도 번식하지 못하므로 저장의 최적온도라 할 수 있다.

습도가 낮을 수록 호흡작용이 억제

일반적으로 높은 농도의 이산화탄소에서는 호흡작용이 감퇴되고 분자간 호흡을 일으켜 부패되나 어느정도의 이산화탄소에서는 호흡이 억제되므로 저장력 증가

(3) 저온장애

청과물은 0~10℃의 저온에서 생리적 장해를 받아 품질 저하

예) 열대 아열대산 청과물은 저온 감수성이 커서 대사작용이 일어나지 못하여 장해

한편 종류가 다른 청과물을 같은 냉장고에 보관하면 편리하나 사과 배를 감자와 같이 저장하면 불쾌한 흙냄새가 나고 갈변 또 사과와 시금치를 함께 넣어두면 사과의 휘발성분이 시금치에 brown spots을 생성한다.

25. 유지(油脂)가공과 저장

1) 식용유지

유지(lipid)는 기름(油; oil)와 지방(脂肪; fat)을 통틀어서 말하는 것으로 융점이 높고 상온에서 고체인 것은 지(脂)라 하고 상온에서 액체인 것은 유(油)라 한다.

지방은 지방산과 glycerol의 ester이다.

(1) 식물성 유지

① 식물유

ⓐ 건성유(drying oil) : 어떤 물체에 塗布하였을때 건조가 빠르고 박층피막을 형성하는 성질을 가진 기름으로 불포화지방산이 많으므로 공기중에서 산화되이 고화되기 때문이다. 요오드가가 130이상

예) 아마인유, 들깨유, 마실유, 호도유, 동유

ⓑ 반건성유 : 도포 하였을 때 건조가 느린 유를 말하며 요오드가가 100~130이다.

예) 대두유, 옥수수유, 참기름, 면실유, 채종유, 미강유

ⓒ 불건성유 : 전혀 건조되지 않는 유를 말하며 요오드가가 100이하이다.

예) 피마자유, 올리브유, 낙화생유

- 요오드가 : 100g의 유지가 흡수하는 요오드의 g 수

(2) 식물유지의 채취법

① 압착법(mechanical expression method)

대규모 또는 소규모에도 응용이 가능하며 우선 원료를 정선하여 흙, 먼지, 나무조각, 쇠조각 등의 협잡물을 제거한 다음 채유효율을 높이기 위해서 로울 분쇄기로 외피를 파쇄하고 flake상으로 압편 한다.

flake상의 원료는 세포막을 파괴하고 또 단백질을 응고시켜서 지방립의 유출을 용이하게 하기 위하여 가열하는 경우가 많다. 가열처리한 유는 불순물을 함유하기 쉬운데, 비가열압착과 비교 시 품질이 떨어진다. 그래서 냉 압착법으로 1번유를 얻고 그 박을 가열 압착하여 2번 유를 얻는 방법이 사용되고 있다. 가열처리의 방법에는 원료를 2중솥에서 간접적으로 가열하여 건조하는 방법, 직화로 가열하는 방법(焙曉법), 2중솥에서 한 번 가열 건조시킨 것에 증기를 분사하여 유(油)와 수분을 치환하는 방법 등이 있다.

② 추출법(sovent extraction method)

채유원료를 용매에 접촉시켜 유지가 용매 쪽으로 이행되면 유지를 함유한 용매(miscella)를 취하여 용매만을 분리 제거하면 유지를 얻을 수 있다.

채유원료를 용매 조에 침지시켜 추출하는 방법, 용매를 채유원료에 주가하여 유지를 씻어 내리는 방법 등이 있다.

ⓐ 추출용 용매의 조건

- 될 수 있는 한 인화성이 없을 것
- 비등점 범위가 적당하며, 탈용매 및 용매의 회수가 용이한 것
- 유지이외의 물질을 용해시키지 않을 것
- 독성이 없을 것
- 추출장치의 금속을 부식시키지 않을 것
- 가격이 저렴한 용매
- 인화성이 있는 용매: 이황화탄소, 석유benzene, benzol 등
- 불연성인 용매: 사염화탄소, trichloroethlene 등

  최근에는 hexane(b.p. 65~70℃) 사용

ⓑ 용매의 회수 및 제거

miscella에서 용매를 제거할 목적으로 miscella를 박막 상승식 증발관인데 여기에서 유분 20~25%의 misxella는 용매를 방출하고 유분 90~95%의 농후 miscella로 되며 이것은 다시 stripper로 보내지며 용매는 콘덴서에 회수된다.

stripper는 일종의 기액 접촉장치로 여기에서 농후 miscella는 100-200mm/Hg 정도의 진공 하에서 증기와 접촉하여 거의 용매가 없어진다.

③ 용출법 : 동물성 유지원료를 가열로 녹여 분리

(3) 유지의 정제

기름은 유리지방산, 단백질, 수지질, 색소 등의 불순물을 함유하고 있어 유지의 순도를 나쁘게 하며 유지의 산화를 촉진하여 불쾌한 냄새의 원인이 되어 정제한다.

① 물리적 정제법

ⓐ 침전법 및 여과법 : 조제 유를 탱크 내에 장시간 방치시켜 두면 불순물이 침전된다. 여기에 산성백토, 주엽 토, 골회, 활성탄 등의 흡착제를 가하면 침전이 촉진될 뿐 아니라 탈색, 탈취효과도 있다. 이것을 다시가열하면 단백질 등은 응고하여 정제효과를 높인다.

② 화학적 정제법

ⓐ 탈검(Degumming) : 조제유중에는 인지질인 lecithin이 있는데 이것은 유화성이 있으므로 정제 초기에 제거하지 않으면 다음 공정에 방해가 되므로 제거하는 과정, 탈검처리의 원리는 불순물로 함유되어 있는 인지질, 단백질의 일부, 점물질 등이 무수의 유에만 용해되므로 탕 또는 증기로 유를 수화시키면 침전된다.

즉 lecithin은 물이 없을 때 기름에 용해되므로 75~80℃의 온수를 1~2%혼합하여 믹서로 혼합 수화시킨 다음 원심 분리하여 제거하고 이것을 crude lecithin이라 하며 사료나 식품첨가물로 이용된다,

ⓑ 탈산(Neutralization) : 원유 중의 유리 지방산을 알칼리수용액으로 중화 제거하는 동시에 공존하는 Lecithin, 점질물, 색소 등을 제거하는 공정

- 기름에 직접 알칼리를 가하여 중화하는 방법 : 가성소오다법, 소오다회법, 암모니아법
- miscella에 알칼리를 가하여 중화하는 방법
- furural이나 액화propane을 사용하여 기름중의 유리지방산을 추출하는 방법과 기름에 glycerin을 가하여 유리지방산을 ester화는 방법

ⓒ 탈색(Decoloration) : 기름 속에 들어 있는 색소는 주로 황적색인 carotenoid계 색소는 산화되어 탈색되나 기름도 산화되므로 일반화되지 않고 있다.

- 흡착법 : 많은 양의 활성백토,산성백토 활성탄소를 넣어 색소를 흡착시킨다.
- 일광법 : 유지의 색소를 공기 중의 산소로 분해시키는 방법으로서 목납, 밀납에 많이 쓰며 자외선이 이 변화를 촉진시킨다.
- 오전(O_3) 취입법 : 팜유, 대마유의 탈색에 사용
- 산화(oxidation)법 : 채종유, 기타 동물 유지류는 Na_2O_2, MnO_2, $K_2Cr_2O_7$ 처리등으로 산화시켜 탈색시킨다.

ⓓ 탈취(Deodorization) : 유지의 냄새는 휘발성물질이므로 진공상태에서 유지에 가열증기, 이산화탄소, 수소, 질소 등을 불어넣어 휘발시켜 제거

ⓔ 동유처리법(Winterization) : 샐러드기름을 제조할 때의 공정으로 식용유를 냉각하여 고체지방을 석출, 분리하고 액체 유를 회수하는 방법이다. 이 때 회수한 기름을 winter oil이라 한다.

식용유를 냉각할 때 석출되는 기름은 melting point가 높은 glyceride이다. Wintering할 때 냉각온도에 따라 다형현상(polymophism)이 일어나서 결정의 크기가 달라진다. 급속히 냉각하면 미세하고 결정핵의 수가 많게 되어 여과하기 곤란하므로 서서히 냉각하여 결정의 알맹이를 크게 하면 여과하기가 곤란하다.

2) 경화유

(1) 경화의 원리

유지를 구성하는 지방산이 불포화산일 때는 불안정하고 일반적으로 냄새가 많이 난다. 이와 같은 불포화지방산의 불포화결합이 들어 있는 곳에 수소를 결합시켜 포화지방산을 얻을 수 있다.(촉매로는 Ni, Pt등을 사용)

(2) 마가린(Margarine) 과 숏팅(Shortening oil)

① 마가린

식물성 기름, 경화유 동물성 기름을 주원료로 하여 소금, 비타민 착색제 등을 넣어 유화시킨 것

ⓐ 구비조건

- 실온의 변화에 따라 녹거나 형태가 바뀌지 않을 것
- 차거운 것이라도 빵에 사용할 때 신장성이 우수할 것
- 입에 넣었을 때 빨리 녹아서 뒷맛이 없을 것
- 영양학적으로 우수할 것(linoleic acid와 포화지방산의 비가 큰 것)
- 향미도 버터와 유사할 것

ⓑ 제조공정

원료 → 배합 → 유화 → 급냉 → 열성 → 혼합 → 정형 → 포장 → 제품

(3) 유화제의 성질

지방은 glycerol의 OH기와 지방산의 COOH기가 결합하여 극성이 사라져서 물에 녹지 않는다.

그러나 lecithin같은 것은 양성이온으로 존재하기 때문에 한 분자 내에 극성기와 비 극성기를 가져 지방과 물 사이에 이것을 넣으면 비 극성기는 지방과 극성기는 물과 약하게 결합하여 양자의 교량 구실을 해서 계면장력이 저하되어 지방이 물속에 분산된 유탁액이 얻어진다. 이것을 유화제라 하며 protein, sterol, monoglyceride, diglyceride, 담즙산 등.

우유는 protein, 난황은 protein과 lecithin, 마요네이즈는 달걀의 protein(노른자)이 유화제가 되어 잘 유화된 식품이다.

3) 유지의 가공

유지는 지방산과 글리세롤의 에스테르 결합체로 (TG) 구성 지방산의 종류에 따라 유지의 성상(비중, 융점 등)이 달라짐

4) 유지의 물리적 성질

① 비중 : 0.91~0.99 지방산의 길이가 길수록 지방산의 불포화도가 높을수록 커짐

② 점도 : 일반적으로 높음, 구성 지방산의 탄소수가 증가할수록 증가, 저급지방산, 불포화지방산이 증가할수록 감소

③ 융점 : 고도의 불포화지방산을 함유하고 분자량이 큰 고체지방은 융점이 높음 불포화지방산이 많은 액체기름은 융점이 낮음

④ 발연점(smoking point) :

· 유지를 가열해 푸른 연기가 발생할 때의 온도, TG 분해되어 아크로레인 생성.

· 유지를 가열하여 유지 표면에 푸른 연기가 발생할 때의 온도.

· 유지를 장시간 가열하면 분해되어 나온 연기성분은 지방산, 알데히드, 케톤, 아크롤레인 등의 자극성 냄새가 유지에 침투되어 맛과 냄새를 나쁘게함

· 기름의 사용횟수가 많을수록 노출된 유지의 표면적이 넓을수록 불순물이 많을수록 발연점은 낮아짐

⑤ 인화점 : 발연점 이상 계속 가열하면 발생하는 증기가 공기와 섞여서 점화되는 온도. 발연점이 높을수록 인화성과 연소점도 높다.

⑥ 연소점 : 발화되어 계속해서 연소되는 최저온도

⑦ 굴절율 : 탄소수가 많을수록 불포화지방산 함량이 높을수록 증가하며 유지의 가열산화에 의해 굴절률이 높다. 버터처럼 저급지방산이 많은 유지의 굴절률은 잦고 불포화지방산의 함량이 높은 아마인유나 채종유는 굴절률이 높다.

5) 식용유지의 품실평가요소

① 가소성 : 물질에 압력을 가했을 때 형태가 변하여 압력을 제거한 후에도 본래의 형태로 되돌아가지 않는 성질 버터, 마가린, 쇼트닝, 라드

② 유화성 : 인지질(레시틴 등), 모노글리세리드, 디글리세리드 등은 분자 중에 친수어기와 소수성기를 가지고 있어 지방을 유화시키는 성질이 있음

③ 수중유적형(O/W 형) : 물속에 기름입자가 분산, 우유, 아이스크림, 마요네즈 등

④ 유중수적형(W/O형) : 기름속에 물이 분산, 버터, 마가린 등

6) 유지의 화학적 성질

① 산가(Acid value) : 유지 1g 중에 함유되어 잇는 유리지방산을 중화하는데 필요한 KOH mg 수. 유지의 산패도를 알아내는 방법, 유리지방산은 신선한 지방에는 적으며 산패함에 따라 증가한다.

② 비누화가(Saponification)

· 유지나 알칼리에 의해 가수분해 되는 반응을 비누화라고 하며 비누화에 의해 지방산의 알칼리 금속염 또는 비누 생성.

- 비누화가는 유지 1g을 완전히 비누화하는데 필요로 하는 KOH의 mg 수
- 저급지방산을 많이 함유한 유지할수록 검화가가 높다.

③ 요오드가(Iodine value) : 유지의 구성성분인 지방산의 불포화도를 나타내는 값으로 유지의 이중결합에는 수소나 요오드가 쉽게 첨가될 수 있다. 이때 흡수되는 유지 100g 중의 halogen의 양을 요오드의 g수로 표시한다.

- 요오드가 130이상 건성유 호두, 들깨, 잣, 아마인유
- 요오드가 100~130 반건성유 참기름 콩기름, 면실유
- 요오드가 100이하 불건성유, 땅콩기름, 올리브기름, 동물성 기름

④ 과산화물가(Peroxide value) : 유지 1Kg에 생성된 과산화물의 mg 당량 10이하면 신선한 기름 유지의 초기단계 산패도를 나타내는 값으로 유지에 KI를 반응시켰을 때 유리된 I2를 sodium thiosulfate 용액으로 적정하여 유지 1kg에 대한 mg 당량수

⑤ 아세틸가(Acetyl value) : 유지속에 존재하는 수산기를 가진 지방산의 함량, 유지에 무수초산을 첨가하면 유지속의 수산기와 반응하여 아세틸화한다. 이 아세틸화된 유지를 다시 가수분해 하여 생성된 초산을 중화하는데 필요한 KOH의 mg수

7) 유지의 산패와 자동산화

(1) 산패의 종류

① 가수분해에 의한 산패 : 물, 산, 알칼리, 효소 등에 의해 트리글리세리드가 글리세롤과 유리지방산으로 가수분해 되어 불쾌한 냄새와 맛을 형성하면서 변질된다.

- 유제품 : 수분함량이 많아 산패되기 쉬움
- 미강유, 올리브유, 어유 등 : 착유시 지방분해효소가 함께 추출되어 산패되기 쉬움

② 산화효소에 의한 산패 : 지방질의 산화를 촉진하는 효소에 의한 산패

리폭시다아제(lipoxidase), 리폭시히드로페르옥시다아제(lipoxyhydroperoxidase) 등 콩류, 곡류 등의 식물체의 산패

③ 자동산화에 의한 산패(비효소적 산패) : 유지를 장시간 상온에서 보존시 대기 중의 산소에 의해 서서히 자연발생적으로 산화가 진행 되는 것을 자동산화라 한다.

· 유지의 불포화도가 클수록 유지의 산소 흡수속도는 빠름

· 과산화물(자동산화 과정 중 생성) : 인체에 유해 알데히드와 케톤(과산화물이 분해로 생성) -악취의 원인

· 온도, 광선, 지방분해효소, 금속, 습기, 산소, 산 등에 의해 촉진

· 유지의 자동산화결과

· 종합체의 함량증가, 점도 급속히 증가, 비타민류 파괴, 필수지방산 함량 감소, 영양가 급속히 감소

④ 가열산화에 의한 산패

· 높은 온도로 가열하였을 때 발생

· 튀김 식품이나 고온요리음식의 문제로 소화율이 떨어진다.

· 유지의 가열 산화 결과

· 점도, 비중 및 굴절율이 증가되고 발연점이 저하

· 산가, 검화가, 과산화물가의 증가, 요오드가의 저하

· 자동산화의 3단계

ⓐ 개시단계(유리기 생성) : 이중결합을 가진 불포화지방산이 열, 빛, 금속 이온 등에 의해 수소원자를 잃어버려 반응성이 매우 강한 유리기(free radical)를 형성하는 단계

ⓑ 전파단계(연쇄반응 : 유리기의 연쇄적 생성)

- 유리기가 산소와 결합하여 화합물을 형성, 이중결합 근처의 또 다른 수소 원자를 제거하여 유리기를 계속 만들어낸다.
- 지방산의 대부분의 이중결합이 거의 없어질때까지 계속
- 과산화물은 분해되어 산, 알코올, 알데히드, 케톤 등이 됨(악취의 원인)

$R + O_2 \rightarrow ROO$ $\qquad$ $Roo + RH \rightarrow ROOH + R$

ⓒ 최종단계(종결, 유리기의 감소) : 전파 단계에서 생성된 중간화합물들이 서로 결합하여 새로운 물질(중합체 polymer)을 생성

$R + R \rightarrow R\text{-}R$ $\qquad$ $Roo + R \rightarrow Roor$

$2ROO \rightarrow ROOR + O_2$ $\qquad$ $2RO \rightarrow ROOR$

(2) 유지산패에 영향을 미치는 인자

① 산화촉진제

· 유지의 산화촉진에 영향을 미치는 요인

· 유지의 불포화도: 불포화도가 클수록 촉진

② 효소 : 리파아제, 리폭시다아제, 에스테라아제, 포스파라아제 등에 의해 촉진한다. 리놀레산, 리놀렌산, 아라키돈산에 작용하여 과산화물을 생성시킨다.

③ 광선 : 유리라디칼의 생성을 촉진시켜 유도기를 단축하고 과산화물의 분해를 촉진한다. 파장이 짧을수록 산화효과가 크다.

④ 온도 : 온도가 높을수록 촉진, 식품 동결시에도 촉진

⑤ 금속 : Cu, Fe, Mn, Ni, Co, Al, Zn 등은 자동산화를 촉진(촉매)

⑥ 수분 : 적당량의 수분은 억제하지만 과량의 수분은 촉진

⑦ 헤마틴 화합물 : 헤모글로빈 〈 헤민 〈 미오글로빈 〈 시토크롬 C

8) 항 산화제

① 자신이 산화하여 지방산에 수소원자를 제공하여 유지의 산화를 방지한다.

② 지방산에 수소원자를 환원물질로 제공하여 유지의 산화를 방지한다.

③ 유지의 산화를 촉진하는 금속이온을 킬레이트 하여 유지의 산화를 방지한다.

④ 산화가 상당히 진행된 유지에는 효과 없다.

(1) 항산화제의 종류와 특성

① 천연항산화제

· 토코페롤 : 천연 유지에 널리 존재

· 세사몰 : 참기름에 존재

· 고시풀 : 목화씨에 존재하나 독성으로 인해 정제시 제거된다.

· 아스코르브산 : 과일과 채소에 존재

· 레시틴, 난황 대두에 있다.

② 합성항산화제

· BHA(Butylated hydroxy Anisole)

· BHT(Butylated Hydroxy Toluene)

· 몰식자산 프로필(PG)

· 제341 부틸히드로퀴논(TBHQ)

· 에틸레디아민사초산(EDTA)

합성항산화제는 전곡, 크래커, 견과류, 감자칩, 밀가루 프리믹스 등에 첨가

③ 상승제 : 자신은 항산화력을 가지지 않지만 다른 항산화제와 병행하여 사용하면 항산화력을 증가시키는 물질로 구연산, 인산, 주석산, 사과산, 비타민 C 등이다.

④ 마가린 : 버터와 특성이 비슷하며 다가불포화지방산이 많아 녹는 점은 낮지만 퍼짐성이 좋은 연질 또는 통 마가린, 지방함량이 다른 마가린의 반 정도이고 물은 2배이상 많은 다이어트 마가린 등이 있다.

⑤ 휘핑버터와 휘핑마가린 : 스프레드에 공기를 휘핑항 만든 것으로 부피가 크고 가벼우며 단위부피당 열량이 적다. 마가린은 식용유지에 물과 첨가제를 가하여 유화시킨 후 급냉하여 숙성시켜 가소성과 유동성을 갖는 버터 유사품으로 유지성분이 80%이상, 수분함량이 17%이하이어야 한다.

마가린의 유용성 원료는 유상으로 만들고 수용성 원료는 수상으로 만든 후 이들을 유화시켜 유화액을 만든다.

9) 식물성 유지의 원료

(1) 쌀겨

① 현미 도정과정 중 부산물

② 우리나라의 중요한 제유원료의 하나

③ 쌀겨의 성분에 영향을 주는 요인

· 도정도에 따라 다르다.

· 기계적 원인으로 인한 싸라기의 혼입 등 조성이 균일치 못하다.

· 유지의 함유량에 차이가 많아 일정한 조성을 가진 유지제조가 어려움이 있다.

예) 7분 도정의 경우, 약 17-20%의 유지 함유

④ 다른 유지원료와 달이 쌀겨는 세포가 파괴되어 쌀겨 중의 lipase가 쌀겨유지에 작용하여 유지를 분해함 식용유지 제조시에는 반드시 제거해야 하므로 수율이 낮아진다.

⑤유리지방산의 생성량 도정후의 경과시간과 계절에 따라 차이가 있다.

⑥ 여름에는 30~40%, 겨울에는 10%의 유리지방산이 분해되어 유리된다.

⑦ 지방가수분해효소의 불활성화 방법 쌀겨를 바로 건조하여 lipase를 불활성화

시키는 동시에 수분을 20%정도로 적게 한다.

⑧ 쌀겨의 장점 : 많은 양을 확보하기에 유리하다, 따라서 합리적으로 처리하면 우수한 유지원료로 이용이 가능하다.

⑨ 쌀겨 추출방법 압착법과 추출법 또는 병용법으로 유지를 획득

(2) 면화씨

목화씨를 압착하여 획득 면실유 지방함량이 15~25%

(3) 유채

① 유채종자로 기름을 획득 품종에 따라 차이가 있지만 37~44%의 지방함량

② 시판 유채 1~2%의 협잡물, 미숙한 것과 충해입은 것을 제거하면 92~96%수율

③ 유채기름 획득 압착법과 추출법 또는 병용법으로 유지를 획득

(4) 참깨

① 참깨씨 흰색, 황색, 흑색, 갈색 등 여러가지 빛깔을 소유하며, 45~50%의 유지함유

② 참기름으로 제조되며, 주로 압착법을 이용함 흰색〉흑색

(5) 콩

① 단백질이 많아서 유지의 원료인 동시에 단백질의 원료로 중요

② 6~25%의 유지함유로, 평균 19%함유 - 보통 추출법으로 채유

(6) 기타

① 들깨, 고추씨, 땅콩(40~50%), 옥수수 씨눈(33~40%) 등

② 압착법으로 채유

[콩기름]

(1) 원료 및 원료의 처리

① 원료콩은 황색의 콩을 사용하며, 기름함량이 높은 것을 사용

② 협잡물을 정선하고, 수분함량이 높을 때에는 햇볕이나 화력으로 건조시킨다.

(2) 콩기름의 분리

① 건조콩을 1알이 2~4개 조각이 되도록 거칠게 부수고, 가급적 얇게 눌러서 분쇄한 후 증열한 다음 압착함 압착시에는 온도가 높은 것이 착유율이 높다.

② 압착초기 454kg의 저압으로 압착하여 80%의 기름을 얻은 후, 압착후기 1,587kg의 고압으로 압착한다.

③ 추출법을 이용할 때는 정선, 건조, 압쇄한 콩을 침출관에 넣고 용매를 가하여 40-60도에서 2~3시간 추출, 이것을 증류관에 보낸 다음 증기를 사용하여 용매를 증류한다.

(3) 콩기름의 정제

원유탱크에 며칠 동안 정치하여 침전된 협잡물을 분리하고, 탈산조에 넣어 약 40℃로 가온하면서 20 oBe'의 수산화나트륨을 가하여 중화한 다음, 정치탱크로 옮겨 넣고, 정치하여 침전을 분리시켜 청징유를 얻는다.

여기에 기름의 약 30%에 해당하는 뜨거운 물을 부어 비누분과 수용성 불순물을 제거하며, 90~120도로 가열하고, 산성백토를 넣어 정치시킨 후 여과한다.

다시 여기에 가열 증기를 6-7시간 불어 넣어 냄새를 제거한다.

[유채기름]

① 정선한 유채씨를 솥에 넣고 저으며, 약 150도에서 10분 동안 볶아서 씨앗의 겉껍질이 약간 타서 쉽게 분쇄되고, 가루가 약간 갈색을 띨 정도를 만든다.

② 볶은 씨앗을 식혀서 빻고, 빻은 씨앗을 증기로 가열하여 짠 다음, 7~10일간 정치하였다가 걸러서 원유를 얻는다.

③원유는 콩기름과 같은 방법으로 정제한다.

[쌀겨기름]

쌀겨 중 다량의 lipase함유 저장 중 유지를 분해하여 산을 생성. 바로 착유하거나, 적어도 2~3일 이내 착유하여야 한다.

(1) 압칙빕

쌀겨에는 3-6%의 싸라기, 씨눈, 왕겨 등이 들어 있으므로, 체로 치거나 풍구로 부친다음 가열건조기에 넣고 건조 압증기에 넣고 찐 다음 압착기를 사용하여, 처음에는 454kg으로 3~4분 동안, 그 다음에는 1,724kg의 고압으로 8~9분 동안 착유한다. 이 때 압착기의 압착부를 증기로 가열하면 채유율이 증가한다.

(2) 추출법

쌀겨를 체로 치고, 바람을 이용하여 싸라기, 씨눈 등을 분리한 다음, 수분을 10% 이하로 하여 추출관에 넣고 약 3시간 추출하는데, 쌀겨기름의 수율은 17.5% 정도이다.

(3) 정제

① 쌀겨기름은 식물 유지 중에서 가장 산이 많이 들어 있고, 또 밀랍을 5%정도 포함하고 있으므로 정제하기가 어렵다.

② 현재 쓰이는 것은 짜낸 쌀겨기름의 수분과 협잡물을 제거하고, 산성백토로 처리하여15℃ 이하로 식힌 다음 오랫동안 두어 밀랍을 가라앉힌 후, 위에 뜬 맑은 액만 분리하는 방법이다.

※ **목화씨 기름(cottonseed oil)**

- 제모기로 털을 없애고, 탈각기로 종핵과 껍데기를 분리한 다음, 종핵만을 압착기에 넣고 기름을 짠다.
- 짜낸 원유를 정제할 때는 원유 4%에 해당하는 6 oBe'의 수산화나트륨액을 넣고 용기의 바깥쪽에 증기를 통하게 하여 1시간 정도 데움, 이렇게 하면 흑갈색의 비누는 표면에 떠오르고, 목화씨 기름은 엷은 갈색이 되는데, 이 비누를 분리하고 물을 가하여 씻은 다음 가만히 놓아 두었다가, 수분과 불순물을 분리하여 목화씨기름을 얻는다.

11) 유지의 정제 기술

추출한 원유(crude oil)에는 대개 불순물이 함유되어 있다. 정제는 이러한 불순물을 제거하는 과정이다. 불순물에는 주로 먼지 Gum질, 단백질, 지방산, 색소, 냄새 등이다.

일반적으로 유지를 정제할 때는 다음과 같이 물리적 혹은 화학적 방법을 이용한다.

(1) 물리적 방법

유지에 들어 있는 불용해성의 불순물을 침전(settling), 여과(filtration), 원심분리(centrifuging), 응고, 흡착, 가열 등에 의하여 제거 한다.

(2) 화학적 정제법

화학적 정제법은 다음과 같은 탈검(degumming), 탈산(neutralizatin), 탈색, 탈취 방법을 가리킨다.

[유지 제조 과정]

유지는 글리세린과 지방산의 에스테르, 즉 글리세라이드를 말하며, 유지는 천연 식물의 씨앗이나 과육 속 및 동물의 모든 기관이나 조직 속에 함유되어 있으며, 이것을 채취, 정제하여 제조한다. 유지의 원료로는 식물성으로 면화씨, 낙화생, 옥수수, 콩, 올리브, 야자열매, 아미씨, 동유, 피마자 등이 있으며, 동물성으로는 돈지, 우지, 양의 그리이스, 대구의 간, 청어, 고래 등이 사용된다.

① 식물유

식물유는 압착법과 추출법에 의해서 채취한다.

ⓐ 압착법(expression process, mechanical expression) : 원료에 압력을 가하여 기름을 짜내는 방법으로서 식물성 유지의 채취에 이용된다. 압착법의 과정은 먼저 원료 중에 불순물을 분리하여 제거하고 껍질이 잇는 것은 탈각하소 파쇄와 열처리 과정을 거친 후에 압착하여 원유를 얻게 된다. 다음 그림 1은 압착법에 의한 유지 체취과정을 제시한 것이다.

ⓑ 추출법(extraction process) : 추출법은 원료에 휘발성 용제를 사용하여 유지를 추출한 후 용제를 회수함으로써 유지를 얻는 방법이다. 추출법은 먼저 원료를 정선한 후, 로울러를 통과 시켜 압연하고, 추출장치에서 용제를 사용하여 원료에 들어 잇는 기름을 추출하는 과정을 거친다. 추출법에 사용되는 용제는 주로 노말헥산이 사용되며, 이밖에도 석유 벤젠, 알코올, 염화탄소, 아세톤, 트리클로로에틸렌 등이 쓰인다. 다음 그림 2는 추출법에 의한 유지 체취과정을 제시한 것이다.

ⓒ 용출법 : 용출법에는 돼지 비계를 Pan에 가열하여 흘러나오는 기름을 채취하는 Dry rending 법과 생선의 간을 물과 함께 가열 냉각하여 떠오르는 가유를 채취하는 Wet rending법이 있다.

(a) 용해-우지, 돈지 등을 생지 용해로에 투입하여 130~140℃에서 2시간 동안 용해한다.

(b) 분리-용해로에서 취출된 용해물질을 스크린하여, 상부엔 고형분, 하부엔 원유로 분리한다.

(c) 고형분 처리-수작업으로 용기에 담아, 사료공정으로 이송한다.

(d) 정제-정제된 원유를 쇼팅유로 제품화하기 위하여 펌프에 의해 저장조로 이송한다.

※ 유지의 이화학적 정제

- 탈검(degumming) : 유지에 녹아 잇는 인지질(lecithin)을 제거하는 방법으로 75~80℃의 온수를 1~2%로혼합하여 믹서로 수화시킨 다음, 원심분리해서 제거한다.
- 탈산(neutralization) : 원유 중의 유리지방산을 알칼리 수용액(NaOH)으로 중화하여 제거하는 동시 에 공존하는 lecithin, 점질물, 색소 등도 함께 제거한다.
- 탈색(Decoloring) : 기름속에 들어있는 황적색인 carotenoid, 녹색인 chlorophyll등과 같은 색소를 제거하는 것으로 색소가 들어 있는 기름을 흡착법과 일광법 및 산화법에 의하여 제거한다. 흡착법은 활성백토(activated clay), 산성백토, 활성탄소를 넣어 색소를 흡착시킨다. 일광법은 유지의 색소를 공기중의 산소로 분해시키는 방법으로서 목납과 밀납에 많이 쓰인다. 산화법은 과산화수소, 오존, $K_2Cr_2O_7$, CaO_2 등으로 탈색시키는 방법이다.
- 탈취(deoudering) : 채취한 유지가 가지고 있는 냄새를 제거한다. 이와 같은 냄새는 대부분 휘발성 물질이므로 진공상태에서 유지에 가열증기, 일산화탄소, 수소, 질소 등을 불어넣어 휘발시켜 제거한다.

② 경화유 제조

유지를 구성하는 지방산이 불포화 지방산일 때는 불안정하고 일반적으로 냄새가 많이 난다.

이와 같은 불포화 지방산의 불포화결합이 들어 있는 곳에 수소를 결합시켜 포화 지방산을 얻을 수 있다. 이 원리를 이용하여 기름에 수소를 결합시켜 경화유(hardened oil)를 얻을 수 있다. 수소첨가는 촉매 의 존재 하에 반응시키고 촉매로서는 니켈, 백금 등이다.

경화유를 제조하는 공정은 먼저 NaOH로 원료를 탈산한 후 산성백토로 탈색하고, 물을 전기분해 하여 생성시킨 수소를 첨가한다.

경화유를 만드는 경화관은 여러 가지 형이 있으며, 그 구조는 2중 벽으로 된 탱크로서, 한쪽에서 수소를 불어넣고, 다른 쪽으로는 촉매(기름의 1~2%)와 원료유를 혼합한 것을 넣어 주게 되어 있고, 교반장치가 붙어 있다.

· 마가린과 쇼트닝은 식물성 기름을 주원료로 하면서도 상온에서 고체 상태로 존재해, 보관과 운반이 편리하다.

· 맛도 애초의 버터나 라드와 비교해 유사하다.

· 대량생산으로 가격도 저렴하다.

· 무엇보다 가공식품의 모양을 내는 데 필수적이다. 부드럽고 고소하고 예쁜 과자와 빵과 케이크는 이들의 도움 없이는 만들기 어렵다.

· 불포화지방산은 상온에서 액체 상태이므로 대량생산해서 가공식품의 원료로 사용하기에는 불편함이 많다.

그래서 불포화지방산에 수소를 강제적으로 첨가해 굳힌 마가린과 쇼트닝이 등장했다. 고온 · 고압 조건에서 중금속 촉매를 사용해 수소가스를 불어넣는 것이 수소첨가반응이다. 이렇게 만들어진 기름을 통칭해 ‘경화유’ 라고 부른다.

· 쇼트닝은 반고형성으로 쉽게 변질되지 않고 엎질러질 염려도 없다.

· 포장하기도 다루기도 좋다. 잘 녹아 빵에 바르기도 쉽다.

· 제조공정마가린 제조용 유지를 30℃ 이상 가열 용해 시킨 후, 유지 용해성 재료를 이곳에 첨가한다. 이 유지 용해성 첨가제로는 유화제(레시틴.모노글리세리드, 혹은 디글리세리드), 비타민, 풍미제 및 착색제이다. 수용액상에 이와 별도로 준비한다. 준비된 수용액상은 저온 살균한 후 냉각한다. 수용성 첨가물(식염 및 보존료 등)은 보통 이때 첨가한다. 이 유지상과 수용액상은 유화탱크에서 혼합되어 유화상태로 된 후, 급냉 장치로 옮겨져 고체화 과정을 거치게 된다.

26. 식육(食肉) 과 식육가공(食肉加工)

① 식육 : 식용을 목적으로 생산한 짐승의 지육, 정육, 내장 및 기타

② 지육 : 머리, 꼬리, 다리 및 내장 등을 제거한 도체

③ 정육 : 지육으로부터 뼈를 분리한 고기

④ 내장 : 식용을 목적으로 처리된 간, 폐, 심장, 위장, 췌장, 비장, 콩팥, 창자

⑤ 기타 : 식용을 목적으로 도살된 짐승으로부터 채취 생산된 짐승의 머리, 꼬리, 다리 뼈, 껍질, 혈액 등 식용이 가능한 부위

멸균 식육제품 : 가열 처리 등의 방법으로 제조 가공 기준에 적합하게 살균하여 상업적으로 멸균처리 된 제품

1) 식육가공

(1) 햄(HAM)

돼지고기의 대표적인 가공품으로 돼지의 넓적다리 고기를 원료로 하여 소금, 설탕, 초석, 향신료 등의 혼합액으로 간을 맞추고, 연기를 쐬어 만든 것이다.

① 종류

ⓐ 골부햄(regular ham) : 뼈를 빼지 않고 만든 것으로 원료를 지육해서 자르는 방법에 따라 long-cut형과 short-cut형으로 나누며 이 햄은 훈연만을 행하고 가열처리를 하지 않는 것이 보통이나 가열처리를 하는 경우도 많다.

ⓑ 골발햄(boneless ham) : 원료육에서 뼈를 빼고 염지를 하여 케이싱에 충전하거나rolling하여 훈연하고 가열처리 한 것.

ⓒ 등심햄(loin rolled ham) : 로인 부위의 원료를 정형하여 염지하고 케이싱에 충전하거나 로울링하여 훈연가열처리 한 것.

ⓓ lachs ham : 로인 햄에 속하지 않는 소형의 햄을 말한다.

② 제조공정

ⓐ 원료육의 절단(cutting)과 정형(trimming) : 햄 제조용 고기는 육질이 충실하고 섬세하며 담홍색을 띠며 냄새가 나거나 고기에 반점이 있는 것은 원료 육으로 나쁘다. Regular햄은 돼지의 볼기살을 뼈가 들은채로 지육 을 자른 것이고 bonless햄은 regular 햄의 원료육에서 뼈를 제거한 제품

ⓑ 피빼기(presalting) : 가축을 도살할 때 방혈이 불충분하면 고기는 부패하기 쉽고 불쾌한 냄새가 난다. 원료 육에 대해 소금 2~3%, 질산염 1~0.2%, 아질산염 0.01%~0.02%의 혼합 염을 원료육 표면에 잘 비벼서 2~4도의 경사진 작업대 위에 1~2일 두면 유리즙이 잘 배출된다.

이 작업 효과는

- 육색의 선홍색 유지
- 고기의 결착력과 보수력을 증가
- 방부성 증가
- 혈액 및 불쾌한 물질 유출로 다공질 조직 형성으로 훈연하며 조미시 성분 침입이 용이하여 원료육의 가공적성을 증가

③ 염지(curing process) : 식품 가공 시 원료 육에 식염, 질산염, 아질산염, 향신료, 설탕 및 조미료를 넣어서 처리하는 것으로 육제품의 저장성을 높이며 고기를 숙성시켜 육제품의 품질 즉 풍미, 색(cured meat color), 보수성, 조직 등을 좋게 하기 위해 여러 방법이 사용된다.

ⓐ 건염법(dry curing) : 원료 육 무게에 대해 소금 6~8%, 설탕 3~5%, 질산염 0.15~0.25%(아질산염 0.015%)로 배합하여 원료육의 표면에 균등하게 비빈다.

그 밖에 향신료 및 조미료를 소량 가한다. 원료 육은 염지조에 퇴적하여 밑바닥에 염지 제를 뿌리고 원료육을 육면이 서로 포개지도록 쌓아 위쪽은 지방 층이 되도록 한다. 염지기간은 원료육 1kg에 대해 4~5일정도 걸린다.

ⓑ 습염법(wet curing) : 기후나 기호에 따라 다르나 소금량은 약 20% 전후의 염지액으로 사용하는 데 염지액은 염지제를 물에 끓인 다음 여과 냉각시킨다.

물100에 대해 식염 15~25%, 질산칼륨 0.1~0.5%, 아질산염 0.05~0.08%, 설탕 0.5~7.0%, 향신료 0.3~1.0%를 첨가한다. 식염농도는 여름철에 보통 15~17℃, 겨울철 10~15℃로 하며 염지액은 3~4℃ 냉장고에서 2~3일 숙성 후 사용하며 특수한 경우는 포도주, 블랜디 또는 위스키도 첨가한다. 염지기간은 원료육 1kg에 대해 5일을 기준으로 무게에 따라 20일~60일 한다. 염지액의 온도는 2℃ 전후, 염지실 온도는 5℃이상이 되면 실패되기 쉽다.

ⓒ 염지촉진법 : 공기 덩어리가 큰 경우 염지시간이 길므로 경영상 또는 육괴 내부가 변질되기 쉽고 부패될 염려가 있을 때 염지 주사법 사용된다.

④ 수침(soaking) : 염지를 끝낸 육편은 고기 표면에 붙어 있는 염분이나 고기 속에 침투한 과잉의 염분을 추출하여 제품 중의 염분을 직당하게 하기 위하여 물에 담그어서 소금기를 뺀다. 물에 담그는 시간은 고기의 양에 따라 다르나 1Kg에 1~2시간 범위로 한다. 염지한 고기는 맑은 물을 육량의 10배의 5~10℃의 차고 맑은 물을 사용해서 담근다.

⑤ 뼈빼기와 정형(dressing) : regular햄은 다리 끝에 굵은 노끈으로 단단히 묶은 다음 고리를 지어 매어달 수 있게 하고 표면을 마포나 광목천으로 가볍게 싼다. 이 밖에도 면사 그물로 만든 훈연 주머니에 넣기도 한다. Boneless햄은 먼저 뼈빼기 부터 한다. 그러나 염지전에 뼈빼기를 하는 경우가 많다. 면포로 수분을 닦은 다음 정형을 한다.

⑥ 건조(drying) : 원료육의 표면에 묻어 있는 일정한 수분을 증발시키면 세포의 수분제거로 다공질이 되어 연기성분이 고기에 스며드는 효과가 있어 우수한 제품을 만든다. regular햄은 훈연실에서 30℃의 온도로 2~3일 건조(boneless 햄은 50~60℃에서 1~2시간)

⑦ 훈연(smoking) : 육제품에 특유한 flavor를 부여하고, 저장성을 향상시키며, 다갈색의 생성으로 외관을 개선, 지방의 산화 억제, 고기육의 연화를 가져 온다.

ⓐ 냉훈법 : 15~30℃에서 1주일(regular ham)소요되어 중량감소가 크나 장기 저장이 가능하다.

ⓑ 온훈법 : 30~50℃의 온도에서 훈연하는 것으로 냉훈법보다 저장성은 좋지 못하나 맛이 좋은 제품을 얻는다.

ⓒ 열훈법 : 50~60℃에서 하는 것으로 표면층의 단백질 응고로 탄력성이 좋다.

regular햄은 60℃에서 5~6시간, boneless 햄은 60℃에서 3~4시간에 완료되며 단시간에 행하는 것이 좋다.

⑧ 가열처리(boiling) : 가열은 살균과 저장성의 증대와 제품의 texture, flavor의 개선을 가져오며 고기의 중심부가 62~65℃되도록 30분간 살균한다. 온도가 75℃이상 고온이면 육중의 지방이 용출하므로 주의하여야 한다.

⑨ 냉각과 포장: 가열처리가 끝나면 물에 담가 냉각시킨후 냉장고로 옮긴다.

냉각한 제품은 내수성, 내유성의 비투과성으로 수축성아 강한 polyvinylidene chloride를 재료로 진공포장

(2) 베이컨(Bacon)의 제조

돼지 복부의 지방이 많은 고기를 소금에 건염지하여 절단한 다음 bacon pin에 꽂아 33~38℃로 10시간 건조시킨다. 훈연은 햄보다 오래 하며 온도를 낮게 하여 25~30℃에서 2~3일 한다. 훈연이 끝나면 물에 찌지 않고 곧 포장해서 제품으로 한다. 햄보다 지방이 많아 품질이 떨어진다.

① 제조공정

고기 → 정형 → 염지 → 물에 침지 → 베이컨 핀 뽑기 → 건조 → 훈연 → 포장 → 제품

(3) Press ham의 제조

외관조직은 햄에 가까우나 제법은 소시지와 비슷하며 원료는 돼지고기 외에 소고기, 고래 고기, 양고기, 토끼고기 등을 쓴다. 이들 고기를 사각형(3cm)으로 절단하여 염지한후 여기에 소금 100, 질산나트륨 5, 설탕 10의 비율로 섞은 혼합물을 각 원료 고기의 3%만큼 가하여 혼합하고 2~3℃에서 3~4일 냉장한다.

냉장 후 향신료를 가하고 고기가 결착되도록 corn starch나 밀가루 등을 1~2%섞어 cellophane casing에 충전한다. 훈연실의 30℃에서 2~3시간 건조 후 55~60℃에서 4~5시간 훈연한다. 열처리는 70~75℃의 물에 담그어 중심부의 온도가 65℃로 된 다음 30분간 가열, 냉각, 냉장한다.

원료육 → 세절 → 소금절임 (2~3℃, 3~4일간) → 부원료 첨가 → 혼합 → casing 건조훈연 (30℃, 2~3시간, 56~60℃, 4~5시간) → 열탕처리 (70~75℃, 30분간) → 냉각 → press ham

(4) Sausage류

소시지는 각종 고기(돼지고기 양고기, 쇠고기, 고래고기)를 갈아 조미한 것을 장속에 넣든지 또는 비닐에 넣어 훈제한 것인데 햄, 베이컨 등을 제조할 때 생기는 나머지 고기의 이용을 목적으로 고안된 육제품이다.

① 소시지의 종류

더메스틱(Domestic) 소시지(수분을 50% 이상 함유)	
생 소시지 (Fresh Sausage)	거칠게 갈은 고기에 조미료, 향신료를 첨가하여 혼합한 것을 처리된 돈 · 양의 소장에 충진한 것
훈연 소시지 (Smoked Sausage)	조미, 세절한 것을 통기성 케이싱에 충전한 후에 향이 나도록 훈연하여 더운물에 삶은 것
쿡트 소시지 (Cooked Sausage)	간, 혈액, 혀 등을 원료로 하여 통기성이나 비통기성 케이싱에 충전하여 더운물에 삶아 가공한 것
드라이 소시지(수분을 25~35%로 조절)	
살라미 소시지(대표적) (Salami Sausage)	쇠고기, 돼지고기, 돼지기름과 조미료를 조합해 케이싱에 채워 3개월 정도 천천히 건조시킨 뒤, 출연하는 것으로 스모크 살라미라고도 한다.
모타델라(Mortadella)	단기간의 건조로 반건조 상태로 된 것을 더운물에 삶은 것으로 수분이 남아있어 부드럽다.
세르브렛(Cervelat)	일반 살라미 소시지보다 지방이나 식육입자가 미세
스모크 살라미	살라미 소시지를 훈연 시킨 것

② 소시지의 제조

소시지는 고기를 갈아서 사용하기 때문에 원료고기의 결착력이 중요하며 결착력은 지방이 적고 신선한 적육이 크다. 또 고기의 온도가 상승하면 결착력이 저하되므로 가공 중에는 고기를 저온으로 보존할 필요가 있다. 원료고기는 건염법에 의해 염지시킨다. 그 후 육만기(meat chopper)로 고기를 다지고 silent cutter로 다시 가늘게 절단하여 연합시킨다. 이 도중에 부재료, 조미료, 향신료 등을 가하고 어어 케이싱(양, 돼지의 창자, 셀로판, 염화비닐 등)에 충전기(stuffer)로 충전하여 훈연실에서 약 1시간 건조한 후 50℃전후에서 1~3시간 훈연한다. 훈연이 끝난 것은 곧 물로 찐다(70℃, 30분~1시간). 이것을 냉수에 넣어서 냉각한 후 냉장고에 보존한다.

· 케이싱(casing) : 가공한 고기를 담는 자루를 casing이라 하고 옛날에는 소, 돼지, 양 등 동물의 창자를 이용하였으나 최근에는 cellophane paper, collagen등으로 casing을 만들고 ham presser로서 고기를 충전하고 있다.

2) 식육 제조공정

① 사후경직

도살직후의 고기는 부드럽고 탄성이 크며 보수력이 높다. 하지만 일정시간이 지나면 굳어지고 장력이 발생하여 보수력이 저하되고 질겨서 가열하여도 먹기에 적합하지 않은 상태를 말한다.

사후경직은 근육 내 에너지 대사와 밀접한 관련이 있다. 동물의 사후 호흡이 정지됨에 따라 TCA회로에 의한 ATP 공급이 중단되고 미오신 ATPase(myosin ATPase)에 의해 분해되기 시작하며 글리코겐의 분해로 젖산이 생성된다. ATP 농도가 어느 한계 이하로 저하되면 액틴과 미오신은 서서히 결합하여 액토미오신이 되면서 사후경직이 시작된다. ATP 농도가 더욱 낮아지고 젖산에 의해 pH가 계속 저하되어 최종 pH에 도달하게 되면 액틴과 미오신간의 불가역적 상호결합이 많아져 근육은 강력한 장력을 발생시키며 최대경직기에 이른다. 최대경직 시간은 동물의 종류, 나이 영양상태, 도살 시의 흥분상태 온도 등에 따라 달라진다. 온도가 높으면 사후경직은 빠르고 온도가 낮으면 사후경직도 늦어진다. 어류는 1~4시간, 닭고기는 6~12시간, 쇠고기는 24~48시간, 돼지고기는 70시간 뒤에 최대 경직에 이른다, 경직중의 고기는 가열하여도 부드럽지 못하고 가공시에도 육단백질의 수화력이 감소하여 결착성이 나빠지므로 좋은 제품을 얻을 수 없다.

② 경직해제와 숙성

경직기를 지난 근육은 다시 연해지고 아미노태질소가 증가하므로 풍미가 좋아진다. 그러므로 식육을 이용할 경우 근육의 경직 상태를 해제시킬 필요가 있는데 이를 숙성이라 한다. 숙성은 근육자체가 가지고 있는 효소가 단백질을 분해시켜 근육을 부드럽게 하는 것이므로 자가소화라고 한다.

(1) 햄 제조법

햄의 제조법은 햄의 종류에 관계없이 대개 같다.

① 필요한 부분의 돼지고기를 적당한 크기로 모양을 다듬는다.

② 혈액 · 액즙 등 부패의 원인이 되는 것을 제거하기 위하여 육량의 2~4%의 소금과 질산칼륨을 고기 표면 전체에 문질러서 약 5일간 5℃가량의 한랭한 장소에 쌓아둔다.

③ 소금에 절이는데 그 방법에 염수법과 건염법이 있다.

ⓐ 염수 법 : 주로 본레스 햄이나 로스트햄에 쓰이는 방법으로 아질산 및 질산의 나트륨 또는 칼륨염과 같은 발색제와 설탕 등을 가한 소금물에 담그는 것

ⓑ 건염법 : 프레스 햄 등에 주로 쓰이는데, 발색제를 가한 소금을 직접 뿌리는 방법

④ 소금에 절인 고기는 본레스햄이나 로스트햄의 경우는 면포로 싸고 면사로 묶어서 원통형의 금속제 망에 넣어서 훈연한다. 프레스햄 용의 고기는 잘게 갈아서 조미료, 식품첨가물, 향신료, 녹말 등을 섞어서 반죽한다.

⑤ 이것을 케이싱(소 창자나 셀로판)에 넣고 그 양 끝을 묶은 후 끈으로 감아서 훈연한다. 훈연은 벚나무나 참나무 같은 단단하고 수지분이 적은 나무를 불완전 연소시켜서, 그 연기를 쐬는 것이다. 최근 많이 쓰이는 인공 케이싱은 연기를 통하지 않고, 미리 연기의 엑스를 섞어 훈연을 생략하는 경우가 많다.

⑥ 훈연 후 70℃에서 2~3시간 가열하여 고기 속의 유해미생물을 없앤 후, 냉각시켜서 끈을 다시 매면 제품이 된다.

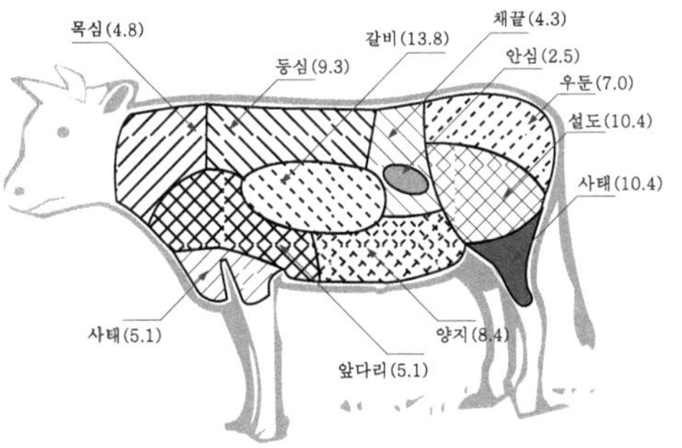

로스구이 · 스테이크 : 안심, 등심, 채끝　　불고기 : 우둔, 설도
국거리 : 양지 , 사태　　갈비구이 : 목심, 앞다리, 갈비

【그림】 소의 부위별 명칭

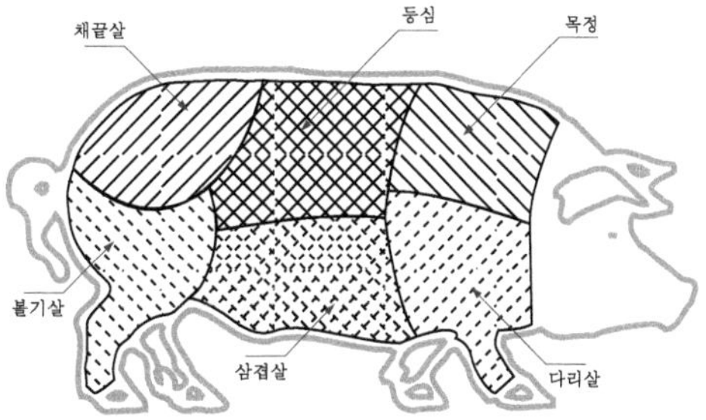

베이컨을 따내는 부위(짙은색 부분).
다른 부위는 햄용이다. 숄더는 숄더햄, 등심은 로스트햄, 롱컷과 쇼트컷은 뼈가 붙은 햄 또는 뼈가 없는 햄으로 이용한다.

【그림】 돼지의 부위별 명칭

· 성분과 영양

햄의 주성분은 단백질과 지질로, 육류식품의 전형적인 것이고, 그 단백질은 필수 아미노산을 골고루 함유하고 있는 우수한 단백질이므로 영양가가 높다. 지방도 순백양질의 것이어서, 식용으로서의 용도가 넓다. 그러나 비타민류의 함유량은 적다. 햄을 선택하는 기준으로는 제품에 기재된 중량 · 제조연월일 · 사용첨가물 등을 확인해야 하며, 10℃이하 의 냉장케이스에 들어 있는 것이 바람직하다.

손가락으로 눌러 탄력이 있는 것이 좋고, 표면에 곰팡이나 점액이 붙어있지 않는 것이어야 한다. 보존료가 사용되지만, 보존성은 과히 좋지 않다. 그러나 통째로 냉장고에 보관하면 한 달쯤은 견딘다. 얇게 썰어놓은 것은 보존이 짧다.

냉채 · 오르되브르 · 샌드위치 등 날로 먹는 데는 로스트햄 · 락스햄 · 프레스햄이 적당하다. 바베큐에는 두껍게 썬 로스트햄이나 프레스햄이 좋다.

또 본레스햄은 두껍게 썰어서 햄스테이크를 만들기도 한다. 프레스햄은 감미료나 조미료를 많이 사용했기 때문에 볶거나 끓이는 요리에는 음식 전체에 단맛이나 그 밖의 맛이 옮아가는 경우가 있으므로 주의해야 한다.

레귤러 햄	레귤러 햄은 돼지의 뒷다리 뼈를 그대로 둔채 정형하고 염지 및 훈연한 것을 말한다. 원료육의 정형방법에 따라 롱컷 스타일과 쇼트컷 스타일이 있고, 박피한 것과 박피하지 않은 것이 있다. 일반적으로 장기간 염지하여 훈연처리만 하는 것이 보통이나 국내에 시판되고 있는 것은 훈연 후 가열처리를 하는 것이 대부분이다.
본레스 햄	본레스 햄은 돼지의 뒷다리를 정형하여 골발하고 염지한 후 케이싱에 포장 하거나 로울링하여 훈연, 가열한 제품이다. 이 밖에 본레스햄과 같은 방법으로 가공한 로스트햄(등심살), 숄더햄(어깨살), 벨리햄(삼겹살), 그리고 여러가지 고기 부스러기를 모아서 만든 락스햄 등이 있다. 프레스햄은 일본에서 만들기 시작한 독특한 제품으로, 돼지고기 외에 쇠고기, 양고기, 토끼고기, 닭고기 등을 섞어서 만든 것이다. 그리고 본레스 햄의 경우 훈연하지 않고 가열 방법만으로 만든 것을 보일드 햄이라고 한다.

(2) 소세지

① 기원

어원은 라틴어의 염장(salsus)이라는 설과, 암돼지(sau)와 양념(sage)의 합성어라는 설이 있다. 소시지는 햄이나 말린고기보다도 가공도가 높은 식품으로 BC 9세기경에 쓴 호메로스(오디세이)에 병사들이 고기 반죽을 창자에 채워 먹었다는 기록이 가장 오래된 명확한 기록이다.

4세기경에는 일반서민이 이와 같이 맛있는 것을 먹는다는 것이 사치로 여겨 금지령을 내리기도 했으며 십자군 전쟁에 출정한 병사들 가운데 보석이나 직물과 함께 소시지를 가지고 간 것으로도 되어있다.

일반화된 것을 1300년 무렵 유럽에서이고 현재는 대표적인 고기 가공품으로 일컬어진다.

② 만드는 방법

ⓐ 원료고기는 주로 돼지고기로 사용하지만, 쇠고기, 양고기 외에 간, 선지등도 이용하며 부재료(치즈, 그린피스, 피망, 달걀, 우유)를 사용하기도 한다.

원료고기를 3~4cm로 모나게 썰어 소금과, 질산염 및 아질산염(발색제)를 첨가하여 하루동안 큐어링 한다.

ⓑ 이것을 갈아 조미료나 부재료를 가해 케이싱에 넣어 삶거나 훈연, 건조 등의 가공을 한다.

③ 영양

단백질은 13~14%(살라미 소시지등 드라이소시지는 15~25%)이며 햄에 비해 지방이 많이 사용되므로 고에너지 식품이다.

종류에 따라 원재료가 다르므로 영양가도 차이가 있는데 염분은 살라미 소시지가 4%에 가깝고 비엔나 소시지는 2~3%이다.

발효소세지의 저항성은 다른 유해 미생물의 혼입과 생육이 저해됨으로서 유지되는데 이것은 순차적인 요인들, 즉 유해미생물의 생장에 영향을 미치는 연속적인 huddle의 작용에 의해 실온에서도 미생물학적인 안전성이 보장된다.

· Huddle effect

· Preservatives : 첫번째 huddle. Nitrate나 nitrite 같은 보존료.

· 경쟁미생물 : 내부에 혐기적인 조건 형성

· pH : 젖산균의 왕성한 증식

· 수분활성도 : 지속적인 건조과정

· 콘드비프(Corned Beef) : 고기류 통조림 중 세계적으로 많이 소비되는 것으로 쇠고를 소금에 절인 후 삶아 롤러로 으깨고 힘줄 섬유를 제거한 다음 조미료, 향신료, 지방 등을 혼합하여 통에 넣고 살균한 제품

· 육포 : 조미한 원료육을 건조 한 것

· 가금육의 가공 : 닭을 도살 → 피클법 으로 염지 → 훈연 → 70℃에서 1시간 삶아 건조

27. 계란(鷄卵) 가공

1) 계란의 성질

(1) 유화성

① 난황과 난백 모두 가지고 있으나 난황의 유화성이 난백에 비해 매우 크다.

② 난황의 유화성 이용 마요네즈

③ 난백의 유화성 이용 salad dressing 제조

(2) 거품성

① 주로 난백단백질에 의해 일어나며 기포성 및 거품 안정성도 매우 크다.

② 온도가 높으면 기포성은 커지지만 생성된 거품의 안정성은 감소된다.

③ 설탕 등을 가하여 점도를 증가시키면 기포성은 감소하나 안정성은 증가한다.

(3) 응고성

난백은 60C 전후, 난황은 65C 전후에서 응고가 시작된다.

2) 계란의 성분

① 수분 : 달걀 내용물의 약 75%가 수분. 난백 85%, 난황 50%.

② 단백질 : 난백 Ovalbumin, conalbumin, ovomucoid, … 난황 인단백질

③ 지방 : 중성지방, 인지방, 스테롤. 난황에 99%

④ 탄수화물 : 극히 소량. 포도당, 만노즈, 갈락토즈

⑤ 무기질 : 난각에 무기성분의 대부분

⑥ 비타민 : A, B1, B2, D, E. 주로 난황

3) 계란의 검사

① 선도검사 - 달걀의 질과 신선도 검사.

ⓐ 외관법 껍데기의 표면이 거칠고 선명해야 신선한 것. 광택이나 기름기가 있으면 부패된 것.

ⓑ 흔들어보기 흔들어서 내용물이 움직이지 않아야 신선하다.

ⓒ 설감법 달걀의 양 끝에 혀를 대보아 기실부가 따뜻하고 다른 끝이 차면 신선.

ⓓ 비중법 신선한 달걀의 비중은 1.08-1.09. 1.02 이하면 부패한 것.

ⓔ 투시법 알껍데기는 광선 투과성이 있으므로 기실의 크기 및 난백, 난황의 유동성 조사.

② 난질검사 : 크기, 모양, 청결도, 균일성 측정

ⓐ 외부검사 : 크기, 무게, 모양(4:3 의 타원형), 난각의 두께, 건전도, 청결도…

ⓑ 내부검사 : 기실보기, 깨어보기(깨어서 유리판에 놓았을 때 흩어지는 정도, 노른자의 높이…)

- 건조란 : 전란분, 난황분, 난백분이 있다. : 전란분은 신선란 또는 냉동란을 분무건조하거나 피막건조한 것으로 물을 가해 용해시켰을 때 풍미, 용해도 영양가치가 신선란과 같아야 한다. 전란분의 포립성은 신선란을 원료로 한 것보다 냉동상태에서 분무건조한 것이 좋다. 난분은 저장중에 갈변할 우려가 있으므로 갈변의 원인물질을 난백중의 당을 제거하는 것이 좋다. 유산균과 같은 미생물에 의한 발효와 글루코스 옥시다제와 같은 효소에 의해 당을 제거할 수 있다. 아이스크림, 쿠키, 케이크 등에 사용
- 동결란 : 달갈 껍질을 벗겨 동결한 것으로 저장성이 높다. 폴리에틸렌 봉지에 껍질을 깐 알을 넣고 -20~-30도로 동결하여 -50도에서 저장한다. 해동하면 유동성을 잃고 겔 모양으로 굳기 쉬우므로 동결 시 소금이나 설탕을 첨가하면 억제

- 피단 : 알 중에 알칼리를 침투시켜 내용물을 응고 숙성시킨 조미달걀로 중국에서 만들어지는 가공품이다. 탄산소다, 초목회, 소금, 생석회 및 물을 혼합하여 반죽한 것을 알껍질 표면에 1cm 두께로 일정하게 바른다. 그 후 항아리에 담아 냉소에서 3~4개월 발효시키면 알칼리가 알속으로 침투하여 난백을 응고시키고 투명한 적갈색을 띤다.

28. 우유(牛乳)의 과학 과 가공

1) 우유의 정의

우유의 지방은 구상으로 유탁액의 상태로 존재하여 있고 풍미에 깊은 관계를 가지고 있다. 유지방은 모든 유지가운데 가장 풍미가 좋고 다른 지방에서 모방되지 않는 특징을 갖고 있다. 버터, 치즈, 아이스크림 등의 유제품이 현재도 아직 다른 모조품 또는 유사품이 따를 수 없는 풍미와 그 맛은 실로 유지방에 그 원인이 있는 것이다.

지방구(fat globule)는 보통 0.1~10μ의 크기로서 평균 3~5μ이며 유탁질의 형으로 존재하고 있고 정치해 두면 cream층이 된다. 이것을 막기 위해 시유(market milk)의 제조 시 균질(homogenigation)이라는 처리를 한다. 일반적으로 지방함량이 많은 품종은 적은 품종보다 지방구가 크다. 지방구는 외측에 지방구막단백질이 있고 이 단백질에 포함되어 있는 유탁질의 상태를 만들고 있다.

유지방은 glycerine과 지방산(fatty acid)의 ester로서 triglyceride라 불리는 혼합물이며 다른 동물의 지방과 다르고 불포화지방산(unsaturated fatty acid)이 적고 분자량이 적은 저급지방산이 비교적 많이 함유하고 있으며 특히 butyric acid를 함유하고 있는 것이 특징이다. 유지방에는 휘발성 지방산이 12~17%정도 존재하고 있으며 그 중에서도 butyric acid가 가장 휘발성이 강하고 버터의 특징적 풍미를 이루고 있다. 우유 중에는 지방분해효소가 존재하고 가수분해에 의해 용이하게 불쾌치를 발생한다. 이것을 산패취(rancid flavor)라고 한다. 또한 유지방은 공기 중의 산소, 광선, 열 및 금속의 접촉 등에 의해 화학적 변화를 받으며 전지분유등에 발생하기 쉽다. 이것을 지방산화취(oxidized flavor, tallowy flavor)라 한다. 우유 중에 존재하는 인지질(phospholipid)은 주로 lecithin, cepharin이지만 sphingomyelin도 미량으로 존재한다. Lecithin은 주로 지방구 막을 구성하고 있는 lipoprotein중에 있고 가수분해되면 choline, 지방산, glycerin 및 인산을 생성한다. 우유 중의 sterol은 거의 cholesterol이며 이외 ergosterol도 존재한다.

(1) 카제인(Casein)

우유 중에 약 3.0~4.0%의 단백질이 함유되어 있고 그 중에 casein이 약 80% whey protein이 약 20%정도이다. Casein은 탈지유(skim milk)를 초산 또는 염산으로 pH 4.6으로 조정함에 따라 침전하는 단백질이고 casein을 제거한 나머지 단백질을 whey protein 또는 유청 단백질이라고 한다.

Casein은 우유 중에 calcium, 인산, 소량의 magnesium 및 구연산과 결합한 직경 40~280㎛의 작은 colloid micelle로서 분산되어 있다. Casein은 동물의 乳線만으로 만들어지는 독특한 단백질이다. Casein은 1939년 Mellander에 의한 전기영동법에 의해 α, β, γ casein으로 밝혀졌으며 다시금 오늘 날에는 αs1-casein, αs2-casein, β-casein 및 γ-casein으로 분리 되었다. Casein 중의 amino acid의 조성은 glutamic acid가 전체의 20~22%를 차지하고 있으며 cystein, triphotophan이 적은 것이 특징이다. 이것은 母乳에 있어서도 같은 경향이다. Casein은 식품 영양학적으로 우수한 단백질이지만 공업적으로 널리 이용되고 있다. 예를 들면 인조섬유장식품 및 종이의 코팅재료 등이다.

(2) 유청(Whey) 단백질

α-lactalbumin, β-lactoglobulin, serum-albumin 및 immunoglobulin으로 구성되어 있다. α -lactalbumin, β -lactoglobumin 및 serum-albumin은 각각 whey 단백질의 12%, 60% 및 5%정도 차지하고 있으며, 면역 단백질인 immunoglobulin은 상유중에서도 기껏 0.1%정도에 지나지 않지만 초유(colostrum) 중에는 15%이상 함유되어 있으며 이것에 의해 새끼소는 어미소로 부터 면역성을 받으므로 중요한 단백질이라 할 수 있다. 한편 α -lactalbumin은 생물학적기능을 갖고 있으며 유당을 합성하는데 관여하는 효소의 일부분으로 알려져 주목을 받고 있으며 β -lactoglobulin은 SH기를 가지고 있고 우유의 가열취(cooked flavor)의 원인이 되며 또한 allergy 문제와도 관련성이 있는 것으로 알려지고 있다. Serum-albumin은 혈액으로 부터 젖샘을 경유하여 우유에 이행되고 있으며 유방염유나 이상유에서는 이 성분이 증대된다.

우유의 탄수화물의 주성분은 유당(lactose)으로서 약 4.1~5.0%함유되어 있고 그 외에 미량으로 glucose(0.07%), galactose(0.02%), oligosaccharide(0.004%) 등이 존재한다. 유당은 유즙에만 볼 수 있는 특유의 물질로서 유선에서 합성되어 진다. 유당은 유우의 품종이나 개체에 따라 차이가 있지만 가장 민감하게 영향을 미치는 것은 유방의 건강상태이다. 유방염은 우유의 유당함량을 현저하게 억제시켜 무기질을 증가시킨다.

유당은 유아에게 대단히 중요하고 유아의 장내에 생존하는 유산균의 탄소원으로 이용되어 짐으로 간접적으로 다른 세균의 활성화를 억제하는 역할을 하고 있다. 우유의 단맛은 모든 유당에 의한 것이지만 그 단맛은 설탕의 1/5에 해당되며 유산균 발효에 의해 발효유제품 제조에 중요한 역할을 한다.

(3) 무기질

우유에는 약 0.7%의 무기염류가 있고 그 중에는 우유 중의 calcium, phosphorus는 영양상 중요 할 뿐만 아니라 casein의 이화학적 성상에 커다란 영향을 미친다. 또한 미량원소이긴 하지만 Fe, Cu는 지방의 산화를 촉진시켜 우유의 불쾌치를 생기게 하는 하나의 원인이 된다. 이들 염류는 품종에 따라 다르고 Jersey유는 Holstein유보다 일반적으로 함량이 높다. 그 외에 사료, 계절, 미생물에 따라 영향을 받는다. 세균에 의해 오염을 받은 유방의 우유는 함량이 증대되어 보통의 2~3배까지 도달하며 Na도 함께 증대되지만 K는 반대로 감소하는 것으로 알려져 있다.

우유 중에는 이외에도 여러 가지 많은 종류의 원소가 미량이나마 존재한다. 이것들은 우유자체외에 외부로 부터 혼입도 있으며 Cu, Fe, Ni, Zn 등은 금속제의 기구나 기계가 주로 혼입원으로 되고 있다.

(4) 비타민류

① 지용성비타민

지용성비타민에는 비타민 A, D, E, K가 있으며 비타민 A는 그 자체 외에 carotene에 의한 것이다. 유우가 청초를 섭취하는 시기는 carotene함량이 많고, 황색을 많이 띤다. 초유 중에는 상유 중의 10~30배의 비타민 A를 함유하고 있다.

비타민 D는 항구루병인자(antirachitic factor)로서 하절기에 있어서는 동계보다 4~6배 많이 함유 하고 있으며 이것은 광선에 조사된 사료가 급여되기 때문이다.

비타민 E는 초유에는 현저히 많지만 상유에는 거의 일정하다. 이들 지용성 비타민은 비교적 안정하고 보통의 가열처리에 있어서도 꽤 잔존하고 있다.

② 수용성비타민

수용성비타민은 비타민 B군 및 C군으로 대별되어진다.

비타민 B1(thiamin)은 B2(ribofalvin)의 1/2~1/3의 함량이고 가열에 의해 파괴되기 쉽다. 비타민 B2는 whey 중의 황록색이 이 물질의 존재 때문이며 보통의 가열처리에 의해 거의 파괴되지 않지만 햇빛에 의해 파괴된다.

비타민 C(ascorbic acid)는 대단히 불안정하고 열, 햇빛, 효소 및 금속의 접촉에 의해 파괴된다. 시유가 소비자에 도달될 때 까지 에는 거의 소실된 상태로 되기 쉽다.

(5) 우유의 물리(적 특성

① 비중

우유의 비중(specific gravity)은 15℃에서 1.027~1.035의 범위로서 평균 1.032이며 우유의 성분 별로 보면 유지방 0.93, 무지고형분 1.616, 유단백질 1.346, 유당 1.666, 무기질 4.120이다. 비중은 지방함량의 영향을 크게 받으며 물을 첨가해도 비중이 낮아진다. 동물의 종류에 따라 비중의 차이가 있으며 산양유는 1.0326, 모유는 1.0328이다.

② pH와 산도

신선한 우유의 pH는 6.5~6.7이며 산패유나 초유는 pH가 6.5이하이고 유방염 유는 6.7이상이다. 동물의 종류에 따라서도 차이가 있으며 면양유는 6.41, 모유는 6.96으로서 일반적으로 초식동물의 젖의 pH는 육식동물의 것보다 산성 쪽이다.

정상유의 산도는 0.14~0.18%이며 인산염과 단백질의 함량, 즉 무지고형분의 함량에 따라 달라지며 착유 직후의 산도를 자연산도(natural acidity) 또는 apparent acidity라고 하며 우유를 방치했을 때 생성되는 산도를 발생산도(developed acidity) 또는 진정산도(real acidity)라고 한다. 발생산도는 젖산발효에 의해 유당으로 부터 생성된 젖산에 의한 것이다.

③ 빙점

우유의 빙점(freezing point)은 -0.525~-0.565℃로서 평균 -0.540℃이며 주로 염류 및 유당이 빙점하강의 요인이 된다. 1%의 가수에 의해 빙점은 0.0055℃가 높아지므로 정밀한 우유의 빙점검사기(cryscope)를 사용하면 3%정도의 가수의 검출이 가능하다.

④ 점도와 표면장력

우유의 점도(viscosity)는 20℃에서 1.5~2.0cp(cm poise, 1cp=0.01 poise, 1poise = 1dynesec/㎠)이며 온도가 상승하면 점도가 낮아진다. 우유의 점도에 미치는 영향은 casein이 가장 크며 다음은 지방과 알부민이다. 우유의표면장력(surfaceten-sion)은 20℃에서 40~60dyne/cm로서 물 72.8dyne/cm의 보다 낮다. 이와 같은 표면장력은 온도가 상승함에 따라 낮아지고 지방함량물의 첨가 등에 의해서도 변동된다.

⑤ 굴절율

우유의 굴절율(reflactive index)은 20℃에서 물의 굴절율 1.33299보다 높으나 지방구의 이차적 및 산란(散亂)이 일어나 정확한 굴절율을 측정하기 어렵다. 탈지유의 굴절율은 20℃에서 1.344~1.348이며 유지방의 굴절율은 40℃에서 1.4537~1.4552이다.

이 밖에 비점(boiling point), 비열(specific heat), 전기전도도 등이 우유의 물리적 성질에 관계하고 있다.

⑥ 우유의 냉각

젖소에서 짜낸 생우유는 자가살균작용(germicidal action)이 있으며 저온일수록 작용시간이 길어진다.

착유한 직후에 바로 냉각시키는 것이 우유의 신선도를 유지하는데 효과가 있다.

살균유에는 자가살균작용이 없어서 세균이 빠르게 증식할 수 있으므로 살균 후 즉시 저온으로 냉각시켜 보관하여야 한다.

저온에서 보관하여도 장기보존은 불가능하다.

우유 등의 액상제품은 살균 후 즉시 10℃ 이하로 냉각하도록 규정(식품공전)

⑦ 우유의 살균

· 우유살균의 목적 : 우유의 안전성 확보, 보존성 증대

우유 가열살균의 안전도 기준 : 우유를 오염시키는 병원균 중에서 가장 저항성이 강한 결핵균을 완전히 죽일 수 있는 조건

ⓐ 일반적인 우유 살균법

(a) 저온살균법(low temperature long time pasteurization, LTLT)

- 62~65℃에서 30분간 유지하여 가열 살균
- 생우유 중의 모든 병원미생물과 대부분의 비병원성 미생물 사멸
- 내열성의 Microbacterium lacticum, Micrococcus conylomeratus, Micrococcus luteus, Streptococcus thermophilus, Bacillus의 포자 등은 생존

ⓑ 고온단시간살균법(high temperature short time pasteurization, HTST)

- 우유를 급속하게 71.7℃로 가열하여 15초간 유지한 다음 급냉
- 대량의 우유를 연속적으로 처리 가능
- Microbacterium lacticum, Bacillus의 포자를 제외한 내열성균도 거의 사멸

ⓒ 초고온순간살균법(ultra high temperature short timemethod, UHT)

- 130~150℃의 고온 가압 하에서 1~3초간 살균
- 대량의 우유를 연속적으로 처리 가능
- 거의 무균에 가까운 상태까지 살균(long life milk)
- 살균된 제품은 2차 오염을 방지할 수 있게 자동포장공정으로 충전하여야 함

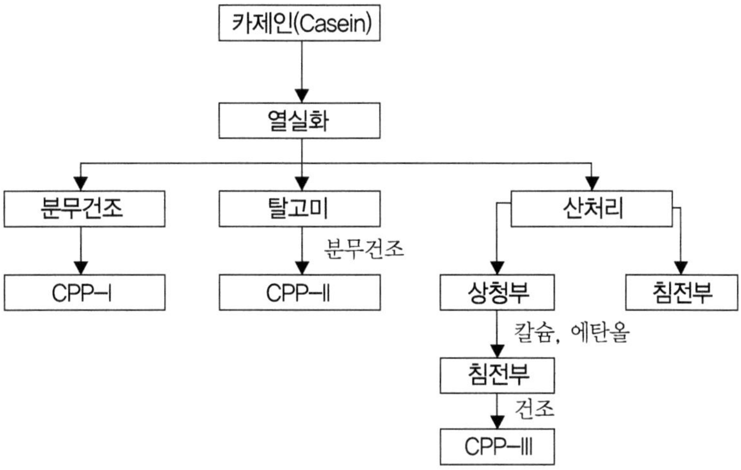

※ CPP(Casein phospho peptide)란?

칼슘의 생체 내 역할은 일반인에게도 잘 알려져 왔고 최근에는 칼슘 체내 흡수율이 문제가 되고 있다. 칼슘 원으로 채소, 생선, 탄산칼슘, 우유 등이 있으며 흡수율은 각각 18%, 34%, 42%, 53%으로 우유 칼슘이 가장 높다.

이유는 유당에 칼슘 흡수 작용이 있으며 우유 카제인의 소화과정에서 생성되는 카제인 포스포 펩타이드(CPP)에 흡수촉진효과가 있다고 밝혀졌다.

CPP는 칼슘흡수소재로서의 조건인 칼슘 가용화, 높은 용해성, 열 안정성 등을 충족하는 소재로 평가되고 있다.

※ CPP 정의 및 생성기작

· 정의 : CPP는 우유 중의 주요 단백질에 있는 카제인에 트립신등 단백질 분해 효소를 작용시켜 얻어지는 부분 분해물질로 포스포 세린 등의 인아미노산을 많이 함유한 마이크로 펩타이드이다. α -CPP의 생성: 분자량 4,600(아미노산 잔기수37)로 트립신을 αS1카제인에 작용시키면 42와 43잔기 사이 및 79과 89번째 잔기 사이가 절단되어 α-CPP가 얻어진다.

· CPP의 주요 생리적 기능

중성영역에서 인산의 존재 하에서도 칼슘 가용하를 유지시킨다.

칼슘은 CPP의 포스포 세린과 결합하여 가용성 상태로 된 후, 소장하부에서도 가용화 상태가 유지되어 흡수가 촉진된다.

칼슘 흡수 촉진 메카니즘칼슘 흡수의 형태는 소장상부에서 행해지는 능동수송방식과 소장 하부에서 행해지는 수동능동 방식으로 대별되며 소장하부에서 일어나는 방식이 훨씬 높은 비율을 차지한다.

CPP는 소화효소에 저항성이 있어 불용성 염류를 생성하지 않음으로 용해성 칼슘을 증가시켜 칼슘의 흡수가 촉진된다.

현재 골다공증 예방 및 개선, 골절 환자의 회복강화, 성장과정의 어린이 대상으로 건강 식품 및 일반 식품 등으로의 개발이 활발하다.

① CPP 의 생산

산업적으로는 우유 카제인을 원료로하여, 트립신으로 가수분해하고 CPP의 부분을 유리시킨다. 반응 직후 열실화하여 분무 건조한 것이 CPP-Ⅰ이다. 열실화한 후 탈고미한 것이 CPP-Ⅱ(서울우유 MBP에 사용된 소재임)이며, 트립신의 가수분해 후 산을 첨가한 후 상청부에 칼슘이온 및 에탄올을 첨가하여 CPP를 침전 분리하여 건조한 것이 CPP-Ⅲ이다.

② 우유 카제인 : 주성분은 α S1 및 β-카제인이다.

αS1카제인의 구조 : α S1카제인은 우유 카제인의 약 40%를 차지하고 분자량은 23,612, 포스포세린(Ser-P)8개를 가진 고차구조의 단백질이지만, N말단으로부터 43번째 잔기부터 79번째 잔기까지 7개의 Ser-P를 함유하며 고도의 하전을 함유한 분자이다.

- β-카제인의 구조 : β-카제인은 우유카제인의 약 36%를 차지하고 209개의 아미노산 잔기로 구성되어 5개의 포스포세린(Ser-P)를 함유한 1줄의 단백질이다.

β-CPP의 생성: 분자량 3,100으로 트립신의 작용으로 N말단으로부터 25잔기의 Ser-P4개를 함유한 친수성의 높은 아미노산으로부터 구성되어있는 부분이다.

(6) 우유성분별 이용

우유

- 총고형분 (≒12.6%)
    - 지질 (≒3.7%)
        - triglyceride 등
        - 지용성 화합물
            - 인지질(lecitins, cephaline 등)
            - sterols
            - 지용성 vitamie(A, D, E, K)
            - carotenoids
    - 무지고형분 (≒8.9%)
        - 질소화합물
            - 단백질 (≒3.4%)
                - casein(α s, κ, β, γ)
                - whey protein(α-lactoalbumin, β-lactoalbumin)
                - proteose-peptone, bovine serum albumin
                - enzyme
            - 비단백태 질소화합물
        - 탄수화물 (≒4.8%) - lactose, glucose 외
        - 수용성 vitamin - B_1, B_2, B_{12}, C 등
        - 무기질 (≒0.7%)
            - 주요무기질 - Ca, P, K, Cl, Na, Mg, S, Fe
            - 미량무기질 - Zn, Al, Cu, I, Mn, Sr 등
        - 기타 - 유기산, 구연산, 백혈구, 표피세포, hormone 등
- 수분(≒87.4%)(용해되어 있는 CO_2, O_2, N_2 등 함유)

1) 시유(City/Market Milk)

(1) 제조공정

수유 → 검사 → 계량 → 여과, 청정 → 냉각, 저장 → 표준화 → 균질 → 살균 → 냉각 → 충전, 포장

(2) 제조방법

① 수유

우유를 받아서 품질을 조사하고 계량하여 유제품의 원료로 저장하기까지의 작업

② 여과 및 청징

생유에 있는 먼지, 티끌, 우유응고물 등을 제거

③ 냉각과 저장

④ 균질화(homogenization)

원유의 유지방은 직경 1.0~10.0μ정도의 구형으로 유지방은 비중은 낮기 때문에 위로 떠올라 크림 층으로 분리되기 쉽다.

따라서 지방구를 기계적으로 0.1-2.2μ정도의 크기로 균일하게 미세 화하여 분산시키는 것으로 지방구가 적어지면 소화흡수율도 높아진다.

- 균질의 원리 : 우유를 고압으로 미세한 구멍으로 밀어내어 유지방을 분산시키는 것으로 균질압력은 100~300Kg/㎠이며 지방함량이 높은 제품은 175Kg/㎠와 35Kg/㎠로 2단계 균질

⑤ 살균 또는 멸균(pasteurization or sterilization)

살균은 우유의 영양적, 화학적 변화를 최소로 하면서 우유에 존재하거나 존재할 가능성이 있는 모든 유해한 병균을 사멸시키고 효소를 파괴하여 저장성을 높이기 위하여 열처리하는 공정

ⓐ 저온살균법(LTLT법) : 62~65℃에서 30분간 가열 살균

ⓑ 고온단시간살균법(HTST법) : 72~75℃에서 15초간 살균

ⓒ 초고온순간살균법(UHT) : 내열성포자형성균 등을 사멸시키고 단백질도 소화되기 쉬운 상태로 하는 완전한 살균법으로 120~130℃에서 1-3초간 살균

ⓓ 초고온멸균 : 135~150℃에서 1-5초간 열처리하여 멸균상태로 한다음 무균적으로 멸균포장용기에 충전 포장

3) 크리임(cream)

① Whipping cream : 유지방이 30~36%인 묽은 light whipping cream과 유지방이 36%이상인 heavy whipping cream이 있다.

② coffee cream : 유지방이 10~30%인 것으로 coffee cream, table cream, light cream이라 하며, coffee의 풍미를 온하하게 하며 쓴맛을 없애고 색을 희게 한다. cream과 milk를 혼합하여 유지방 10~12%가 되도록 만든 크리임을 미국에서는 half and half cream이라 함

③ 발효 cream(sour cream, cultured cream) : 유지방이 18%이상인 크리임을 젖산균으로 발효시킨 후 균질화한 것으로 cultured sour cream이라고도 한다.

조직을 단단하게 하려면 판매용 용기에 넣어 직접 발효시킨다.

④ plastic cream : cream을 다시 원심분리하여 79-81%의 유지방이 되도록 만든 것을 말하며 상온에서 경화. 아이스크림의 원료로 사용되며 연속 버터 제조의 원료로 쓰임

4) 치이즈(Cheese)

(1) 정의

생우유 또는 시유를 유산균에 의해 발효시키거나 효소를 가하여 응고시키고 유장(cheese whey)를 제거한 것(우유를 응유효소인 렌넷 또는 젖산으로 응고시킨 후 세균이나 곰팡이 등으로 숙성시켜 만든 유제품)

(2) 분류 및 종류

경도(수분 %)	숙성에 관여하는 미생물	치이즈의 종류
연질(40~60)	곰팡이 숙성시키지 않은것	camembert, brie(프), elpaese(이탈리아) cottage, cream(미국), neufchatel(프)
반경질(38~45)	세균 곰팡이	brick(미), tilsit(독) roquefort(프), blue(프, 덴, 미)
경질 세균	큰 치이즈 눈 작은 치이즈 눈 치이즈 눈이 없는 것	emmenthal(스) gouda, edam(네), samsoe, fynbo(덴) cheddar, colby(미), cheshire(영)
초경질(30~35)	세균	grana, parmesan, romano, sapsage(이)

(3) 치이즈 제조

① 원료유 : methylene blue reduction test(MBRT)및 resazurin test에 의해 세균수가 적고, TTC(2,3,5-triphenyl-tetrazolirm chloride)test에 의한 항생물질의 음성인 신선한 것 사용

② 원료유의 표준화 : 카제인과 유지방이 많으면 수율이 많아지고 경도와 풍미에도 영향을 미치기 때문에 pearson법(pearson's square method)에 의해 간단히 지방율을 표준화

③ 원료유의 살균 : LTLT or HTST살균법이 쓰이며 UHT살균은 κ-casein이 β-lactoglobulin과 결합하여 복합체를 만들어 rennet에 의한 응고시간을 지연시키므로 사용하지 않음

④ 스타아터의 첨가 : 살균유를 30~32℃로 냉각하여 치이즈 vat에넣고 starter를 접종한다. starter는 str.lactis and str.cremoris를 혼합 배양한 것을 사용

치이즈 배트 내에 냉각한 우유(30℃)에 접종할 째 적종산도 0.75~0.85%의 bulk starter를 원료유에 대해 0.5~2% 첨가

starter를 접종 후 서서히 혼합하고 교반하면서 적정산도가 0.18~0.20%될 때까지 2~3시간 유산발효를 시킨다. 이때 유당이 분해 감소되고 산도가 상승하고 ph가 저하되는 반비례적 관계가 성립되며 curd화의 촉진과 숙성에 관여될 유산균이 최대한으로 증식

⑤ rennet and calcium chloride의 첨가 : 적정산도가 0.18%정도에 도달하면 calcium chloride를 원료유에 대해 0.01~0.02% 정도 첨가하고 rennet를 교반하면서 균일하게 첨가한다. rennet의 최적응고조건은 40~41℃, pH4.8이며 길슘이온 필요

⑥ curd의 절단 : 정치하여 응고된 커어드를 가로 세로 커어드 절단기로 절단하여 입방체의 연질 치이즈입자로 만든다. 절단의 목적은 커어드의 표면적을 넓게 하여 치이즈 whey의 배출을 쉽게 하고 아온할 때 온도의 영향을 균일하게 받도록 하는데 있다.

⑦ 커어드의 가온 및 교반 : 절단한 치이즈 입자의 응집을 막기 위해서 천천히 교반하여 온도를 2-5붕에 1℃올려 34-35℃가 되게 한다. 이때 유청의 배출이 빨라지고 수분이 조절되며 유산균의 증식에 의한 유산발효가 촉진되고 커어드가 수축되어 탄력있는 입자로 된다. 이 과정을 cooking이라 한다.

⑧ 유청의 배제 및 가온 : 응고되기전 원료유의 1/3에 해당하는 유청을 배출코크를 열고 여과기를 받치고 배제한 후 코크를 잠그고 계속해서 38-40℃로 가온하면서 40-50분간 교반하고 나머지 1/3의 유청을 배제한다. 이때 유청의 산도가 0.07-0.10%로 낮아진다. 다시 교반하여 유청의 산도가 0.11-0.13%로 되었을 대 손으로 쥐어서 탄력성이 있고 놓으면 커어드 입자가 원상복귀되면 가온을 중지시킨다. 커어드를 배트의 양쪽에 갈라 쌓고 배트 내에서 퇴적하며 유청의 온도를 35-36℃로 유지하고 유청의 적정산도가 0.14-0.15%로 되었을 때 나머지 유청을 배제한다.

⑨ 용기에 넣기 : 퇴적하여 응집화된 커어드를 성형하기 좋게 분쇄기를 사용하여 절단 분쇄하고 원하는 치이즈 모양의 용기 틀에 담는다. 미리 살균한 광목천을 틀 속에 깔고 실시하면 효과적

⑩ 압착 : whey를 제거한 다음 커어드를 모아 모양에 넣고 cheese press로 압착

⑪ 염지 : 압착이 끝나고 mould에서 꺼낸 치이즈는 유산발효를 억제시키고 세균의 오염, 증식을 방지하기 위하여 또 유청의 배제를 촉진시키기 위하여 최종 치이즈의 1-3%의 염을 첨가한다. 이것을 green cheese(생치즈)라고 함

⑫ 숙성 : 생치이즈는 천으로 닦고 건조대 위에서 1~2일간 표면을 건조시킨 후에 숙성실의 나무선반 위에 진열 숙성실의 온도를 10~12℃, 상대습도를 80~90%로 하고 매일 뒤집어 주며 5~6개월간 숙성시키며 숙성개시 후 1~2주일경에 wax나 식용paraffin으로 피복하여 곰팡이의 발생과 수분의 증발을 방지한다.

숙성중에 감량되는 것은 수분이 증발하기 때문이며 숙성실 내의 온도가 높으면 수분증발량이 많아지고 피막이 두꺼워지며 숙성말기에는 그 감소율이 적어진다.

수분이 증발되어 치이즈 표면이 단단해지고 곰팡이의 발생을 막기 위해 소금물로 계속 씻어주면 표피가 더욱 두꺼워져서 피막이 수분의 증발을 막아주기 때문이다.

⑬ 손질과 포장

⑭ 품질검사

(4) 치즈 종류

① 자연치즈(natural cheese) : 원유, 탈지유, 크림 또는 버터밀크에 젖산균, 응유효소(렌넷), 또는 유기산을 이용하여 카제인을 응고시킨 후 유청을 제거하여 가압성형 후 숙성시켜 만든 제품이다. 치즈의 숙성과정에는 치즈 종류마다 다양하게 접종된 세균이나 곰팡이에 의해 단백질이 분해되어 아미노산과 크고 작은 펩티드 분해물이 생성되어 특유의 향미와 질감이 형성되며 지질의 화학적 변화로 지방산과 락톤, 알코올, 케톤류, 알데히드와 에스테르 등의 다양한 유기화합물이 숙성치즈 특유의 향미 형성한다.

② 가공치즈 : 종류가 다르거나 숙성기간이 서로 다른 자연치즈를 원료로 혼합 분쇄하고 적절한 유화제와 함께 가열 유화시킨 것을 포장 냉각한 제품이다. 가공치즈는 품질이 균일하고 모양과 무게를 자유로이 선정할 수 있으며 버리는 부분이 없어 이용률이 높고 경제적이어서 급성장하고 있다.

(5) 치즈의 분류

① 생치즈(Fresh cheese) : Cottage 등으로 제조 후 즉시 소비할 수 있는 것으로 우유의 거의 모든 성분을 함유한다. 숙성과정이 없어서 불완전 치즈라고도 한다.

② 연질치즈(Soft cheese) : 수분 40~60%

· 곰팡이 : 까망베르, 브리

· 숙성시키지 않은 것 : 커티지, 크림

③ 반경질치즈(Semi-hard cheese) : 세균, 곰팡이, 38~45% 수분

· 세균 : 브릭, 먼스터, 림버거

· 곰팡이 : 블루

④ 경질치즈(Hard cheese) : 30~40%수분

· 세균 : 발효가스 구멍이 큰것: Emmental

· 발효가스 구멍이 작은 것 : 고다, 에담

· 가스구멍이 없는 것 : Parmesan

생치즈는 그 맛의 부드러움과 함께 치즈의 소년기라 할 수 있다. 부드럽고 엉기는 듯한 맛의 생치즈는 우유의 신선한 흰 빛을 그대로 간직한다. 발효되거나 숙성되지 않고 우유나 저온살균된 크림으로부터 만들어진다. 생치즈는 발효나 숙성을 거치지 않는 치즈이다. 그러므로 이 계열의 치즈는 숙성 방법이 발견되기 전에 나타난 것들이다. 새로운 향이 나 맛을 더해주기 위해 향초나 향신료가 첨가된 것은 그 이후이다.

흰 곰팡이 연성치즈는 이 전통적인 치즈들은 곰팡이라 불리는 흰 솜털로 덮여 있다. 부드럽고 엉기는 듯한 살은 밝은 노란색을 띈다. 연성치즈가 생치즈와의 다른점은 구멍뚫린 틀에 넣어 물기를 뺀 후 2~6주간의 숙성기간을 거치는 것이다.

블루치즈는 프랑스의 중부지방과 남부지방에서 전통적인 방식으로 만들어지는 로끄포르(Roquefort), 블루 도베른뉴(Bleu d'Auvergne)등으로 대표되는 블루치즈는 치즈의 살이 푸른색 대리석 무늬와 흡사하게 보이는 것으로 인해 그런 명칭을 얻게 되었다. 숙성기간과 조건은 다양하다. 예를 들어 로끄포르는 3~6개월을 숙성에 알맞은 습도와 온도를 지닌 천연 동굴에서 숙성시킨다. 양젖으로 만든 로끄포르를 제외하고 보통은 소젖으로 만든다. 브레스, 쥐라 꼬스 등 주로 산간지방이 주 산지이다.

로끄포르와 같이 양젖으로 만들어지는 것을 제외하고 대부분이 소젖으로부터 만들어지는 블루치즈는 반죽형태로 되어 진 후에 커드를 휘젓고 소금을 친 후 푸른 곰팡이의 균주를 넣는다. 그리고 틀 속에 넣은 후 물기를 빼고 이틀 동안 20℃의 상온에 놓아둔다. 블루 도베른뉴의 경우 저장고에서의 숙성은 10℃정도에 서 적어도 2~3주간은 계속된다. 습기를 없애기 위하여 각각의 치즈들을 여러 차례 뒤집어준다. 포장이 된 후에는 구매자의 창고에서 숙성이 끝나게 된다.

블루치즈는 초록색 반점이 많은 치즈이다. 기름기가 많고 밝은 색을 띈 단단한 치즈살 위에 푸릇푸릇한 초록빛의 특징 있는 반점들을 볼 수 있다.

반경성 치즈는 부드러운 맛의 이 치즈들은 호도껍질 같이 딱딱한 껍질속에 단단하면서도 부드러운 살을 감추고 있다. 이러한 짜임새는 주형 틀 안에서 커드를 압착하는 아주 특별한 제조 과정에 기인한다. 1~12개월동안 진행되는 숙성기간 중 이 치즈는 세심한 배려가 필요하다. 규칙적으로 뒤집어 주고, 씻어주고, 솔질을 해 주어야 한다.

경성치즈는 쥐라나 알프스 산악인들이 그들의 겨울식량(단백질과 칼슘)을 고산지대 목장에서 만들어 냄으로써 유래되었다. 껍질이 노란색이고 구멍이 뚫린 것이 특징인 이 치즈들은 크기가 크다. 반 경성치즈와는 달리 커드를 압착하기 전에 오래 익혀 둔다. 1년 정도 숙성한다.

(6) 치즈의 제조기술

원료유 → 용기에 넣기 → 커드제조 → 유청의 배제 및 가열 → 커드의 가온 및 교반

↓

치즈 ← 품질검사 ← 손질 및 포장 ← 숙성 압착 ← 염지 ← 커드의 절단

원료유는 시유에서와 같은 검사항목에 따라서 검사하고, 항생물질에 대하여 음성인 신선한 것을 사용한다.

① 원료유의 표준화

치즈의 주성분은 casein과 유지방이므로 두 함량이 많으면 많을수록 수율(yield)이 높아지고 경도와 풍미에 영향을 준다. casein/fat의 비율이 0.7

② 원료유의 살균

원료유의 살균에는 LTLT 또는 HTST 살균법이 쓰이며, UHT 살균은 RENNET에 의한 응고가 지연되므로 하지 않는 것이 좋다. 살균시 내열성세균 · 포자성세균 등이 잔존되기 쉽고, 낙산균 등에 의한 숙성 중에는 가스(gas) 등의 결함이 발생하므로 첨가나 과산화수소의 처리가 병용된다.

③ starter 첨가

살균유를 30~32℃로 냉각하고 치즈배트(cheese vat)에 넣어 스타터(starter)를 접종한다. 수입한 스타터는 주로 Streptococcus cremoris와 Str. lactis를 혼합 배양한 것을 사용한다. 수입한 스타터는 주로 Str. cremoris로서 소량의 Str. lactis와 Leuconostoc citrovorum을 혼합하여 동결건조분말로 한 것이 많다. 그러나, 어떤 유산균도 한 계통이 아니고 여러 균주를 혼합한 것이다.

④ 커드 만들기

치즈 제조의 첫 단계는 액체상태의 우유를 고체로 만드는 것. 우유를 응고시키는 방법에는 크게 산 응고법과 레닛(rennet) 응고법이 있다. 산 응고법은 산을 이용하여 응고를 촉진시키는 방법으로 프레쉬 치즈나 크림 치즈를 만들 때 사용한다. 그 외 대부분의 치즈는 주로 송아지의 위에서 얻어지는 효소제인 레닛을 첨가하여 응고를 촉진시키는 레닛 응고법을 사용한다. 레닛에는 레닌(rennin)이나 펩신(pep-sin) 같은 단백질 분해효소를 다량 함유되어 있어 우유를 응고시키는 역할을 하게 된다. 즉 우유 단백질인 카제인 분자가 서로 덩어리를 만들면서 우유가 부드러운 젤리 같은 형태로 변하는 것이다.

레닛을 이용하여 우유를 응고시킬 때에는 우유의 온도가 중요한데15℃ 이하일 때에는 응고가 일어나지 않으며, 60℃ 이상이 되면 열에 의해 레닌이 불활성화된다. 적절한 온도는 20℃-40℃ 사이로, 프레쉬 치즈나 크림치즈 같은 소프트 치즈를 만들 때에는 비교적 낮은 온도에서, 체다 치즈나 에멘탈 같은 하드치즈는 이보다 높은 온도에서 응고시킨다. 이렇게 치즈의 종류마다 온도가 다른 이유는 응고기간 동안의 온도에 따라 커드가 생성되는 속도나 단단한 정도, 탄력성 등의 성질이 달라지기 때문이다. 응고에 걸리는 시간은 치즈 종류에 따라 30분에서 36시간 사이로 차이가 많이 난다.

⑤ 커드의 절단

정치하여 응고된 커드를 가로 · 세로 커드절단기(curd knife)로 절단하여 입방체의 치즈커드입자인 연질입자로 만든다. 절단의 목적은 커드의 표면적을 넓게 하여 치즈유청의 배출을 쉽게 하고, 온도를 높일 때 온도의 영향을 균일하게 받도록 하는 데 있다.

⑥ 커드의 가온 및 교반

절단한 입자의 응집화를 막기 위해 서서히 교반하면서 온도를 2~5분에 1℃ 올리는 속도로 가온하여 34~35℃가 되게 한다. 이때 유청의 배출이 빨라지고 수분이 조절되며, 유산발효(유산균의 증식)가 촉진되고, 커드가 수축되어 탄력성이 있는 입자로 된다. 이 과정을 가온(cooking)이라고 한다.

⑦ 유청의 배제 및 가열

가열한후 응고되기 전에 원유량의 1.3에 해당하는 유청을 배출코크를 통해 여과기로 배제한 후 계속해서 38~40℃로 가온하면서 40~50분간 교반하고 나머지의 1.3의 유청을 배제한다. 이때 유청의 산도가 0.07~0.10%로 낮아진다.

⑧ 훼이 제거하기와 모양 만들기

커드에서 훼이를 제거하는 것이 다음 단계이다. 어떤 치즈를 만드느냐에 따라 훼이를 제거하는 방법 또한 다양하다. 우선 젤리형태로 굳은 커드를 자른다. 커드를 자르면 즉시 얇은 막이 형성되는데, 이 막이 훼이를 통과시켜 빠져 나가게 하기 때문에 커드를 잘게 자를수록 훼이가 많이 제거되고 따라서 커드를 어떻게 자르느냐에 따라 치즈의 수분함량이 달라지게 된다. 커드를 잘게 자를수록 훼이가 더 많이 빠져나가 더 단단한 치즈가 만들어지게 된다.

하드 치즈를 만들 때는 대개 커드를 자른 후 가열 과정을 거치는데, 잘라낸 커드를 가열하면서 저어 주면 훼이가 빠져가나는 것을 촉진시켜 조직이 더 단단해지면서 치밀해진다. 이 때 커드를 가열하는 온도도 치즈의 종류에 따라 다양한데, 고온으로 가열한 커드가 더 단단한 치즈가 된다.

모짜렐라나 프로볼로네 같은 늘어나는 조직의 치즈를 만들기 위해서는 커드를 잘라낸 후 부드러운 고무처럼 늘어날 때까지 커드를 가열한다. 그 후 커드를 반죽하듯이 늘리는 과정을 반복하면 유연한 고무처럼 늘어나는 독특한 조직이 형성된다. 훼이를 제거한 커드는 다양한 크기와 모양의 틀에 넣어 모양을 만드는데, 나무나 스테인레스, 바구니, 천 등이 틀로 사용된다. 틀에 넣은 커드는 자연적으로 단단해 지도록 내버려 두기도 하고 더 단단한 치즈를 만들기 위해 위에서 압력을 가하기도 한다.

⑨ 가염, 세척하기

모양을 만든 커드에 소금을 가하는 과정으로, 소금의 양에 따라 맛, 수분함량, 질감 등이 달라진다. 소금은 치즈제조에 있어 아주 중요한 역할을 하는데, 우선 젖산의 형성을 돕고 미생물의 번식을 억제하는 효과가 있다. 또한 건조 과정을 촉진시켜 치즈의 외피 형성에 도움을 주기도 하며 특수한 숙성균의 성장을 도와 치즈의 맛과 향을 좋게 한다.

크림치즈나 코티지 치즈를 제외한 대부분의 치즈는 가염 과정을 거친다. 가염을 하는 방법에는 소금물에 담그는 방법과 건조염을 표면에 바르는 방법이 있는데, 에멘탈(Emmental) 치즈 같은 경우는 소금물에 담그는 방법을 사용하며, 파르미자노(Parmigiano)나 로커포르(Roquefort)같은 치즈들은 건조염을 사용한다. 또는 탈레지오(Taleggio)처럼 소금물로 젖신 천으로 표면을 문지르거나, 체다처럼 커드에 미리 소금을 섞는 경우도 있다.

5) 버터(Butter)

(1) 정의

우유에서 분리한 크리임을 천천히 교동 연압한 유지방 80%이상, 수분 16.6%이하의 것을 버터라 하고 처어닝조작에 의해 유지방을 괴상으로 집합시키고 연압하여 유지방을 최소한 80%이상으로 농축한 것.

(2) 종류

① 가염버터(salted butter) : 1.5~2.0% 식염 첨가함

② 무염버터(unsalted butter) : 식염을 첨가하지 않은 것으로 제과용, 조리용으로 심장이 나쁜 사람의 식용으로 제조

③ 발효버터(ripened butter) : 크림에 유산균을 번식하여 만든 버터로 좋은 향기를 냄

④ 감성버터(sweet cream butter) : 발효시키지 않은 버터로 크림은 노화시켜 만듦

⑤ 단백질 강화버터 : 독일 치이즈 공장에서 치이즈를 제조 시 부산물인 whey에서 단백질을 추출한 후 버터 제조할 크림에 혼합하여 단백질 강화 버터 만듦

(3) 제조법과 제조공정

① 배치식에 의한 버터제조

ⓐ 원료유의 중화 : 원료유 산도 0.18% 이상일 때는 0.18%이하로 중화

ⓑ 분리온도 : 35℃전, 밀폐식은 50℃

ⓒ 크림지방률 : 30-40%, churning 효율 좋은 것은 35%

ⓓ 크림 중화 : 신선한 크림산도 0.10~0.14%, 산도 높은 것은 중화한다.

ⓔ 크림살균 : 65~70℃ 30분

ⓕ 냉각 : 살균 직후 냉각: 여름 3~5℃, 겨울 6~8℃, 짧게 할때; 2시간, 보통 8시간

ⓖ 숙성 : 여름철: 21℃에서 4~6시간 멈추었다가 14℃로 냉각하여 하루밤 두었다가 churning직전에 6℃로 냉각. 겨울철 : 6℃에서 2시간 방치 후 21℃까지 가온하여 4~6시간 방치 후 10℃ 에서 churning할 때까지 둔다.

ⓗ 버터색소첨가 : 100℃에서 2분간 살균 후 냉각 여과하여 churning직전에 첨가한다.

ⓘ churning : churning에 넣어 심하게 교반하면 크림층의 지방구가 입상이 되므로 집합하여 butter의 입을 형성하는 조작을 말한다.

7~11℃(여름), 10~13℃(겨울)에서 50분 전후churning한다.

크림지방을 30~35%, 크림량 churn용량의 1/3차) churning의 완료 : churn내에 특유한 소리를 일으켜 churing말기를 판단한다.

Meter에 달린 ampere가 급히 흔들린다.

Eye glass를 통하여 버터립의 크기 확인

(a) 교동(Churning) : 숙성된 크림을 기계적으로 진탕, 교반하여 지방구를 입상으로 집합시키고 버터 입자를 생성시키는 조작을 말하며 이 때 사용되는 장치를 chun이라 하며 버터에서 배제한 액체를 버터 밀크라 한다.

- 버터밀크 배제 : churning을 완료하면 금망을 대고 여과하여 버터밀크를 내보낸다. 버터밀크 온도는 churning을 시작할 때 크림온도보다 1~3℃ 상승한다. 버터밀크 내의 지방율은 0.4~0.8%이다.
- 수선 : 버터립에 부착한 버터밀크를 없애며 버터를 단단하게 하고 크림에 나쁜 풍미가 생길 기회 제거. 물의 양은 버터밀크량과 같게 하며 수온은 버터밀크보다 1~2℃낮게 한다.
- 가염 : 풍미를 좋게하며 미생물의 번식을 억제하여 보존성을 높인다. 습염법으로 하며 첨가량은 2.0~2.2%정도
- 연압(working) : 버터입자를 연압하여 버터덩어리로 만드는 조작으로 수분의 조절과 조직을 좋게 한다.

(b) 발효버터(sourcream butter or frpened butter)제조 : 크림에 유산균을 증식시키면 발효에 의해서 특유한 방향이 생기며 풍미가 증진되고 크림의 점도가 낮아져서 유지방의 분리가 용이하여 churning이 쉽게 된다.

(c) 버터의 over run : 버터의 생산량은 원료로 사용한 크림의 지방량보다 많다. 그 이유는 버터 중에 지방 이외에 수분, 단백질, 식염이 함유되어 있기 때문이다. 이처럼 증가된 생산량은 over run이라 한다. 크림 또는 버터의 지방량에 대해서 버터의 중량과 또는 크림의 지방 량 과의 차이의 백분율(증가비율)을 이룬 over run이라 한다.

$$\text{over run} = \frac{\text{버터중량} - (\text{크림중량} \times \text{크림지방율})}{\text{크림중량} \times \text{크림지방율}} \times 100$$

② 버터 제조공정

ⓐ 크림분리 : 우유 중 크림층을 분리하여 지질 35%정도의 크림을 얻는다.

ⓑ 산도조절 : 크림의 산도가 높으면 지방손실이 크고 버터의 풍미와 보존성도 떨어지므로 크림의 산도가 0.1~0.14%를 유지하도록 조절한다. 산도가 높으면 중탄산나트륨으로 중화한다.

ⓒ 살균

ⓓ 숙성 : 2~4도에서 12시간 정도 보존하여 지방을 결정화시킨다.

ⓔ 교동(Churning) : 결정화된 지방을 교반하여 작은 알갱이들로 응집시킨다. 이때 색을 내기위해 카로틴 색소 첨가

ⓕ 버터밀크 배출, 수세와 가염 : 아래 물층의 버터 밀크를 제거하고 모여진 버터 입자에 냉수를 가해 교반하면서 수세한다. 보존성과 풍미향상을 위해 소금을 약 1.0~2.5% 정도 첨가한다.

ⓖ 연압(Working) : 모아진 지방 알갱이를 방망이로 밀거나 천천히 교반하여 버터 조직을 균일하게 만드는 조작으로 연속상의 지방에 소량의 물이 균일하게 분산된 유중수적형 버터가 된다.

ⓗ 포장, 제품화 : 버터의 종류나 용도에 따라 적당한 용기나 은박지를 사용하여 포장한다. 버터의 무게는 제조 중에 소금, 물, 미량의 커드가 함유되므로 원료 크림의 지방량보다 더 나간다. 지방질 무게 이상으로 생긴 버터량을 증량율(over run)이라 한다.

6) 발효유(Yoghurt)

여러 가지 미생물들이 우유나 유제품의 유당을 발효시켜 유산이 생성된 발효유 제품 제조에 이용되고 있다. 젖산균이 함께 작용하여 적당한 pH 범위에 도달할 때까지 계속 발효가 일어난다. 발효유제품의 걸쭉한 물성은 카제인 미셀이 서로 결합하거나 또는 베타 락토글로블린과 함께 결합되어 나타나는 현상이다. 상달양의 베타 락토글로블린이 미셀에 결합되면 이액현상이 없는 안정한 겔이 형성된다. 버터밀크는 다소 걸쭉한 반면 요구르트는 발효와 가열을 조절하여 커드같은 겔상이 형성된다.

① 발효유 : 원유 또는 유가공품을 3%이상 함유하며 유산균수가 1mℓ에 107이상 함유

② 농후발효유 : 원유 또는 유가공품을 8%이상 함유하며 유산균 수가 1mℓ에 108 이상 함유

③ 발효버터유 : 버터유 또는 탈지유 8%이상, 유지방 1.5%이하 함유, 유산균수가 1mℓ에 107이상 함유

④ 크림발효유 : 원유 또는 유가공품 3%이상, 유지방분 8%이상 함유, 유산균수가 1mℓ에 107이상 함유

⑤ 농후크림발효유 : 원유 또는 유가공품 85이상, 유지방분 8%이상, 유산균수가 1mℓ에 107이상 함유

(1) 발효유의 제조

① 호상요구르트

우유 → 지방 표준화 (0~3.8%) → 농축 또는 파우다 첨가 (2~4%) → 설탕 및 안정제 첨가 → 열 처리 (90℃, 10분)

↓

균질 (150~200bar) → 배양온도로 냉각 (40~43℃) → 균주 접종 → 발효 (43℃, 3시간) → 응고 분쇄 → 냉각 (25~25℃)

↓

in-line mixer (요구르트와 과일 잼의 혼합) → 포장 → 냉장 보관 (+4℃)

② 드링크/액상 요구르트

우유 → 지방 표준화 (0~3.8%) → 농축 또는 파우다 첨가 (2~4%) → 설탕 및 안정제 첨가 → 열 처리 (90℃, 10분)

↓

균질 (150~200bar) → 배양온도로 냉각 (40~43℃) → 균주 접종 → 발효 (43℃, 3시간) → in-line mixer (요구르트와 과일 잼의 혼합)

↓

균질 → 냉각 (25~25℃) → 포장 → 냉장 보관 (+4℃)

ⓐ 원료 배합 여러 목장에서 집유해 온 원유나 탈지유에 여러 가지 원재료를 혼합하여 성분을 조정하는 공정이다. 용해탱크에서 이루어지며 배합된 원료는 고온살균기를 거쳐 배양탱크로 이송된다.

ⓑ 살균 우유에 있는 유해 미생물들을 사멸시키는 것입니다. 열처리 시간과 온도에 따라 3가지 방법이 사용되며 초고온 살균이 보편적으로 사용됩니다.

ⓒ 냉각 살균 직후의 온도는 매우 높기 때문에 유산균이 생육하는 적정온도(35~40℃)까지 열교환기를 이용하여 냉각시킨다.

ⓓ 접종 배양탱크에서 유산균을 원료 우유에 첨가하는 공정입니다. 이때 첨가되는 유산균을 스타터(Starter)라고 하는데 애시도필러스균, 써모필러스균, 카제이균이 사용됩니다.

ⓔ 배양 유산균이 성장하도록 최적 온도를 유지시켜주는 공정입니다. 유산균의 종류에 따라 배양온도는 다르지만 사람의 체온과 비슷합니다. 카제이균의 경우 37℃이고 애시도필러스와 써모필러스 혼합균인 경우 40℃에서 배양합니다. 배양시간은 유산균의 종류에 따라 다르지만 보통 4~10시간 배양하고 야쿠르트의 경우 7일 배양합니다.

29. 수산가공 · 저장

1) 우리나라 수산환경(해양-자연입지조건)

총해안선 8,693Km(섬 포함시 25962 Km), 대륙붕 면적 30만 Km^2, 간척지 6,575Km^2

① 황해 : 면적 38만 Km^2, 수심 38~103m

② 동해 : 면적 100만 Km^2, 수심 1,500m

③ 남해 : 면적 350만 Km^2, 수신 1,212m

2) 한국해안의 수산어족 자원이 풍부한 이유

① 한류와 난류의 교차지점

② 섬 · 암초가 많아 번식장소와 정착지가 풍부

③ 삼면이 바다이고 내수면이 넓은점

3) 어패류의 맛이 좋은 조건

① 다 수분

② 산란기 전

③ 중성 PH

4) 맛 좋은 부위 : 복강육 - 배살, 배바디

① 수산물취득방법 : 양식 - 양어(바다의 목장화)

5) 어획 방법

① 낚기법

② 함정어법(안강망)

③ 걷그물법

④ 두릿그물(건착망)

⑤ 후릿그물법(선인망)

⑥ 끌그물법(Trawl선망)

가. 수산가공의 이해

1) 수산가공의 의의 와 목적

(1) 의 의

① 저장 : 어획물을 신선한 상태로 보존하는 기술

② 수산가공 : 어업생산물(수중생물의 체포나 양식)의 이화학적, 생물학적 조작을 가하여 부가가치〈저장성,식미성,영양성,경제성〉를 향상시켜 신제품〈식품, 의약품, 사료〉을 제조하는 것

③ 수산가공학 : 수산가공에 대한 이론과 방법을 연구하는 학문

ⓐ 대상 : 어(魚)류(어육,어란, 내장,어유 등),조개류(貝) , 바다풀(海藻)

ⓑ 분야 : 식료품, 의약품, 사료, 비료, 화장품,가공용 원료, 공업용원료

(2) 가공목적

① 저장 · 안정성의 부여

② 기호성 · 영양성 부여

③ 신제품으로 부가가치 창출

④ 간편화, 축소화

⑤ 수요 · 공급의 조절

⑥ 식생활의 윤택화

⑦ 비식용 원료의 제품개발로 자원활용

(3) 수산가공 발전과정

천일건조 → 염장 → 훈연 → 통/병조림 → 냉장 → 어묵 → FPC

2) 미래지향적 수산가공품의 개발 동향

① 편리 · 즉석형 제품(조미 건제품, 냉동조리)

② 모조 · 조립형 제품(어묵, 어육소시지, 게향맛살)

③ 건강지향제품(스쿠알렌, 만유, 콜라겐, 키토산)

④ 농축특미제품(조미졸임/절임, 꽃포, 어포, 조미건품)

⑤ 생리활성 기능성 제품(간유, EPA, DHA, 인슈린)

3) 어업생산 변이

30만톤(46년) → 35만톤(60년) → 280만톤(81년) → 310만톤(85년) → 320만톤(90년) → 330만톤(95년) → 251만톤(00년) → 271만톤(05년)

4) 세계속의 한국수산업의 위치

① 어획량 : 8위(78년) → 9위(82년) → 7위(92년) → 11위(95년) → 18위(00년) → 29위(05년)

② 수출(80개국) : 5위 4억$(75년) → 3위 10억$(77년) → 6위(80년) → 15위 17억$(95년) → 412천톤 119.3천$(05년); cf 수입 1,256,142톤 2,383,574$(05년)

③ 원양어업 : 3위(86년)

④ 수산기술 : 2위(일, 한, 러, 노)

5) 어업별 구성〈1995〉

연근해 43%, 양식 30%(해면 10만헥터, 내수면 21만헥터) 내수면 1%, 원양28%(507척, 57년 첫조업)

6) 수출형태

선어, 동결어, 어묵, 통조림, 염장품, 조미품, 휠레품, 해조품

7) 수입(1996)

52만7천톤 10억 8천만$, 수입국 : 일, 중, 라, 미, 태국 등 80개국

8) 세계의 수산업 현황

(1) 일반사항 - 포경금시1972

세계총 단백질공급량 : 6%, 동물성단백질의 18% 공급

① 1906 해양 자유론

② 1945 대륙붕 선언〈해양분활시대 개막〉

③ 1973 경제수역 200해리 선포

④ 1980 전관수역, 어획량 쿼터제 로 입어료 지급

⑤ 2000 미 이용 어족자원개발(심해어, 남극 크릴새우)

(2) 어획량 : 3대어장〈북태평양, 대서양 북서부, 북해〉

2천만톤(38년) → 1천만톤(45년) → 2천만톤(59년) → 4천만톤(60년) → 7천만톤 → 8천만톤(82년) → 1억만톤(93년) → 1억1300만톤(95년) → 1억1천 만톤(2000년)

(3) 10대 다(多)어획국

중국(2400만톤), 페루(890만), 칠레(760만), 일본(680만), 미국(600만), 인도(500만), 러시아(437만), 인니(412만), 태국(350만), 노루웨이(280만), 한국(270만), 기

타(372만)

9) 미래전망

(1) 세계수산업

① 인구증가, 건강지향 웰빙 다이어트식품으로 수요급증, 무한정 소요

② 증산방안

ⓐ 바다의 목장화

ⓑ 국제어업 협력유지

ⓒ 원양어업 조업유지

ⓓ 신어장 탐사나 개척

ⓔ 미 이용어류의 이용방법 개발

③ 세계 중요 어종 : 멸치, 대구,명태, 청어, 정어리

(2) 한국수산업

① 당면과제 : 연근해 어장 축소, 원양 어장 제약, 수출가 불안정, 어민 후계자 부족, 석유 파동(2008년)

② 정부대책 : 연근해 어족 자원 촉진(인공어초, 종묘배양 방류, 어류아파트 증설, 양식확대, 원양어업 확대, 신어장(남극, 남태평양)개발, 가격안정, 후계자 양성대책(병역특례, 소득보장, 외국인채용)

③ 역할전망 : 건강지향식품으로 식량화, 외화획득

④ 국내 중요어종

ⓐ 연근해 어종 : 멸치, 칼치, 꽁치, 오징어, 병어, 조기, 가자미, 고등어, 정어리

ⓑ 조개류 : 굴, 홍합, 바지락

ⓒ 해조류 : 미역, 김, 다시마, 파래

ⓓ 원양어류 : 가다랑이, 다랑어, 참치

10) 수산자원

유용한 수서생물로 산업적 생산대상이나장차 이용확실한 생물군 - 수산생물, 수산자원생물

(1) 수산식물(AquaticPlants)

① 분류 : 해조류(김, 미역)와 규조류 Plankton(현미경 적부유 식물)

② 용도 : 식품, 사료, 약품, 공업원료

③ 해조류(Sea Weed)

ⓐ 녹조류(GreenAlgae) : 7000여종, 엽록소, 광합성작용(전분), 수중서식, 크기(수cm -1m이상), 파래(홑, 갈), 청각

ⓑ 갈조류(GrayAlgae) : 엽록소, Xanthophyll, 라미나린, Mannitol미역(양식), 다시마, 톳, 모자반(KelpMeal사료), 감태(알긴산원료), Ca · I 풍부

ⓒ 홍조류(Red Algae) : 엽록소, Phycoerythrin함유, 우뭇가사리, 꼬시래기, 비단풀(한천원료), 풀가사리, 진두발(가라기난원료)

(2) 수산동물(水産動物; Marine Animal)

수서(水棲)동물 : 원생(原生), 모악, 극피(棘皮), 해면(海綿), 강장(腔腸)

[Marine Animal]

① 연체동물

ⓐ 소라류 : 전복, 소라

ⓑ 조개류 : 굴, 바지락, 대합, 가라비, 진주조개

ⓒ 두족류 : 오징어류(살, 갑, 무늬, 쇠-, 꼴두기, 낙지, 쭈꾸미), 문어

② 절지동물 : 5강[갑각류; 2만5천종, 연각류, 다지류, 곤충류, 거미류]

ⓐ 게류 : 꽃게, 대게, 왕게, 털게, 집게, 장다리게

ⓑ 새우류 : 수명1년, 대하, 중하, 토하, 보리새우

③ 극피동물 : 해삼류(Sea Cucumber), 성게류, 참해삼, 불가사리

④ 미색류 : 우렁쉥이(멍게)

⑤ 원구류 : no jaw, 먹장어,칠성장어, 점액장어

⑥ 연골어류(elasmobranch fish) : 상어류 (별, 골, 괭이, 귀, 청상아리),가오리류(매-, 노랑-, 쥐-, 홍어)

⑦ 결골어류(Teleost=Bony Fish)

청어류(청어, 멸치, 정어리, 전어), 연어류(연어, 송어), 은어류(은어), 송어류(송어), 잉어류(잉어, 붕어, 금붕어, 미꾸라지), 뱀장어류(뱀-, 붕-, 갯-), 대구류(명태), 메기류(메기, 동가데, 자가사리), 꽁치류(꽁치, 날치, 학꽁치), 전갱어류(방어), 고등어류(삼치,칼치), 가자미류(넙치,도다리), 농어류(농어, 민어, 돔, 참조기, 도미), 복어류(줘치, 개복치, 자주복, 검복)

⑧ 고래류

ⓐ 수염고래류(긴수염-, 참-, 돌-, 귀신-, 솔피)

ⓑ 이빨고래류(향고래)

나. 수산가공품의 분류

1) 용도별

① 식용품 :냉동품,건제품,염장품, 통조림, 연제품,훈제품,조미품,FPC

② 공용품: 어유, 알긴산,어교,피혁

③ 약용품 : 간유, 인슈린

④ 농용품 : 어박,어분, 가공부산물활용

2) 세부 종류

(1) 식용품

① 냉동품(Frozen Fish Products)

ⓐ 원형동결품(Whole/Round) : 동태, 칼치, 고등어, 참치 새우, 게

ⓑ 처리 동결품(treated)

- dressed(두 · 내장제거 : 참치, 복어, 붕장어)
- Semidressed(내장 · 아가미제거 : 대구, 연어)
- Pandreesed(지느러미 · 꼬리제거)
- Fillet(3편뜨기, 명태, 보리멸, 아귀)
- Chunked
- Sliced, Stick, loin etc.

② 마른치(Dried Fish Products)

ⓐ 날 마른치(plaine dried products) : 새우, 미역, 오징어, 상어 Fin

ⓑ 찐 마른치(boiled dried products) : 멸치, 해삼, 전복, 조개살

ⓒ 간 마른치(salted dried products) : 굴비, 민어, 대구, 가자미

ⓓ 연기 마른치(smoked dried products) : 연어, 굴, 청어, 꽁치

ⓔ 얼 마른치(frozen dried products) : 북어포, 한천

ⓕ 군 마른치(grilled dried products) : 고등어, 정어리, 은어

③ 훈제품 (smoked dried products) : 훈제굴, 훈제연어

④ 젓갈류(salted fermented) : 새우젓, 멸치젓, 까나리젓, 굴젓, 명란젓, 창란젓, 아가미창자젓, 해삼창자젓, 칼치젓

④ 간절임품(saltedfish) : 간고등어(자반), 간칼치, 간꽁치, 간미역, 간전갱이, 간조기

⑤ 맛붙이가공품(seasoned fish products)

ⓐ 맛붙이절임류(fermentedfish products) : salting, sugaring, vinegaring

ⓑ 맛붙이조림류(roasted seasonedproducts) : 멸치, 조개, 새우, 장조림

ⓒ 맛붙이마른치(seasoned,driedproducts) : 맛오징어, 맛김, 꽃포, 쥐포

⑥ 통조림류

ⓐ 염수자숙품(boiled with brine) : 꽁치, 고등어, 연어, 굴

ⓑ 약염가미품(boiled with seasoning) : 오징어, 골뱅이, 조개

ⓒ 기름담금(boiled with oil) : 다랑어, 멸치, 참치, 고등어 피렛

ⓓ 훈제오일(smoked, boiled with oil) : 장어, 바지락, 굴

ⓔ 토마토 담금(boiled with tomato puree) : 꽁치, 정어리

⑦ 어묵붙이(fish meat paste products)

ⓐ 어묵류 : (판-KB, 부들 73-chikuwa, 포장-, 튀김-, 어단-, fish ball)

ⓑ 어육 소시지 : (냉동연육-스리메(すりみ), 소어, 잡어, 부산물 활용)

ⓒ 어육햄(fish ham, 참치, 연어,송어), fish burger (고등어)

⑧ 한천(agar-agar) : 실-, 가루-, 설-, 각-, 인상-, 그레뉴러-, 등

(2) 공용품(dual purpose products)

① 어유(fish oil) : 고래, 정어리, 상어, 오징어간

② 피혁(fish leather) : 곰장어, 고래, 상어

③ 어교(fish glue) : isinglass, 상어

④ 호료(fish paste) : 풀가사리, 도박

⑤ Carrageenan : 진두발, 돌가사리, 홍조류

⑥ Alginic acid :갈조류-미역, 감태

⑦ 공예품(industrial art products) : 산호(coral), 인공진주(artificial pearl), 패각, 고래수염

(3) 농용품(agricultural use products)

① 어박(fish meal) : 정어리, 멸치

② 어분(fish flour) : 백색어분, 갈색어분

③ 어비(fish fertilizer) : 새우, 잡어

④ 어류의 농축물(fish meal concentrates) : s.p feed

⑤ 해조분말 : 갈조류의 kelp meal

(4) 약용품(藥用品; drug use)

① 간유(肝油; liver oil) : 대구(cod), 명태, 상어

② 인슈린(insuline) : 어류취장

③ 뇌유(brain oil) : 향고래 유(油)(perfume whale oil)

④ 요오드(iodine) : 갈조류의 미역, 다시마

◆ 수산동물의 부위별 이용도

① 육질부 : 냉동품, 건제품, 염장품, 통조림, 조미품

② 내장, 난소 : 염신품(젓갈), 염장품

③ 간 : 간유, 염장품

④ 피부 : 어교, 수산피혁

⑤ 지느러미 : sharks fin

⑥ 뼈, 이빨, 갑각 : 수산공예품

⑦ 비늘 : 인조진주, 화장품

다. 수산 가공원료의 특성

1) 일반 특성

① 종류 다양성 : 어류900, 갑각류300, 연체류100, 해조류300, 총 1700종

② 어획량의 기복성 : 어획량 변동으로 계획생산불가(양식제외)

③ 국소, 국시성 : 어종별 어획장소와 시기 한정, 대륙붕 8.3%

④ 다양한 영양성분 차이 : 어체의 크기, 부위, 계절, 식이(食餌)

⑤ 품질특이성 : 각 어종별 고유하고 독특한 색상, 향기, 식미 보유

⑥ 부패 용이성

ⓐ 숙명적원인 : 연약한 체 조직, 강한 효소활성, 짧은 경직기간

ⓑ 취급특성 : 아가미, 내장채 운반저장, 해수균 오염용이

◆ 어패육이 축육 보다 부패가 더 용이한 이유(schonberg 제안)

① 다 수분, 다 불포화 지방산 함량 (어육 80% 〉 축육 70%)

② 연약단순한 근육조직

③ 신속한 자가소화-강력한 내장효소 다량함유

④ 부패균오염 및 좋은 발육조건 (중성 pH)

⑤ 지방, 천연 면역 소 적은 점

2) 어육의 조직특성

① 어체 = 두부 + 몸체 + 꼬리

② 체형 : 방추형, 편평형, 세장형

③ 근섬유는 짧고 굵게 구성

④ 체 축과 직각으로된 섬유가 발달되어 수영에 유리

⑤ 특이한 색소세포(표피와 진피 사이), 비늘광택(진피중)

⑥ 상인한 결체조직 함량이 적음.

3) 어육의 근육조직(Muscle tissue) - 근섬유 집합체

① 분류

ⓐ 형태적

- 평활근(smooth muscle)
- 횡문근(striated muscle)
- 골격근(skeletal muscle)
- 심근(cardiac muscle)

ⓑ 기능적

- 수의근(voluntary muscle)
- 불(不)수의근(involuntary)

② 골격근 (skeletal muscle) : 횡문 근섬유 집합체에 소량의 조직(지질, 신경, 혈관), 임파선 등이 함유된 결체조직으로 결속 된 것

③ 근섬유(muscle fiber) : 근육의구성 단위체로서 근초가 포위하고 내부에 핵이 분산존재 근원섬유 사이에 근원질, 근장 같은 교질용액이 차 있는 ø50-100M크기

④ 결체조직(connective tissue) : 근섬유와 내부 기관의 결속조직

ⓐ 교원섬유(collagenous fiber) : 강인한 횡문근섬유

ⓑ 탄성섬유(elastic fiber) : 질긴 조직

ⓒ 세망섬유(reticular fiber) : 다 분지, 기관지지

⑤ 오징어 근육조직

ⓐ 오징어 몸통의 근육조직은 어육과 크게 차이

ⓑ 평활근섬유가 체축 에 직각방향 으로 구성(건/구은 오징어가 잘 찌저 짐)

ⓒ 체표피는 4층 구조〈 두께는 外→內 150 -200 -60 -40M〉 로 구성

ⓓ 색소세포는 1층과 2층 사이에 분포

ⓔ 몸체 조직내면에 10M 두께의 외피로 존재

⑥ 어피의 조직 : 껍질피부로 둘러싸임

ⓐ 어피 절단면 구조

- 표피(epidermis) : 다층표피섬유 집합체, 점액선 분포
- 진피(dermis) : 다층의 결체 조직체, 비늘(석회질 침착)
- 색소세포(pigment cell) : 표피와 진피 사이에 병열
- 광채세포 : 색소과립세포, 진피와 근육층 내

ⓑ 어류의 체색 : 과립세포, 비늘색소, 껍질의 빛 굴절

4) 어육의 성분 특성

① 성분함량차이 : 어종, 성별, 나이, 어장, 계절, 영양상태

② 각 어종의 고유한 특이 성분 함유

(1) 일반성분 조성의 변화

① 어육 수율(edible flesh yield) : 어류 50~60%, 조개류 20~40%

ⓐ 20% level : 굴(24), 소라(20), 바지락(13~20)

ⓑ 30% level : 대구. 도미. 게르치(30), 숭어(27), 달강 어(25)

ⓒ 40% level : 명태, 서대(40), 조기, 농어 (42), 임연수 어(45)

ⓓ 50% level : 고등어, 칼치, 곰치(50), 청어. 넙치(48)가자미.붕장어(46)

ⓔ 60% level : 연어 (60)

ⓕ 70% level : 튜 나, 가다 랭이, 참치(70), 갯장어 (68)

② 성분함량 차이

ⓐ 어종별 : 다지방(정어리, 꽁치), 소지방(대구, 가자미, 조개류)

ⓑ 부위별 : 다지방(복부, 두부, 표층 육, 혈합 육)

ⓒ 나이, 크기 : 다지질, 소수분(노령어, 대어), 다TMAO

ⓓ 계절별 : 어패류 좋은 맛은 산란시기와 일치, 지방은 산란 전〈최다〉, 후〈최소〉, 굴 맛은 늦겨울 과 초봄 최고(단백질과 글리 고겐 증가)

- 서양인의 굴 식용금지 시기 : 산란기, 하절기 인 영어로 r자 없는 달인 may, june, july, August〈5. 6. 7. 8〉 4개월 기피
- 연어는 산란기는 회유로 금식하여 영양부조화로 맛 최저

ⓔ 어장차이 : 수온 차, 영양원차, 광선량차(푸랑 크톤, 고형 분 함량 차이)

- 뱀장어 : 자연산(영양 부조화 -저 지방, 다수분),양식산(다 지방, 저수분)

(2) 각성분의 특징

① 수분(moisture, wet, water) : free /bound type (74.8)

· 함량 70~85%, 無 영양가치, 역할(가공성, 저장성, 식미성, 색상 등 좌우)

· 결합수 15~25% (미생물 이용불가, 불건조(no drying), 불동결(-20℃이하)
고등어 수분 73.4% = 결합수 23.2% + 자유수 50.2%

② 단백질(crude protein) 15~25% (mean 19%)

ⓐ 종류

- 근장 단백질 : 30% 이상함유, Myogen, Globulin, 수용성
- 구조 단백질 : 60% 이상함유, Actin, Myosin, 염용성,어묵형성능 강함
- 기질 단백질 : 10% 전후, Collagen 4 - Elastin 1, 불용성, 힘줄, 인대

ⓑ 어종별 Myosin(어묵형성단백질) 함량% 비교

- 30%↓ : 칼치(8.8), 황가오리(12.3), 꽁치(23), 정어리(27)
- 30~40% : 날치(33.7), 참가자미(34.3), 갑오징어(36.3), 다랑어(38.2), 갯장어(38), 50%↑ : 별상어(41.1), 백조기(51), 황조기(53), 게르치(61), 농성어(62), 옥돔(63)
- Collagen(어피 성분) : 불용성 경단백질, 수축온도이상 열수가열로 gelatin 생성
- 열수축온도 : 어육(35~50℃), 이축육(60~70℃)보다 hydroxyproline함량이 적어 낮다.
- 생선어패육의 단백질의 영양가는 구성아미노산의 종류와 함량 우수(쌀밥의필수 aa인 lysine 보충원으로 크게 기여해 왔다.)

③ 지질(Lipid, oil & fat, Triglyceride=TG, Natural/pure fat) 1~10%(5%)

ⓐ 지질 분포

(a) 피하지방 : 정어리(13.8%), 꽁치(8.4), 고등어(10.4), 뱀장어(18)

(b) 간장지방 : 상어 간(80%), 오징어 간(50), 대구 간(70), 명태 간(31)

- 지방산의 불포화도 는 수온이나 기온이 낮을 쑤록 높아져 옥도가가 높아진다.〈한류성어류 즉 등푸른생선(꽁치,고등어) 오메가3(EPA,DHA)지방산 함량이 높은 이유〉

ⓑ 지질의 구성

(a) Glycerides(mixed) : Glycerol, Fatty acid(palmitic, oleic, linoleic, linolenic, arachidonic, EPA, DHA, scolidonic, sibinic, clupadonic acid)

(b) 인지질(Phospholipides) : 뇌, 내장, 생식신, 혈합육, 어란 (연어 · 청어 50%)

(c) 밀납(wax) : 뇌유(향유/돌고래), 구성- 고급알콜(cetyl, stearyl, oleyl 등)

(d) Sterol : 지질의 1~2 % 함유, 주로 cholesteroldlrh 미량의 7-dehydrosterol, cyclopentano perhydrophenanthrene 유도체 등.

(e) Others : 포화 탄화수소-Squalene ($C_{30}H_{50}$, Oxygen Box, 심해상어 간 70~90%), Prostane(돌묵상어 간 10%), glycerine ether, butanol selacyl alchol, chimyl alchol, Vitamin A.D.E , Carotinoid Color

- 어유의 효능 : 열량원 9cal/g fat), 특수성분(Vitamin P) 효과

④ 고형물(Extractives, 에끼스) : 어육을 열수추출한 수용성 정미 성분

ⓐ 기능 : 근육세포의 대사관여(생화학적), 맛 품질관여(식품학적)

ⓑ 함량 : 어류 1~5%, 연체류 4~8%, 갑각류 6~10% (무척추 〉 척추)

ⓒ 구성 : 유기성분 3/4~2/3과 무기성분 1/4~1/3

ⓓ 내용성분

(a) Free amino acid : 적육, 혈합육에 풍부, taurine, glycine, glutamic, alanine, proline, 염류농도에 의해 증감(삼투압 조절)

(b) TMAO $(CH_3)_3NO$: 판새류인 홍어, 가오리에 풍부, 담수어는 不 존재 TMAO → TMA [생존시없거나 소량 함유 → 사후변질분해로 함량 증가]

(c) 요소(Urea) : 어류의 최종 질소화합물 배설형태

- 암모니아 형(NH_3형) : 해산 경골어, 수서무척추동물, 담수어
- 요소형$(NH_2)_2CO$: 해산 연골어-판새류(홍어, 가오리, 상어)

(d) Betaine : 메치오닌의 합성시 CH_3 radical 원료

- 어류 0.1%, 무 척추(脊椎)동물(오징어, 문어, 새우) 5~11%
- 조개의 패각근에서 Atrinine(신 베타인 유사물질) 발견

(e) 핵산구성분 (Nucleotide) : 어육근육중 유리상태로 존재

- ATP, ADP, AMP, IMP, Adenosine, Inosine, ribose
- 연체류에 풍부, 분해산물(adenine, guanine, xanthine, hypoxanthine)
  → 칼치 비늘 : guanine(난용성)과 요산이 침착되어 흰 광채 발산

ⓔ 유기산 : 젖산 1%(적육 〉 백육), 호박산(호박산, 조개맛), pyruvic, malic, citric, fumalic acid - 소량 존재

ⓕ 당류(sugars) : glycogen(간당) - 어육 1%, 조개 5%이상, 포도당, galactose 소량존재, ribose(선도 저하시 함량 증가), inositol (5~10mg%)

⑤ 색소물질(pigments,color substances)

ⓐ 표피세포[체표피세포질 중의 색소립] 종류

(a) 흑색소포(melanophore) : 흑색, 갈색

(b) 황색소포(xanthophore) : 황색

(c) 적색소포(erythrophore) : 적색

(d) 백색소포(leucophore) : 백색

(e) 구와닌색 소포(guanophore) : 광택

- melanin, carotinoid, pterin, Mb, Hb
- melanin, carotinoid, pterin, Mb, Hb

ⓑ 근육색소(Myoglobin Mb) : 적색의 수용성색소 80%이상, 혈합육에 풍부, Cytochrome(연어, 송어 육색 제외)

ⓒ 혈액색소(HemoglobinHb) : MW 67,000, 먹장어 34,000, 피조개73,000

- 색소성분 : Hb(Fe), Hcyanin(Cu, 연체, 갑각), H Vanadin(v), Pinnaglo-bin(Mn), Erythrocruorin(연체,환형동물)

ⓓ 내장색소(Viscera Color) : Bile, astacene, xanthophyll(어류), carotene, bilibrubin(간 황색), biliverdin(록색), pheophorbide (담청, 전복)

- 묵즙(Sepia) : 문어 · 오징어 먹물 (melanin, $CaCO_3$, $MgCO_3$, 카로틴)

⑥ 맛(呈味) 성분 : 유리아미노산, 핵산물질, 유기산, glycogen, 지방

ⓐ free amino acid : MSG, glycine, alanine, proline (조개, 새우, 오징어), Methionine(다량 시 불쾌 미; 미량시-후미강화)

ⓑ 핵산물질 : 핵산조미료(GMP, IMP 외 20여종 존재)

- 맛의 상호증진작용(enhancement action of taste) : 맛의 상승효과, MSG(아미노산 계)에 소량의 IMP, GMP(핵산계)첨가시 15배 맛이강화

ⓒ Betaine(오징어의 상쾌한 감미), TMAO(감미), 호박산(조개살 맛)

ⓓ Glycogen : 굴, 조개, 단용은 무미, 혼합시 후미생김, 지방, 그리세라이드(조직감)

⑦ 냄새 성분

ⓐ 어취(fish odor) : 해수어(海水魚)희박(TMA 臭, Iodine 臭) 〈 담수어 臭 强, piperidine, acetaldehyde(민물고기), δ-aminovareral, δ-aminovaleric acid,(비린내 强), H_2S, TMAO, skatole, indole, methylmercaptan(부패 臭), NH_3(상어, 홍어, 가오리에 풍부)formic, acrylic, propionic, butylic, crotonic, valerianic acid(어유산화분해성분)

ⓑ 무척추어류 냄새 : Δ2.6 nonadienol(해삼 풋오이냄새), cynthianol(멍게 특이취), i-valerianic, acetic, propionic, butylic, capric acid(오징어 부패취), taurine + betaine(날 오징어 취), taurine + casein (구은오징어 취), taurine + methionine(간장발라 구은 오징어 취)

ⓒ 해조 취(seaweed odor)

- 향기성분(flavor) : benzaldehyde, n-valeraldehyde, 5-methylfurfural, furfural (car-bonyl구) 1.8 cieol, linalool, d-limonene, α-pinene, octenol-3(중성구), dimethylsulfide block, dimethylsulfite(김 냄새)
- 냄새성분(smell odor) : H_2S, methanthiol, low grade fatty acid(formic, acetic, butylic acid), unsaturated fatty acid(acrylic, linoleic acid), amine block (TMA), Phenol block (ρ-cresol)

⑧ 유독성분(toxic substance)

ⓐ 어의 독성분 존재 이유 : 생존상 체내생성, 환경오염으로 외부섭취축적, 세균 오염

- 어독 : tetrodotoxin($C_{11}H_{17}O_8N_3$, 복어 독, 맹독-15명/ 罠 수용성, 내열성 강, 알, 혈액, 육질 함유), cyguatera(창 꼬치독, 신경마비), ichthyotoxin(뱀장어피 독소)
- 연체어류 독 : tyramine, histamine(문어 마비독), mitylotoxin(담치 독), venerupin(굴, 바지락, 모시조개 독), holothurin(해삼용혈성 독),saponin (불가사리독)

ⓑ 육색에 따른 어육 분류

- 보통/백색육(ordinary/white muscle meat) : 저서성 심해 정착성백육어 다 수분, 소지방, 결착성, 탄력성 强, 어묵 형성능 우수, 조기, 대구, 명태, 넙치, 광어
- 적육/혈합육(red/bloody/dark muscle meat) : 표층회유 적육어 다지방, 소 수분, 결착성, 탄력성 貧弱, 통조림, 연제품용, 꽁치, 고등어, 참치

라. 수산물의 생리활성기능성분

1) 수산물별 생리활성성분

① 어패류(fish and shell fish) : 고단백, 고지방 풍부하고 무기질, 비타민 공급원

② 해조류(sea weed) : 바다야채, 각종무기물, 요도 공급원, 알긴산의 중금속체내 억제예방

③ 해양생물 : 미량, 소량의 성분으로 생명현상 영향물질

ⓐ 활성이 불안정하여 분리정제 지난

ⓑ 어간유의 비타민 A.D, 어류내장의 인슈린, 해조류의 구충제, 갯지렁이의 살충제 성분

ⓒ 건강식품, 식품가공첨가물, 의약품, 농약품, 공용품등 활용, 1960년대 많은 연구 진행

(1) EPA(EicosaPentaenionicAcid), DHA(DocosaHexaenoicAcid)

① ω3 지방산

② 등푸른 생선(꽁치, 고등어) 풍부, 고도의 불포화 지방산으로 유아두뇌 발달, 치매예방

③ 성인병(심근경색, 혈전증)예방효과 탁월, 에스키모인, 일본인의 혈전全無-생선400g/일 섭취

ⓐ EPA : 탄소 20개, 이중결합 5개(5, 8, 11, 14, 17 탄소위치) 명태 10, 고등어 6, 정어리 16, 멸치 16

ⓑ DHA : 탄소 22개, 이중결합 6개(4, 7, 10, 13, 16, 19 탄소위치) 명태 16%, 고등어 17%, 정어리 10%, 멸치 16%

(a) 포화FA : butyric-4, 버터, caproic-6, caprylic-8, capric-10, lauric-12, myristic-14, palmitic-16, stearic-18, arachidic-20, behenic-22, lignoceric-24, cerotic-26, montanic-28, melissic 30

(b) 불포화FA

- oleic acid=1개 계열 : caproleic-10, lauroleic-12, myristoleic-14, palmitoleic-16, oleic-18, vaccenic-18, ricinoleic-18, gadoleic-20, erucic-22, nervonic-24
- linoleic acid 계열=2개 : stillingic-10, linoleic-16
- linolenic acid 계열=3개 : hiragonic-16, linolenic-18
- polyethenoid계열=4개 : moroctic-18, arachidonic-20, claupanodonic-22, nisinic-24
- EPA = 5개
- DHA = 6개

(2) Squalene($C_{30}H_{50}$, MW 410.7), Oxygen Box

심해(수심500~1000m, 100기압, 2~4℃ 냉암소, 먹이사슬없는 환경) 아이(용철갑)상어의 간유(肝油)에 함유된 이중결합 6개를 가진 불포화 탄화수소유 triterpenoids가 주성분이고 $C_{30}H_{50}$의 화학식을 갖는 무색·무취의 기름인데, 생체 내에서는 아세틸 보조효소 A로부터 메발론산을 거쳐 합성된다.

심해상어의 간은 체중의 25%, 전체내장의 90%를 차지하고 간의 90%는 간유이고 간유의 90%가 squalene이다. 스쿠알렌은 식물유인 올리브유에 6.8%, 인간의 피부(표피지방층)간,쓸개,심장, 폐 에도 12% 함유하여 부드러운 피부를 유지하게 된다.

squalene은 1906년 쓰지모도 미쓰마루(일)가 발견하였고 1935년 스위스인 칼라에 의하여 화학식이 구명 되었다. BP 330℃, 간에서 생성되며 담즙,스트레이드 홀몬 원료가 된다.

· squalene의 효능은 ① 산소공급($H_2O \rightarrow H^+ + OH-$, $4(OH-) \rightarrow 2H_20 + O_2 +$ 4e) 60조개의 체세포에 산소공급, ② 피부건강기능, ③ 신진대사기능, ④ 살균작용 (발생기산소), ⑤ 체액의 산성화 방지, ⑥ 세포부활작용, ⑦ 혈중 TG 와 콜레스테롤 저하 기능 등 스쿠알렌은 1g당 1,733칼로리의 열량을 내는 고칼로리 식품이며 시들어져 가는 세포에 활력을 주어 근본적으로 생기를 부활하는 비밀의 무기이다.

· 공업적이용 : 윤활유(한랭지의 일본군 전차, 비행기), 화장품, 좌약, 의약품기질, GC고정상액체

(3) Taurine(β–aminoethane sulfonate, 含 S 아미노산, 분유, 박카스 첨가원료)

① 동물계의 중추신경조직, 심근, 망막조직 구성분

② 삼투압조절(해산동물), 근내 수축에너지물질(환형동물), 담즙산구성분(고등동물)

③ 생리활성은 막의 흥분성관여, K와Ca 의 막 이동관여,내분비조직, 신경전달물질방출 조절

④ 생체막의 안정화로 노화 방지 물질 타우린 대사가 앞으로 연구 과제

(4) Insulin

① 동물 췌장 중 랑게르한스 섬에 함유된 아미노산 A사슬(21개 aa 잔기) 과 B사슬(30개 aa 잔기)로 구성된 peptide hormone으로 부족하면 당뇨병을 초래.

② 인슈린 채취는 소, 돼지, 개 나 가다랑이, 참치, 대구, 명태, 가자미 가 섬과 췌장분리가 용이하여 많이 이용, 어류 인슈린은 최상의 원료선도를 유지하여 picric acid에 침지한 랑게르한스 섬 조직을 마쇄하여 아세톤으로 수회추출, 35℃이하 감압증류, 잔사 + 혼합액(알콜75%과 3N HCl 25%)용해후 원심분리, 상징액 + 아세톤 용해, 냉장고 방치한 후 인슈린 염산염 침전물은 아세톤과 에테르로 세척 건조 분말의 인슈린 제조

(5) Chitosan/Chitin(키틴의 탈 아세틸화합물)

① 키틴 함유원료 : 하등동물, 게, 새우껍질(皮) 20~50%, 하등식물 세포벽 45%

② 키토산 및 유도체 효능 : 무독성, 무공해성, 생분해성, 除酸작용, 궤양억제작용, TG나 콜레스테롤 감소약리작용, 장내 유용균의 발육촉진, 면역력 부활작용, 외과용 봉합사, 화상 시 인공 피부, 항 균제, 항 종양제, 투석막, 응집제, 흡착제, 이온교환수지, 화장품, 시굴세포의 활성화제 등 다양

③ 키토산의 식품에 이용도

ⓐ 무독성 천연물

ⓑ 높은 소화율(닭 89~98%, 토끼 40~44%)

ⓒ 보존제(pH 5.6)

ⓓ 고분자 응집제(폐수3차 처리오니의 75% 응집)

④ 제조상 문제점 : 섬유소 다음으로 풍부한 자원, 다양한 용도,건조 게 껍질 1톤에서 200 ~ 500kg 키토산 생산과 100톤 폐수(BOD 350kg + 염 350kg함유)발생, 화학약품(산, 알카리) 분해법에서 → 효소분해법으로 공해 해결

⑤ 용도 : 의료용, 농업용, 섬유, 종이, 항균제, 건강기능식품

(6) 해조류 기능성분

· 해조류 : 기호품, 임산부영양원, 무기질, 식이섬유 공급원, 생체유지기능

· 주요기능성 물질 : 지방산 관련물질, 페놀류, terpenoid, 다당류, 아미노산류

· 기능효과 : 항 균성, 항 바이러스성, 항 종양활성, 항혈액 응고물질, 혈압조절작용

◆ 화학성분

① 광학성 색소

ⓐ 지용성 엽록소 - 건갈조(갈, 홍, 록 조류) 에 0.1~2 % 함유

ⓑ 카로티노이드 : β-carotin, lutein, violaxanthin, zeaxanthin, neoxanthin, antheraxanthin, β-cryptoxanthin, lutein- epoxide, - 常存 成分

ⓒ phycobilin : 홍조류, 수용성, bilin은 담즙색소 와 유사

② 단백질

ⓐ 마른해조(녹, 갈, 홍조류) 10~20%(건물중)함유, 육상채소와 유사

ⓑ 김 35~45% 함유-대두 와 필적

ⓒ 제한 아미노산 - 라리신, 트립토판, 단 소화성불량, 채소 곡류보다는 소화 우수

③ 지 질

ⓐ 건 해조 1~4%, 다시마 1.5~2%, 미역 3.7%, 김 2%

ⓑ 포화FA(팔미틴 산 10~40%, 미리스틴산 0.5~10%), 불포화FA(올레인, 리놀산 , 레놀레산 10~30%, hexateraen산 7~17%, 탄소 20이상 산은 적음)

ⓒ 고도 불포화산 : 홍조류가 아라키돈6~20%, EPA26~56%

ⓓ 아세톤 可溶의 당지질, 황지질, 인지질, DGDG, MGDG 함유

④ 당 질 : 삼투압 조절, 영양염류 흡수가능케 전체 해조류가 치밀 구성

ⓐ 골격 다당류 : cellulose (최외층 존재, 해수와 접하며 조체의 골격구성)

ⓑ 점질 다당류 : 세포벽, 세포질, 세포간격을 충진상태, sulfated glucuron-oxylorhhamnan, sulfated glucuronoxylorhamnogalactan 과당이 결합, 알긴산 10~30% 함유, 아가로스(홍조), carageenan

··

⑤ 엑기스 성분 : 아미노산, oligopeptide, amine, betaine, aminosulfonic acid, nucleotide 등 저분자 N 화합물

ⓐ amino acid : 녹조류는 적고갈조류에 글루타민산, 아스파라긴산, 알라닌, 프로린이 많고, 미역(알라닌, 글리신,트레오닌,글루타민산), 홍조류는 알라닌, 글루타민산, 타우린특히많음

ⓑ 기타성분 : nucleotide(cytidil산, adenyl산, uridil산, guanyl산, 85%가 2.3ribonucleotide), organicacid, 건물중 200~1,100mg%), 당질(mannitol, sorbitol, inositol 등 6가 알콜 존재)

⑥ Vitamin : 김(vit.A 16,000IU), 감해태 (13,000IU)

cf. 시금치 18,000IU, 감해태, 미역에는 thiamine, riboflavine, niacin이 많고 해조건물중에 vit.C 20~1000mg% - 건조보존 유의 시 고가치유지

⑦ Minerals

ⓐ 인체의 체액(혈액, 임파액, 자궁 양수액) 조성은 해수조성 과 유사

ⓑ 인체골격, 치아(Ca. Mg. P), Na, K (근육, 신경 바란스조절), Fe(Hb 산소운반, 에너지대사)

ⓒ Ca, Mn, Cu, Co, Zn(효소구성분, 활성화), I(갑상선기능)

ⓓ Cu, Co (Hb 합성,골수 조혈 인자), Al, Fe, Mn의 농축률 high

⑧ 항균 및 Virus 성 물질 : FA화합물, 페놀, 탄닌, 할로겐화물, 황화물, terpene 류

ⓐ FA 관련 화합물 : Acrylic acid(항균력), DMPT(DemethylPropioThetin)-효소, 미생물분해생성

ⓑ Phenol 류 : p-cresol, p-hydroxybenzyl alchol, phloroglucine 및 그 중합체 함유-할로겐(Br, Cl, I)치환, 항생물질(cymopol, zonarol, bifucarenene, 5-hydroxy-cysatofuranoquinol)

ⓒ 황화합물 : 4-dioxy-1, 2, 4, 6-tetrathiepane 및 1, 2, 4, 6 tetrathiepane, lethionene)-항균활성 인식

ⓓ Terpenoi : 다수할로겐Monoterpene(항곰팡물질), sesquiterpene(laurintenol, isolaurinterol), dilabellane, dictyolE, amijol, dictyodiol (G+균 항균성 확인)

ⓔ 다당류 : 해파린상 항산화(카라기난, 한천생성)다당류 : 항 바이러스 활성, 39종 다당류 추출

⑨ 항종양성 물질

ⓐ 점질다당류 : 다시마, 모자반 열수추출물의 쥐 항종양성효과 인식, 알긴산, fucoidan유효

ⓑ Terpenoid류 : 홍 · 갈조류에서 분리성분이 쥐의 악성 흑색종세포, 사람 결장 암세포 유효

⑩ Iodine 과 기능성

ⓐ 해조의 요도 4~5ppm(해수의 5dd- 6만배 함유)

cf. 해수 0.008 ppm, 녹조 130ppm, 홍조 890ppm, 갈조 4.300ppm

ⓑ 기능성 : tyrosine의 갑상선 호르몬 구성분

ⓒ 호르몬의 생리작용 : 세포 및 조직에서 지질, 단백질 당대사 촉진, 부족시 수종의 생리장애, 발육기 부족시 왜소증, cretin병, 성인은 점액수종, 골 발육 불량, 단구증, 지능 저하증

⑪ 혈압조절물질

압저하작용과 혈압 점조성에 관여하는 콜레스테롤, T.G조절물질, 혈전방지, 혈액응고방지

ⓐ 아미노산류 : 라미닌(혈압강하효과), 갈 · 홍조류, 다시마에 함유

ⓑ 알긴산 : 식염과 고혈압, 과잉섭취는 체내에 NaCl과 물을 축적, 세포외액의 증가, 혈관벽 비후시키는 angiotensin 분리(혈관수축, 근육수축강화)로 혈압상승

- 알긴산은 Na 과 결합 체외배출로 혈압상승억제 효과 초래

⑫ Cholesterol 저하물질

ⓐ 콜레스테롤 : 세포막 구성분, 담즙산, 부신피질의 전구물질

ⓑ 혈중 함량 초과시 : 심장동맥 및 말단 세동맥의 경화촉진 → 심근(心根)경색 초래

- Alginic acid : 녹 · 홍조류, 감해태, 곤부 분말의 베타인류 특히 homobetaine(β-alanine betaine), ulvalin이 혈중 콜레스테롤치 저하효과 우수

⑬ 항 혈액응고 활성 성분 : 황산 다당류인 Sargassan(갈조 성분)은 heparine의 항 혈액응고활성의 72배 강, 김(홍조류)의 트롬빈 활성 저지력이 헤파린의 2배효력

⑭ 기타 생리활성 물질

ⓐ 유해 중금속 제거배설 효과 : 해조 다당류는 -COOH 나 $-SO_2$ 기를 갖는 산성 다당류로 중금속과 결합력 강

cf. 알긴산은 Ca, Na외에 Cd, 방사능 오염 Strontium과 결합 체외 배출 용이

ⓑ 효소활성인자 : 알긴산(amylase, protease활성증가), 가라기난(항 펩신기능)

- 톳(diterpene의 phytol) : 카르복시 에스테라제 활성인자
- polyphenol : 갈조류의 dibenzo-1, 4-dioxine 골격의 eckol은 프라스민 저해활성, 아미라제, 트립신, 리파제 등 활성저해
- sterol : 혈전효소 활성화 인자(프라스미노겐)생성촉진, fuccosterol 은 해조에 50~200mg% 함유 혈전생성방지, 용해효과
- Prostaglandin(자궁수축.혈압강하제) : 홍조류인 김에 함유, eicosapentanoid수종발견, 12-hydroxy-eicosa-5, 8, 10, 14, 17-pentaenoicAcid(항균성분), 혈소판응집저해작용, 大신장의 ATPase 저해활성 촉진
- lectin(응집소) 해조류 응집소는 사람적혈구, 소, 모르모트 등의 적혈구, 림파구, 쥐 종양 세포, 해양세균에 대한 응집성이 강함

마. 수산가공의 요건

원료의 우수선도가 우수제품의 관건(수율, 품질)

1) 어패류의 선도 판정

(1) 목 적

품질파악(원료, 제품), 가공적성, 보존법 결정, 위생검사

(2) 측정원리

관능검사, 과학분석검사(이화학적, 세균학적)

(3) 측정법

① 관능검사

5대감각기관의존, 경험과 숙련필수, 간편하여 현장채용 많음.

→ 순서 : ⓐ 근육경도(손가락으로 눌러 경연차), → ⓑ 아가미색(담적-양호, 회록-부패) → ⓒ 안구 상태(투명-양호, 혼탁-불량) → ⓓ 어피색(고유색채) → ⓔ 복부(팽만감-양호) → ⓕ 어육(투명 광택 유무) → ⓖ 냄새(해수취-우수, 비린내-부패취)

② 물리적 검사 : 신속판정가능하나 개체차 커서실용불가

ⓐ 경도측정

ⓑ 전기저항차 (부페로 감소)

ⓒ 안구수정체 혼탁도

ⓓ 어즙액 점도

ⓔ 안방상등액의 굴절율

③ 화학적 검사

ⓐ 판정원리

- 신선육에 없거나 소량성분이 변질시 생성 증가(VBN, TMA)
- 단백변성을 지표
- 효소활성지표
- pH 변화치

ⓑ 측정법

(a) 휘발설염기질소(VBN) 측정법 : 증류법, 미량확산법(Conway법)

- VBN 판정기준 : 신선어(5~10mg%), 보통어(15~25), 초기부패어(30~40), 부패어(50mg%이상), 통조림원료어 20mg%↓

(b) TMA(Tri Methyl Amine) : 신선어(없음), 초기부패어(3~4mg%↑, 부패어(TMAO환원), 담수어 불사용

(c) 휘발성환원물질(VRS) : 초기부패어(20mg% 당량↑ - $KMnO_4$소비량)

(d) 단백승홍침전반응 : 어육을 승홍(제2수은의 침전정도로 측정)

(e) 어육 pH : 사후 저하후 재차 상승

- 부패점 pH : 적육어 6.2~6.4, 백육어 (6.7~6.8), 신선어 (7.0)
- 오징어육 선도판정기준 : VBN 30mg%, pH 6.5

④ 세균검사 : 어육에오염세균수 측정, 번거롭고 장시간소요로 비실용적

- 부패구분 (Tarr 1944) 어육 1g당 세균수로 신선어 10^5↓, 초기부패어 10^5~10^6, 부패어 15×10^6

2) 어패육의 사후변화

(1) 사후변화 5단계

① 해당작용(Glycolysis) : 간당 → 젖산, ATP → H_3PO_4 + ADP

② 사후경직(Rigor Mortis) : pH 6.3↓

③ 해경(Off Rigor, Resolution of Rigor) : ATP소실, 근섬유 파열

④ 자가소화(Autolysuis) : 육질연화, 산가↑, 인산↓, NH_3.aa, 가용성N↑

⑤ 부패(Putrefaction) : 자가소화 + 대장균에 의한 분해의 공동작업

(2) 어패육의 어획후 생체변화(사후변화)는 대단히 복잡하나 크게 나누어

① 먼저효소계에 의한 해당작용 같은 생화학적 변화로 시작하여 근육내 젖산과 인산이 축적되어 ② 육단백질이 사후경직이 근육내 간당(glycogen)이 소진 될 때 까지 계속되고 ③ 해당작용이 끝나면 해경과 더불어 ④ 근육 내 자가분해효소에 의한 자가소화로 육질이 연화 팽윤된다. 이때 부패균의 오염증식이 왕성해져 근육성분은 저급화합물로 분해하여 ⑤ 부패를 일으키게 된다.

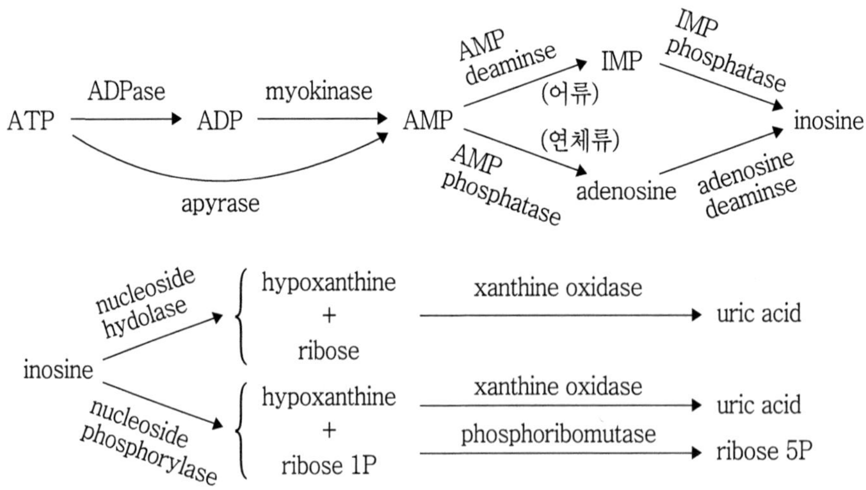

【그림】 ATP의 분해경로

(3) 어육 사후변화

① 저장목적 : 사후경직(前.中) 과정을 냉동(-15℃, 2주간)으로 연장

② 조리 목적 - 자가소화 과정신속화(연화효소)진행

ⓐ 생선회

- 신선육을 냉수에 담그면 급격히 수축하는 현상 = 이상경직
- 원인 : 인산화합물의 소실, 간당의 감소, 근육의 경직 등이 단시간 진행으로 인해 발생

ⓑ 부패작용 :유기물질이 미생물의 작용에 의하여 인간생활에 부적당한 물질로 분해 되는 것.

- 명칭 : 탄수화물 → 발효, 지방 → 산패, 단백질 → 부패
- 아미노산 분해종류 : ⓐ 탈탄산작용, ⓑ 탈아미노작용, ⓒ 탈탄산과 탈아미노병행, ⓓ aa발효
- 어육부패세균 : Flavobacterium, Pseudomonas, Achromobacter 속
- 분해산물 : NH_3, 아민류, 휘발산, 방향및 Oxy산, 페놀, 인돌, 스카돌, 피롤, 유황유도체, 각종aa, 각종 ptomine 류

3) 어획물의 취급과 관리

선도가 우수하고 위생 안전한 어패류공급은 어획에서 소비까지의 어획물의 취급, 관리 및 선도유지 기술확보가 절대적 요건임.

(1) 선상의 취급관리

① 선상 선도유지 : 오염원신속제거, 효소작용억제, 직사광선회피, 저온유지, 상처 및 유혈방지로 미생물오염 발육 및 변색방지

② 선상처리

ⓐ 선별 : 신속실시, 취급주의 타박 · 상처 방지

ⓑ 예비처리

- 어획물 즉살처리(대어-광어, 민어, 삼치) 필요
- 내장제거 : 장내세균, 효소작용억제, 선상처리유리
- 세척 : 오염원 제거 (청수로 혈액. 오물세척)
- 상자담기 : 혼합어 입상배제,적량,적정한 배열 필요

※ 입상자(入箱子)법

· 배립형〈등이위로〉

· 복립형〈배가 위〉

· 평편형〈옆으로〉

· 산립형〈무배열〉

· 환상형〈장어〉

※ 배열법 결정요인 : 어종, 용도, 저장기간(배립 10일이내, 복립10일 이상저장)

(2) 유통중 취급 및 관리(빙장, 염장, 냉동)

① 철저한 청결상태 유지 : 초기오염원과 미생물 영양물질(내장, 아가미) 제거

② 어체온도 신속저하 : 부패세균과 효소활성 작용지연

③ 위생처리 준수 : 아가미·내장은 철저분리, 세척(오염원), 불결빙, 부패어, 부산물 제거

④ 취급주의 : 상처예방(밟거나 던지기, 갈고리로 찍는 작업 배제)오염어 격리

(3) 수산전통식품

옛부터 전래 우리 고유식품의 계승, 육성을 위해 품목을 지정하고 공장심사 및 품질시험 후 그 품질을 인증, 상품에 「물레방아」마크를 부착 출하하는 제도로 1996부터시행-한국식품연구원. '96-11품목-7개공장 776톤 생산〈절임식품(젓갈류), 죽류, 어육제품(건조갯살), 해조류(조미김)〉

(4) 수산특산물

산지특산물을 대상으로 품질검사 후 그 품질을 인증, 상품에 「品」자 마크를 표시하여 출하하는 제도로 1996부터 실시

· 농산물품질검사원 : 〈해초류(김, 미역, 다시마), 건제품(건오징어, 건멸치, 꽃새우), 염장품(간미역), 조미가공품(조미쥐포, 조미개량조개), '96-18개품목-52개 공장-1291톤 출하

4) 어패류 선도 유지기술

(1) 단기유지

① 내장, 아가미 제거로 해수세균, 내장효소 등 오염미생물의 영양원 제거

② 수세로 부착세균, 오물제거로 품질유지 - 수침, 분사세척 실시(어류, 어상자, 어창 등)

③ 신속 냉각으로 저온유지시켜 세균증식 억제〈냉각법(빙장, 냉장, 동결) 빙장-어류+쇄빙, 수빙침지〉

· 10일간 보존가능 : 빙사용량 - 춘 · 추(어와동량), 하(빙2배), 동(빙1/2량)

· 하 저장일수별 : 1일(동량), 2일(1.5배), 3일(2배 얼음)

④ 상처 · 타박상 발생주의 : 산물적재시 적당높이, 취급주의(소형어의 어육이 더 연약함)

(2) 장기 유지

① 저온저장 : 동결점부근냉각, 해수어 4~15일(-1~0℃), 담수어 2~5일 (0~1℃)

· 냉각법 : 냉공기, 얼음, 항생제빙, 염수빙, 냉염수, 부분동결

② 광선이용

ⓐ 자외선(저압수은등, 테불위 2m, 대장균살멸 (1분/15w)고기숙성

ⓑ X선(세균살멸 : 300만W 음극선, 효소파괴)

③ 첨가물 이용

ⓐ 방부제(솔빈산, 안식향산, 포로피온산)

ⓑ 산화방지제(BHA, BHT)

ⓒ 드립방지제(복합인산염, 당류, 식염)

ⓓ 발색제(아질산Na, 질산Na)

ⓔ 탄력보강제

④ 약제빙(안식향산, 살리칠산, 붕산, 유효염소 0.02~0.06%)

⑤ 부분동결(빙장, 수빙법의 결점보완 : 비내동성어류, 송어(2주/-2℃~-10℃) 기생충 사멸

⑥ 동결 : 내동성 어류, 대량장기저장 가능, -18℃↓ 급속동결

· 어류의 수명(년)

거북(300), 까막조개(80), 장어(70), 메기(60), 잉어(45~150), 방어 · 도미 · 청어(10), 가오리(20), 미꾸라지(20), 대구(13), 연어 · 고등어 · 숭어(4~6), 은어 · 정어리 · 꽁치 · 망둥어(1~3)

〈코끼리(200), 고래(100), 사자 · 호랑이 · 소 · 개(20), 곰 · 낙타(50), 염소 · 고양이(10), 말 · 돼지 · 원숭이(30), 토끼(8), 쥐(6), 앵무(150), 독수리(130), 까마기(100), 학(90), 비들기(50), 닭(20), 매미(7일), 벼룩(3개월), 파리(7일)〉

바. 직접식용 어류 가공

1) 냉동수산품(Frozen Fish Products)

(1) 원리

저온(냉각, 냉장, 냉동)에 의한 미생물, 효소 등의 작용방지

(2) 효과

저장성-식품중 자유수 80%빙결시켜 수분고갈로 미생물생육정지

· 산화속도지연(1/30지연, 20℃에서 30℃보다) : 가공효과-동결건조효과로 조직개선(북어포)

(3) 정의

어류를 급속동결 포장한 규격품으로 간단한 조리로 식탁에 제공 할수 있는 것으로 소비자까지 -18℃의 동결상태를 유지하는 식품(동결품/냉동품)

(4) 요건

① 전처리 될 것

② 급속 동결 될 것

③ −18℃ 유지 될 것

④ 포장 될 것

(5) 제품특성(Advantage)

① 최고의 신선도(동결품)

② 경제적(폐기물 없음)

③ 시간과 일손절약(전처리품)

④ 균일한 품질(크기, 품질, 내용량)

⑤ 위생적(신선원료, 냉동)

⑥ 안정된 가격(대량생산)

(6) 분류

① 생선어패냉동품 : Round/whole, dressed(semi, pan), fillet, chunk, dice, stick

② 가공냉동품 : 냉장기능(염장어, 연제품, 조미품의 저장성 보완), 식미성 위주 제품

③ 조리냉동식품 : 미가열품(새우), 반조리품, 조리자숙품(만두, 교자, 튀김, H.B)

(7) 냉동기본원리

① 냉동Cycle → ⓐ 단열압축(압축기) → ⓑ 냉각응축(응축기) → ⓒ 팽창(팽창관) → ⓓ 증발(증발기)

② 냉매 : 냉동사이클을 순환하면서 열을 저온부에서 고온부로 이동매체 1차냉매(암모니아, 후레온가스), 2차냉매(식염, $MgCl_2$, $CaCl_2$, 알콜, P.G 수용액)

(8) 냉동곡선(Freezing Curve)

식품동결시 식품내 임의의 한점(온도하강이 가장 늦은 중심점)에서 경과에 따른 온도의 변화상태

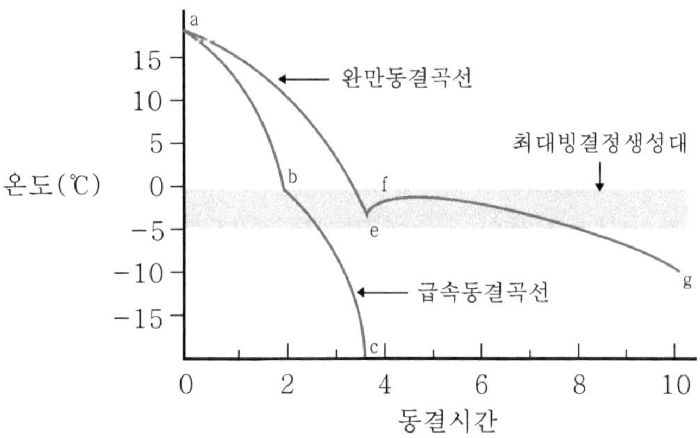

【그림】 동결곡선

(9) 최대빙결정생성대(Zone of maximum ice crystal formation)

동결곡선중 수분이 대부분(80%) 빙결되는 온도범위(0~−5℃)이 zone통과하는 속도(시간)에 따라 냉동식품의 품질좌우, 완만동결이냐 급속동결로 구분(결빙형태, 크기, 수 차이)

(10) 동결율(Freezing rate)

동결점하 최초수분함량에 대하여 얼음으로 변한 비율

$$\%m = (1 - \theta f / \theta) \times 100$$

단 : m 동결율, θ 식품온도(-1℃), θf 냉동온도(-5℃)

$$m = (1 - -1/-5) \times 100 = 80\%$$

(11) 동결 종류

① 완만동결(Slow Freezing) : 동결속도1/4 -1인치↓, 빙(氷)결정 크고 수적음. 부피팽창(얼음)

② 급속동결(Quick Freezing): 동결속도 1인치↑, 빙결정수 많고 크기가 적음, 무팽창(눈, 서리)

(12) 냉동식품의 T.T.T(Time-Temperature-Tolerance)

① 정의 : 품질 유지특성곡선으로 냉동식품의 최종품질은 제조시, 수송시의 온도와 경과시간이 냉동식품의 온도에 지배되는 3자간 관계를 수학적으로 산출한 것으로 TTT수치는 1.0↓가 되어야 우수품질임.

② 내용 : -20℃에서 1000일, -5℃, 200일, 관능상 품질저하가 처음인식시의 변화량=1. 이때 TTT = 1.00/1000 = 0.001

③ 연혁 : 미국 USDA(1948~58)에서 실험한 시간(저장 기간) - 온도 - 허용한도(물질내성)에 의한 냉동식품 품질저장기간 예측관계식으로 품질노화판정을 색과 향미에 의하여실시.

④ 실예

ⓐ 영업창고보관 : -29℃ × 90일(3개월)

ⓑ 수송중 : -18℃ × 2 일

ⓒ 판매 stocker so 보관 : −12℃ × 12일 일때 TTT Value?

- TTT 치 : 0.0028 × 90 + 0.0067 × 2 + 0.0167 × 7 = 0.3823
- Stocker 저장가능일(품질보증) : (1 − 0.3823) / 0.06737 = 37일

(13) 수산냉동품의 제조공정

① 前처리공정 : 원료어 → 수세 → 선별 → 세척 → 칭량 → 팬담기(IQF〈개체급속동결), BQF(단체동결)

② 後처리공정 : 동결 → 탈팬 → 빙의(보호처리) → 포장 → 냉장(FAO권장 −18℃)

(14) 냉동품저장보관기술

① 냉장원칙: 장기간 저장시, 다지방어는 단기간, 저지방어 보다 낮은 온도 보관

② 동결어의 냉장온도(℃)

저장월수	3개월	6개월	9개월	12개월	1년 이상
저지방어℃	−5↓	−10	−15	−20	−20↓
다지방어℃	−10↓	−15	−20	−25	−25↓

참치회 −45℃, 가다랑어 −35~−40℃, 대구 · 게 · 돔 −35℃, 일반어류 −25~−30℃, 자숙가공원료어(통조림용) −25℃, 비식용어분 −10℃

· 국제냉동협회 권장규격(−18℃↓) : 게, 닭새우 2개월, 굴 2~4개월, 바지락, 가라비 3~4개월, 새우 6개월

(15) 냉동어류의 품질관리

① 냉동어의 냉장중품질변화

ⓐ 어체내 수분증발(표면건조)

ⓑ 어체변색(세균, 색소성분)

ⓒ 방향성분휘발(고유향)

ⓓ N화합물의 변화(aa, 염기성N)

ⓔ 유지산화(유소)

ⓕ 빙결정의 성장(완만동결, 저장온도변화)

ⓖ 식품조직파손(빙결정, 드립-가스+부동수)

ⓗ Jellymeat

ⓘ drip

ⓙ 단백의 냉동변성

ⓚ 어체지방변화(효소, 산소)

ⓛ 어육변색(광택 불량)

② 냉동어의 해동 : 동결의 역현상, 동결로 제거된 열을 흡수하여 빙결정을 녹여 품온을 원상태로 하는 것

· 해동이 동결보다 늦은 이유 : 동결어가 신선어보다 열 전도율이 높기 때문

· 해동법 : ⓐ자연, ⓑ침수, ⓒ 송풍, ⓓ 수증기, ⓔ 진공, ⓕ 접촉, ⓖ 전기해동

③ 해동곡선 : 해동중 식품의 품질변화를 나타내며 냉동곡선의 반대곡선, 유효해동온도대가 곡선의 평탄부를 나타내 품온상승이 지연되는 것이 특징.

④ 해동속도와 품질

ⓐ 급속해동(품질 양호)

ⓑ 완만해동(장시간 미생물 · 효소 · 산소작용으로 품질 불량)

2) 수산건제품(Dried Fish Products)

(1) 정의

어패류, 해조류 등을 태양열 또는 인공열로 건조시켜 저장성을 부여시킨 제품으로 간편하고 경제적인 저차가공의 초기 어류 저장품

(2) 건조원리

건조란 열과 수증기의 동시 이동 현상

① 표면증발

② 내부확산

③ 큰 포차(飽差)로 건조촉진

(3) 건조목적

수분제거로 ① 부패균발육억제로 저장성향상, ② 식미개선(맛, 조직) ③ 창고,수송력 제고(중량, 부피 감소)

(4) 건조요건

표면증발(Surface Evaporation) → 내부확산(Internal Diffusion) → 반복

(5) 건조촉진방안

① 수증기분압강하(공기중), ② 온도상승, ③ 승화(얼음 → 기체)

(6) 건조조건

(외적)-① 온도 ② 습도 ③ 기압(내적) ④ 식품표면적 ⑤ 두께 ⑥ 성분조성

└── 표면증발 ──┘ └─ 내부확산 ─┘

(7) 건조속도 지배조건

① 기온

② 풍향

③ 풍속(風速)

④ 형상

⑤ 포차

· 포차(E) : 증발표면의 수증기압력(F)과 공기중의 수증기압(f)차이

$$(E = F - f)$$

〈이 요인은 건조속도를 좌우하는 가장 큰 외부요인이며 포차가 클수록 건조

속도도 신속하게 됨〉

· 건조속도는 표면적에 비례하며 표면적이 가장큰 것은 구형체임

(8) 물을 상태도(Triple Point)와 등온흡습곡선(Water Sorption isotherm)

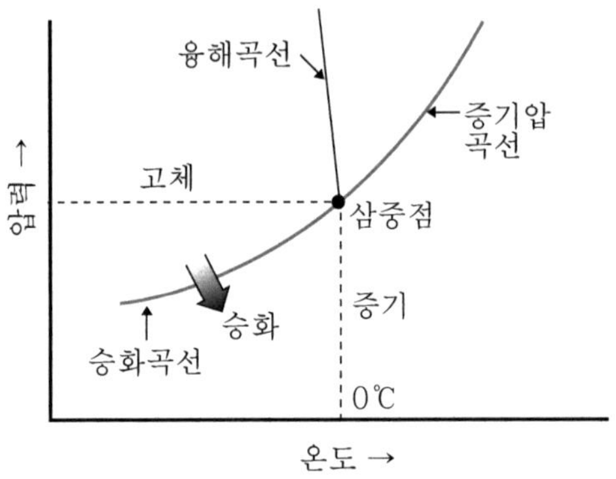

【그림】 물의 상태도

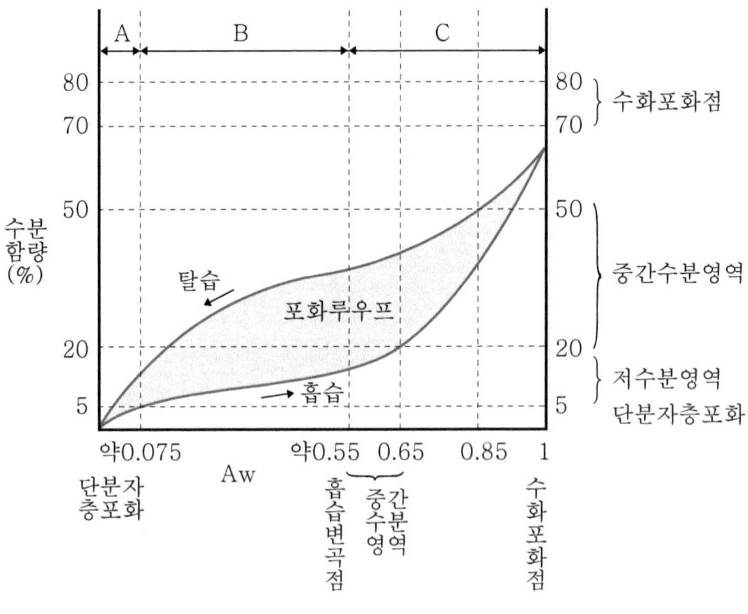

【그림】 등온흡습곡선

(9) 등온흡습곡선(Water Sorption isotherm)

일정온도에서 식품의 수분 %를 세로축에 관계습도(aw)를 가로축에 취하여 그린 ∫ 자 곡선으로 식품의 정적인 수분 %와 동적인 aw와의 관계표시

① 방습(건조)곡선과 흡습곡선은 이론상 일치하나 실제는 큰 차이가 나는데 이는 식품이 갖는 이력현상(식품의 조직변화 와 성분변성의 차이) 때문이다.

② 등온흡습곡선의 응용

ⓐ 안전저장의 최대 수분량 결정

ⓑ 진공/열풍 건조기의 최대 허용압력 결정

ⓒ 식품포장재료의 필요한 투과성 재질 선정

③ 단분자층의 수분(Mono Molecular layer of water) : 다공질표면 건조식품의 저수분에 기인한 산화,산패로 초래되는 변퇴색, 성분열화를 방지 할 수 있는 최소의 필요량으로 최대 허용 수분량. Bet 공식으로 계산(식품안전저장)

· 단분자층의 수분의 Bet식계산치와 분석치 그리고 규격수분 비교

	BET치	분석치	규격수분
잔새우	5.56	3.69	2.5
양파분	3.58	4.10	4.0
탈지분유	2.98	3.42	3.5

$$\text{BET} = R/a(100-R) = I + SR$$

R:관계습도, a:관계습도R일때 100g 건조물에 흡착하는물 g수, S, I:정수

④ 다분자층 : 친수성기위에 형성된 것으로 차차 액화하고 있는 상태의 층

(10) 수분활성 (Available Water Activity, Aw)

계(系)중의 물 자유도의 한 지표, 식품중의 수분%(정적)대신 동적 표시 한 것

$Aw = P / P^0$ (단, P : 식품의 수증기압, P^0 : 공기의 수증기압)

※ 수분활성과 미생물생육한계 : 세균 0.9, 효모 0.88, 곰팡이 0.80

· 식품별 미생물 생육한계

	식빵	찰떡	건오징어	건어패류	중간수분식품
수분활성 Aw	0.645	0.647	0.640	0.98~0.99	0.65~0.85
수분함량 %	13.7	17.8	28.3	15~35	20~50

① 어육 중의 수분

60~90%함유 중 결합수 35.2~63.2%(단, 단백질과 결합되어 동결이나 건조 또 미생물의 이용 불가)

② 어육의 보수성

· 압착, 가열, 세절 등 조작시 원함유수분이나 첨가수의 유지하는 힘.

· 등전점pH에서 최소, NA, ZN은 증가, 중성.

· 알카리시 소금(5~8%) 첨가로 증가

③ 인산염의 보수력 : pyro-, meta-, tripoly-, hexameta-, polyphosphate

④ 인삼염의 효과

ⓐ 금속이온 봉쇄

ⓑ pH 완충

ⓒ 계면활성효과

ⓓ 고강도이온에 의한 pH 증가

ⓔ 소금병용효과 (0~20℃)

(11) 겉마르기/표면경화(Case Hardening, Skin Effect)

① 정의 : 표면건조 〉 내부확산, 어체표면의 수분증발이 빠르고 내부확산이 늦게 되면 표면에 피막이 형성되어 내부수분의 탈출을 방해받아 품질이 저하되는 현상. 이는 함수고체는 가열이나 공기 중 방치시 먼저표면증발이 일어나 내부의 표면사이에 밀도차가 생기게 되어 내부 수분이 외부표면으로 평형될 때 까지 확산이 계속되는데 표면증발이 내부확산보다 빠르게되면 표면만 과도 건조 경화되어 내부수분의 탈출을 봉쇄하여 이후의 건조가 방해 받음.

② 방지책

ⓐ 야간퇴적(암증(暗蒸) 내부확산 부여)

ⓑ 열풍건조기의 단속(斷續)(내부확산 부여)

(12) 건조곡선

① 구성

ⓐ 예열기간 → ⓑ 항율건조(큰건조속도) → ⓒ 감율건조1단, 2단(건조지연)

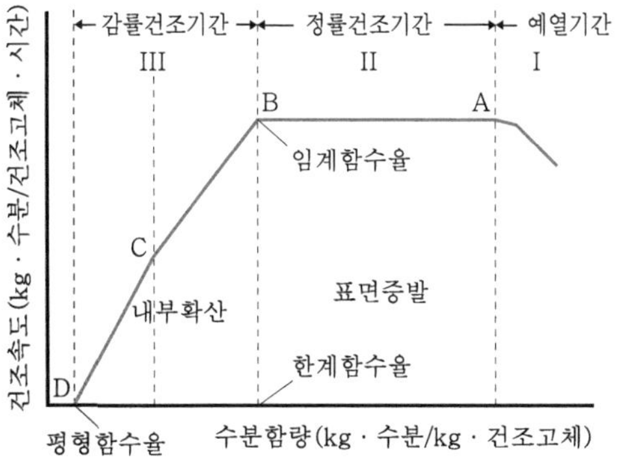

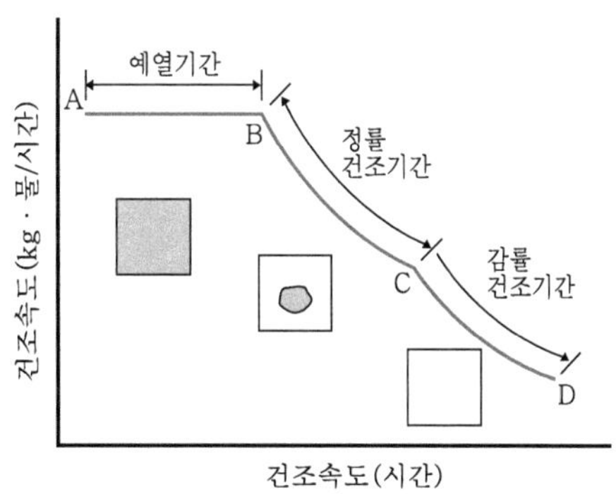

【그림】 식품의 건조곡선

② 한계함수율 : 항율과 감율건조의 경계점의 수분량(고온, 저습, 고풍속, 두께, 큰밀도 등은 함량이 큼)

(13) 어체의 건조

① 선어(80%함수) → 수분증발건조(50~60%) → 건어(40% 함수)

② 어육(교질) → 내부확산지연 → 경화현상(급속건조) → 부패(내부 수분분포 불균일)

(14) 건조법의 선택조건

피건조식품의 ① 열감수성, ② 성상(고, 액, 입(粒), 분체), ③ 처리량

(15) 건조방법

① 자연건조

ⓐ 천일(태양복사열)- 양건(陽乾),음건(陰乾)

ⓑ 동건(자연냉기)-동결과융해반복

② 인공건조 : 기계장치이용(기온, 습도,풍속등 임의조절가능)

ⓐ 열풍(가열, 증발)

ⓑ 진공(감압, 저온증발)

ⓒ 배(焙)건(훈연)

ⓓ 동결(승화)

ⓔ 냉풍(장력차건조)

ⓕ적외선(복사열)

ⓖ 고주파(유전가열)

ⓗ 분무(분유)

(16) 수산건제품의 종류

① 날 마른치 : 무처리 건조품(건오징어, 건명태, 삭스핀, 건미역, 건조김)

② 찐 마른치 : 삶은 후 건조한 것(건멸치, 건 전복, 건조굴)

③ 군 마른치 : 구운 후 건조한 것 (군 쥐포, 군오징어)

④ 간 마른치 : 굴비, 염대구, 염가자미, 자반고등어

⑤ 맛 마른치 : 멸치볶음, 조미오징어, 조미쥐포, 새우 꽃포

⑥ 얼 마른치 : 동결, 해동의 반복건조-복어, 한천

⑦ 연기 마른치 : 염지훈연건조 - 훈제굴, 훈제연어, 훈제청어, 훈제전복

(17) 오징어 영양성분

오징어	수분	단백질	지방질	당질	무기질
날 것	80.3	17.0	1.0	0.5	1.2
마른것	19.0	67.5	4.7	1.9	6.9

(18) 신 건조식품경향

① 중간수분제품(IMF, Intermediate Moisture Food) : 신선품과 건조품의 중간 수분품

Aw 0.85(신선품) - 0.65~0.85(중간품) - 0.2 (건조), 곶감, 잼, 건조소시지

· 방법

ⓐ Moisture Infusion(어 · 축육제품)

ⓑ Dry Infusion(비프스티우)

ⓒ 혼합법(pet)

② 건조압축식품(Dehydrate Compressed Food) : 중량, 부피 축소, 품질복원성 촉구

· 미육군 전투식(1960대) : 수분 10~30%, 동결건조 채소를 12%증습(蒸濕)후 14~170 기압으로 압착, 통기건조후 포장한 식품

- 농산품(버섯), 게살, 미트볼, 사라드, 푸딩

(19) 수산건제품의 품질관리

① 건조과정

ⓐ 물리적 변화 : 부피감소, 겉마르기, 가수복원성, 식감저하

ⓑ 화학적변화 : 단백탈수변성, 동결변성, 지방산패, 기름변색(油燒), 산패, 중합, 변색 등 종합적 변화

(a) 백분성분

- 타우린, 베타인(건전복, 건오징어)

- 타이로신(복어)

- 만니트(건미역)

② 저장보관과정

ⓐ 저하요인 : 건조, 흡습, 유지변색, 충해

ⓑ 방지기술 : 방습포장, 건조제, 저습저장, 진공포장, 불활성가스, 항산화방지제, 냉장, 훈증, 고온살균, 알콜 분무, 살균제(솔빈산), 저 수분 유지

3) 수산훈제품(Smoked Fish)

(1) 정의

어(魚), 패(貝), 조(鳥), 수육(獸肉) 등을 적당한 훈연재(材)(활엽수의 목재, 톱밥, 대패밥, 왕겨)를 불완전연소 시켜 얻은 연기를 쐬어 저장성(건조, 살균), 기호성(색, 조직, 맛)을 향상 시킨 제품

(2) 훈제원리

① 저장성향상(건조, 가열, 살균, 피막, 항균성/항산화성/항생제 성분)

② 기호성 부여(착색, 훈연취, 맛)

· 안전성 미구명 : 발암성분인 3, 4 Benzpyrene 같은 polycyclo aromatic compound에 대한 성분조성, 동물시험, 1인 섭취량 등 미결정

(3) 훈연법

① 기본공정 : 원료-전처리(조리, 염지, 세척, 수절, 풍건)-훈연-손질-훈제품

ⓐ 냉훈법(cold smoking) : 15~30℃, 1~3 주간, 수분 40%, 장기저장가능(1개월↑)

ⓑ 온훈법(hot smoking) : 50~70℃, 2~12시간, 수분 45~60%, 조미목저, 저장성무(냉장)

ⓒ 열훈법(roasting smoking) : 100~120℃, 3시간, 즉석용 고온배소, 목초액 희석 사용

ⓓ 속훈법(quick smoking) : 훈액, 목초액에 10~20 시간침지처리

ⓔ 전훈법(electric smoking) : Corona방전, 30Kv(직류), 1~2mA(교류)〈연기는 +극, 식품은 -극〉

② 훈연향료(Smoking Flavor)-fish sausage and ham for smoking

ⓐ Acids : carbonic, formic, propionic, capric, butyric

ⓑ Alchols : methanol, ethanol, propyl alchol

ⓒ Aldehydes : form, acet, methyl,

ⓓ Ketones : acetone, methyl, ethyl, propyl, diethyl

ⓔ Esters : formic methyl-, acetic ethyl-, propionic methyl-

ⓕ Hydrocarbon : Xyloll, thymol

ⓖ Others : dimethyl amine, pyridine

(4) 조미훈제품

대구, 문어, 청어, 연어(round, headless, USSR식, USA식, kippered), 상어, 뱀장어, 고등어, 꽁치, 정어리, 방어, 훈제어묵(120℃, 25분), 임연수어

(5) 효과

성분증가(염용단백질, 지방, 무기질유리아미노산-N), 어유산화방지(크레오소트, 페놀, 구아콜)

(6) 저장법

저온, 건조, 냉동, 통조림,훈증,백착유도포, 기밀포장, 탈습, 탈 산소제 이용

4) 수산염장품(Salted fish products)

(1) 염장원리

식품+식염 → 탈수 → 삼투압증가 → 미생물세포 원형질분리 → 생명정지(살균)

(2) 염장법

① 마른건법(乾鹽法) : 20~30% 소금살포, 고염법

② 물간법(염수침지) : 품질우수, 저장성 약

③ 개량건염법 : 물간후 마른소금 살포, 초기부패가 적고 균일한 소금삼투,외관수율좋고 유소방지

④ 특수염장 : ⓐ 변압(진공, 가압), ⓑ염수주사(근육, 맥관)대형어, ⓒ 압착(개량건염후)

⑤ 냉각염장 : 0~5℃, 대형 · 다지방어, 고온지대실시, 냉동염장법(동결어염지 → 해동과 동시 염분침투)

· 소금 : 제조별(증발염, 천일염, 암염), 용도별(식탁염, 정제염, 염장염, 각염)

· 불순물 : $MgCl_2$, $CaCl_2$, 황산염,탄산염, Mg, Ca성분-제품경화, 쓴맛부여

· 염지액조성 : NaCl, $NaNO_3$, $NaNO_2$, Sugar, 산화방지제(BHA, BHT), 향신료, 인산염, 쌀겨, 점토

(3) 염장어류

굴비(17~25%가염, 4~7일), 간(자반)고등어, 간대구, 간멸치, 간미역(수율45%), 간연어, 간송어

(4) 젓갈 · 어간장 – 천연조미료

① 정의 : 젓갈 – 어패류의 살, 내장, 생식소(巢)등을 염장하여 자가소화효소와 미생물효소에 의해 소화 숙성시킨것(새우젓, 명란젓, 굴젓, 성게젓, 조개젓, 창란젓, 해삼창자젓)

② 어(魚) 간장(액젓) : 젓갈을 착즙 여과한 액이 어간장임(가나리 액젓, 멸치액젓)AnchovySauce(유럽), nampla(태국), nuc-mum(월남), nagpi(미안마), trassikan(인니), patis, bagoong(생산된장)(필립핀)

③ 성분 : 아미노산, 단백질, 당질, 지질, 유기산, 기타(펩톤, 펩타이드, 유기염기, 젓산)

(5) 염장품의 변질과 보존

① 품질변화 : 중량감소, 근육수축, 단백, 지질분해, 지질산패, 단백변성, 성분용/석출, 자가소화, 적변

② 보존 : 냉장, 용기소독, 완전세척, 알콜처리냉장, 소금첨가(30%), 알콜처리(12.5%)

5) 수산연제품(Fish Meat Paste Products)

(1) 정의

어육에 소금을 첨가하고 갈아서 찌거나(蒸), 굽거나(燒), 튀겨서(油湯)가열한 제품의 총칭. 1496년 일본 창안제품

(2) 종류

① 어묵류(판붙이, 부들, 마, 포장, 튀김)

② 어육햄

③ 어육소시지

(3) 제품특징

① 광범위한 어종사용(종류, 크기, 선도)

② 원료와 판이한제품(형상, 맛)

③ 즉석식품

(4) 원료이용특성

① 선어 이외의 용도로 불가한 것(小魚, 雜魚, 奇形魚, 低鮮魚, 加工副産物)

② 선상연육(船上鍊肉)이용

③ 부가가치 향상(조미료, 비타민, 무기질 혼합개선으로 여양가, 식미성, 외관)

(5) 가공원리 : 염용성단백질을 추출하여 가열응고(Gel 형성)

① 어육+가염 3%(0.3~1몰, 75%수분이면 0.7몰) → 고기갈이(Actomyosin추출) → 가열(가교결합시켜 망상구조형성-수 봉입) → 어묵 〈Gel〉제조

② 고기풀 응고 : 가열로 액토미오신 분자의 상호엉김과 분자표면 반응기 간의 가교 결합에 의한 망상구조로 단백질의 열변성에 의한 열응고(sol→gel) 열비가역적 반응

③ 자연건조(상온방치) → gel, 엉겨앉음(setting, suwari)

④ 고기풀 되풀림(Returning, Modori) : 연약한 gel의 교상침전현상.〈언두부같이 부스러지는 현상〉

⑤ 생성원인 : 저온장시간 가열, 선도불량한 어육 사용시, 가교결합 없이 엉겨 가압시 붕괴

⑥ Actomyosin 용출에 미치는 요인

ⓐ 가염 : 2-3% , 수화(水和)증가

ⓑ pH 6.5~7.0(5.6 완전용해, 7↑불량 gel)

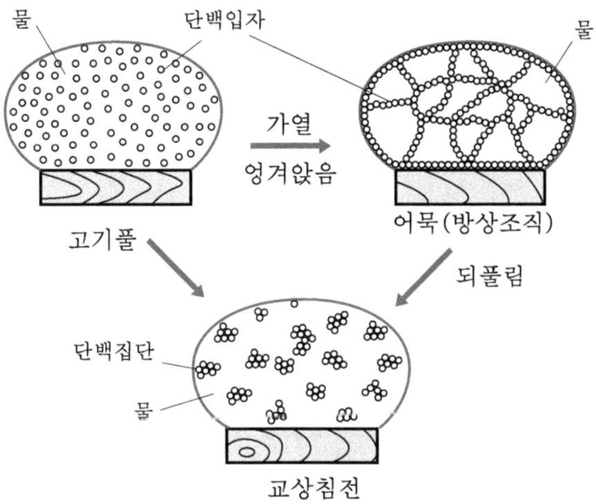

※고기풀의 겔화 조건

- 온도처리 : 저온에서 서서히 고온 후 급속가열
- 50℃ 구조형성단계, 60℃붕괴(온도)후 경화

※겔 붕괴 기구 : 미구명

ⓐ 근육단백효소의 적온(60℃)이 액토미요신 분해 고기풀의 엉겨앉음과 되풀림 온도와 일치

ⓑ 수용단백질과 염용단백질과 상호작용설(수세불충분시 수용단백질 잔존으로)

※ 2단 가열법

어묵형성의 마(魔)의 온도인 60℃대를 피하기 위한 수단으로 자연응고 온도인 50℃까지 예열가열하여 자연응고(1단)시키고 신속급가열로 70℃까지 고온가열(2단)로 강한 겔 형성시키는 방법(연육 → 서서히50℃ → 급가열70℃)

(6) 어육 연제품의 종류

① 어묵류 : 찐것(판), 군것(부들), 삶은것(마), 튀김(어단), 세공품

제조(연육 → 조미 → 성형 → 가열 → 어묵)

② 어육 햄.소시지 : 소시지, 햄, 휘시버거

③ 냉동고기풀 : 무염연육〈당5%(설탕, 포도당, 솔비톨), 인산염 0.2%〉, 가당연육〈당10%, 소금2~3%〉, 선상, 육상

(7) 냉동연육〈Frozen fish meat paste〉 고기풀

① 공정

어체처리 → 세척 → 채육 → 정육(精肉) → 수세 → 고기갈이 → 팬담기 → 동결 → 냉동고기풀

② 장점

ⓐ 연제품 원료난 해결

ⓑ 원료처리 분업화

ⓒ 냉동장기저장

ⓓ 연제품 제조오폐수 해결

(8) 저장냉동어로 만든 연육이 어묵형성이 않되는이유(냉동연육을 사용되는이유)

① 어류를 냉동하면 어체중의 금속이온이 염용성단백질 이온과 결합되어 단백질 변성이 일어나 불활성이 되기 때문에 gel형성능 상실

② 방지기술 : 활어상태에서 채육·수세하여 금속이온을 제거한 고기풀에 변성방지제(소금, 당류(설탕, 포도당솔비톨), 인산염)첨가 제조한 연육을 심온(-80℃)급속동결시켜 -45℃에서 냉동저장 - 해동 연제품제조(겔형성능/단백활성 유지)

(9) 어육소시지가 축육소시지 보다 저장성이 강한이유

① retort살균(고온, 고압)

② 저지방, 고전분

③ 인공케싱(PVDC)

④ 적색외 포장지

(10) 수산연제품의 품질관리

① 어묵류

ⓐ 검사

- 외관 : 크기, 굵기, 중량, 주름, 기포, 결속, 색, 액즙발생유무
- 내용물 : 절단면 기공유무, 육질, 탄력, 이물, 광택, 식미, 색상

ⓑ 변패현상 : 수분증발, 부패(표면 slime, 내부변질), 변색, 향미저하, 탄력저하

ⓒ 변패방지 : 저온유통, 건조방지, 포장, H_2O_2, 도포, 자외선, 방부제, 배합조정(덱스트란 생성방지)

② 어육.햄소시지

ⓐ 변패 : 세균성(결속부, 냉각수, clostridium 팽창), 비세균성(전분노화), 반점, 油-水분리

ⓑ 변패방지 : 고온살균(120℃, 4분), 솔빈산, 소독, 적색셀로판외포장(지방산화방지 우수)

6) 수산통조림(canned fish products)

(1) 연혁

① 병조림 : 1804. Nicolas Appert (프랑스)–광구병, cork 마개, 연유사용

② 통조림 : 1810. Peter Durand (영국)–Tin Canister 발명, 당시 can현존

③ 보존원리구명 : 1840. Leuis Pasteur (프랑스)–식품부패원인 : 미생물(세균) 기인

④ 밀봉기(Seamer) : 1897. Ams형재, Brenzinger(미) Double seaming 발명

⑤ Retort〈고온.고압살균기〉 : 1874. A.K.Shriver(미국) 고온살균법 발명

⑥ 한국 Can제조 : 1892. 서방이따로(일본), 전복통조림 제조(완도)

(2) 4대 원리

① 탈기 – 관내공기제거, 방지(관부식, 내용물변질, 열팽창)

② 밀봉(미생물침입 방지)

③ 살균(관내 세균살멸변패 방지)

④ 냉각(호열세균 억제, 고온 피해방지)

(3) 제조공정

원료어 → 전처리(조리) → 담기 → 액주입 → 〈탈기→밀봉→살균→냉각〉 → 수산통조림

(4) 종 류

① 원료 : 어류, 갑각류, 연체류, 해양포유류, 해조류

② 처리 : 원어, 반가공

③ 주입액

ⓐ 물담근(2%염수, 후추, 피망, 월계수잎, fish stoc, jelly) : 생선, 게, 새우, 대구간

ⓑ 기름(식물유-훈연, 올리부유, 면실유, 대두유) : 고등어, 바지락, 굴, 정어리, 다랑어

ⓒ 도마토(소스, 퓨레) : 꽁치, 고등어, 정어리, 전갱이

ⓓ 야채혼합(튀김, marinade후 채소혼합) : 소어류, 철갑상어의 알, 대구간, 야채

ⓔ fish pastes and pates(세절,식 물유, 도마토, 향신료,양파) : 생선, 게, 새우

ⓕ 연체동물(molluses, 기름튀김, 훈제) : 굴, 해삼, 문어, 섭조개

ⓖ 조미통조림(훈제, 튀김, 고유향기) : 오징어조미

ⓗ 식이(버터, 채소, 에센스, 비타민) : 환자식, 유아식, 무자극성 양념사용

(5) 검사

① 타검

② 가온(37~55℃, 1~2주)

③ 진공도(38cmHg)

④ 세균검사

⑤ 관능

⑥ 팽창

⑦ 밀봉

⑧ 내용물검사

⑨ 외관검사

※ 통조림 제조중 가열에 의한 변화 : 중량, 수분감소, 열수축, 경도, 단백변성, 지방산패

(6) 통조림제품 저장중 품질변화

① 유화수소 발생과 흑변 : -SH(함 S단백질 분해로), 인산염처가 방지

② 어골의 연화 : (Collagen, Osseo-albuminoide, mucoid), gelatin

③ Struvite : $Mg(NH_4)PO_4.6H_2O$, 인산염처리로 예방, 게, 오징어, 새우의 통조림이나 동결품

④ Adhesion : 단백응고, 고등어연어, 방지법(수분도포, 표면소금첨가, 식용유나 규소수지도포)

⑤ Curd : 단백응고, 방지법(50℃↑신속가열, 밀착충진, 희염수로 어육침지)

⑥ Honey Comb : 다랑어육면이 벌집구멍현상, 수용단백응고, 가스소공흔적, 상처방지

⑦ 주석(Sn)이상용출:多섭취시(권태감.구토,방지법(관내산소제거,질산근無용수나원료사용)

7) 농후조미 가공품(Rich Seasoned Dried Fish Products)

(1) 정의

어류, 조개류, 해조류를 조미액(간장, 설탕, 조미료)으로 약염(藥廉)하여 조린것(조림품), 건조한것(조미건품), 염장어, 패를 미강, 누룩, 술지개미, 된장, 간장, 식초 등에 담가 절인것(조미절임품)

(2) 원리

탈수, Aw저하(소금, 설탕에 의한 삼투압차)로 저장성과 조미료효과(소금, 식초, 설탕 조미료)

(3) 종류

① 조미건품 : 소형어패류의 조미액침지건조(배소), 꽃포, 조미쥐포, 조미오징어

② 조미조림품 : 조미 → 자숙 → 졸임 → 냉각, 바지락조림, 백합, 오징어, 다시마, 김

③ 발효(절임)조미품 : 염장발효(미강, 누룩-발효, 자가소화), 조미액 침투(간장, 식초, 설탕)

ⓐ 사용어류 : 까나리, 빙어, 뱅어, 참치, 망둥어, 바지락, 오징어, 다시마, 새우, 돔, 굴, 꽁치, 뱀장어, 은어, 정어리, 청어, 가자미, 눈퉁멸, 김, 다시마

ⓑ 사용조미료

- 천연조미료(양조간장, 설탕, 아미노산액, 물엿, 포도당, 식염, 미림, 식초)
- 생합성조미료(MSG, IMP, GMP, NA-Fumalate, Succinaye)
- 인공 감미료(사카린)
- 착색료(코치닐, 식용색소)
- 보존료(솔빈산)
- 중합인산염

ⓒ s가자미식혜 : 염지어류에밥, 누룩, 야채 등을 교대로 첨가 담금발효 젓산발효(식초첨가시 2주발효)

④ 조미가공품의 저장

저장성 無 : 조미액효과(식초, 간장, 미림), 건조효과, 가열농축효과, 저온저장, 방습포장

8) 어란 가공품(Fish Roe Products)

진미품-곤이젓(Caviar), 고급 염장품-명란젓, 성게알젓

(1) 원료

어류(명태, 용철갑상어, 연어, 대구, 송어, 청어, 잉어, 창꼬치)의 알(卵巢)

(2) 어란특성

① 색갈-연갈색, 흑갈색, 검정색, 황적색, 갈황색, 녹갈색, 황색, 오랜지색

② 맛(식미) - 진흙풀맛

③ 영양소 : 단백질(25~30%), 지방질 풍부

(3) 어란 저장

저온(0℃↓)냉장, 염장, 가열살균, 건조

(4) 염장법

① 건 염장 : 건염 3.5~12.5% 첨가

② 건염가열살균 : 가염(3.5~5.0%)후 가열살균

③ 액 염장(농염수침지-압착품)

④ 염장건조 : 염장후 왁스 코팅

⑤ 방부제 : NaCl, 붕사:붕산(3:1), 헥사메틸렌테트라민정제유, 글리세린, KNO_3(0.16%)

(5) 곤이젓(Caviar) 용철갑상어 알(Sturgeon Roe)

러시아 일품젓갈로 심해상어 알을 염장(10%가염)가공한 것으로 저온(5℃↓) 저장 필요

① 종류

ⓐ 과립형(3-5%염장)

ⓑ 통조림형

ⓒ 과립바렐통형(7-10%염장-나무통사용)

ⓓ 가열살균과립형〈살균소금(150~160℃, 2hr), 염지, 포장살균(60℃, 30분)〉

ⓔ 압착형(어란+가열(40℃, 5분)포화염수 염장, 절수압착)

ⓕ 비선별어란(미숙란)

(6) 어류100%= 가식부(edible) 50%-어육, 일부내장+비가식부(Inedible)50%, 頭, 꼬리, 내장

① 식품소재

ⓐ 어박(Fish Meal)

ⓑ 어유(Fish Oil)

ⓒ 식용어분(Fish Soluble)

사. 식품소재와 사료의 가공

1) 어분(Fish Meal)

(1) 건조 어분

① 정의

식용 불가능한 어류(소어, 잡어, 기형어, 어류가공 부산물(내장, 머리))를 자숙 · 압착(어유분리)건조, 분말화하여 가축사료로 이용하는 것 - 단백질, 비타민B군, Ca, P, 미지 성분효과 우수

② 사료가치 영향 요인 : 착유법, 건조법, 생산지, 어종, 저장법

③ 용도정제어분 (식품가공용), 조어분 사료(가축, 양어), 비료(농작물)

④ 종류

ⓐ 원료육질별(백색어분, 갈색어분)

ⓑ 지방유무(전지어분, 탈지어분)

ⓒ 지방함량(다지어분, 소지 어분)

ⓓ 원료어별(대구, 가자미 어분, 정어리, 청어분)

ⓔ 제조국(영국산, 노루웨이)

ⓕ 제조법(천일건조어분, 기계건조어분)

⑤ 제조공정 : 증자 → 압착 → 건조 → 분쇄 → 포장

ⓐ 원(북)양어선 어분 : 명태, 가자미, 냉동연육의 부산물 - 양어장 사료

- 연안어분(고등어, 정어리-배합사료 원료)
- 수입어분(멸치, 밴댕이-칠레, 페루, 남아공)식용 어분

⑥ 어분의 품질(규격)

ⓐ 단백질 55~70%(60~75)

ⓑ 지방 5~10%(8↓)

ⓒ 회분 12~33%(10~20)

ⓓ 수분 6~10%(10↓) 8%적당. 12%↑ 곰팡이 발생

ⓔ 조섬유 1%

⑦ 어분의 이용

ⓐ 사료 : 가축용 10%, 양어용 25%, 새우박단백46%↑

ⓑ 식용 : 선육을알콜, 유기용매로 추출한 고형물(무색, 무미, 무취의 단백분) – 제빵제조, 발효간장, 조미료

- Taint 현상 : 어분사료로 장기사육한 고기, 계란, 젓 등에서 특유한 어취가 나는 현상방지법(3~4 주간 어분사육중단, 백색어분사용), 불쾌취원인(염기, 유지산화물)

- Casing 현상 : 어분저장 중 흡습으로 덩어리가 되어 회색으로 변하는것(방습포장 필요)

(2) 어류단백농축물(Fish Protein Concentrate, FPC)

※ 1961. FAO 생산권장(빈국영양원)

세계빈국민의 단백질결핍증 해결책으로 FAO에서 제안한 방안으로 선육을 탈지(용매추출)한 Cake를 정제백색 분말화한 고단백 식품소재로 제빵, 제과, 제면, 가공식 등 다양하게 이용

① 공정 : 생선 → 세절 → 추출 → 여과 → 건조 → 수세 → 여과 → 건조 → 분쇄 → FPC

② 영양가 : 라이신, 메티오닌 고(高)함유, 우유와 유사한 효과

③ 성분규격(FDA) : 대구FPC–단백75%↑, 지방0.5↓, 수분10↓, 이소푸로파놀 250ppm↓세균수, 만/g↓,Ethylenedichroride 5ppm↓, 불소(F) 100ppm↓

④ 사용상 문제점 : 거친촉감(혀에 까칠 까칠한 섬유단백기인), 가수복원성 無. 식미불량

· 용도(빵, 비스켓, 소시지, 스프, 청량음료수에 사용시도) 콩단백대체

· 단백효율 : 대구106%(칠레), 정어리117%(인도), 크릴103(호주), 청어 110(카)

⑤ FPC의 저장

ⓐ 방습포장(아스팔트재질)

ⓑ 고건조

ⓒ 탈지최대한 제거

ⓓ 저온거조보관

ⓔ 산화방지

(3) 식용어분(Fish Soluble) : 어즙, 내장류, 전체어(폐기잡어)

① 정어 : 자숙액, 폐기물, stick water 등을 소화시킨 다음 액화물을 농축시킨 것

② 공정

원료 → 자가소화 → 원심분리 → 단백액층 → 진공농축 → 액상어분(수분40~50%, 단백30%)

↘

흡착건조 → 분쇄 → 분말어분(단백60%)

③ Krill Protein Paste(KPC), 1970. 소련개발

남극새우 → 압착 · 원심분리 → 액즙(60%) → 가열(97℃) → 침전 · 응고(수율 55%, 수분67.6%, 지질4.6, 단백질 24.5, 회분3)

④ 용도 : 조미료, 스프원료, 분홍색치즈모양, 새우풍미 아스타키산틴풍부(사료)

2) 어유 (Fish Oil)

(1) 정의

수산동물의 어육, 내장,뼈 등에서 채취한 유지의 총칭.

(2) 분류

① 어유(fish oils) : 정어리, 꽁치, 청어, 다랑어방어 등의 체지방에서 착유한 것

② 해수어(blubber oils) : 고래, 물개, 바다표범, 물치등의 체지방에서 분리한 것

③ 간유(liver oils) : 대구, 상어, 명태, 오징어, 복어, 개복치 등의 간에서 추출한 기름

(3) 성분

① 지방산(fatty acids)

② 알콜류

③ 탄화수소(인, 당, 황) - Squalene $C_{30}H_{50}$ = 6개

※ 고도의 불포화 지방산 : $\omega 3$ FA
EPA(EicosaPentaenoic Acid, C_{20}, = 5개), DHA(DocosaHexaenoicAcid, C_{22}, = 6개)

(4) 채유법

① 착유방법 선택요소 : 원료의 유함량, 원료량, 유지성질에 좌우

② 착유원리 : 동물조직→유지유리→유지분리 →정제(협잡물 제거)

ⓐ 압착법(press) : 온압법(수율우수, 참, 들기름) 냉압법(품질우수)-식물성기름 채유

- 원료 → 선별 → 세척 → 탈각 → 분쇄 → 열처리 → 채유 : 온압유우수이유-단백응고, 기름점도↓

ⓑ 용출법(Melting out process) : 전취법(건식, 직화, 간접증기), 자취법(습식, 물과직접증기)

- 자취(煮取)법 : 저온법과 고온법, 고래유, 어유, 솥에 물을 넣고 어육과 끓여 세포 파괴하여 부상(浮上)유 채취 → 물제거 → 압착 → 원심분리 → 채유

ⓒ 침출법(Infusion) : 용매추출, 수율우수

(a) 용매 : 석유벤젠,벤젠, 알콜, 사염화탄소,아세톤, 트리클로로에탄,Hexane

(b) 용매구비조건

- 無독 · 염가
- 인화폭팔성無
- 유지 無취
- 고비점
- 유지만용해
- 용기부식 無

(5) 채취유지의 정제

① 정치법(standing) : 침전탱크, 1주야방치, 고형분(섬유)침전 위층유분리, 2% 수분제거(소금, 염화칼슘, 망초(무수황산나토륨) 처리), 60℃까지 가온 협잡 불순물 침전 조장.

② 알카리(탈산)정제법 : 유리지방산을 비누로 제거, 처리농도 12~27°Be', 탈색 효과

③ 탈색정제법 : 색소(카로티노이드, 엽록소)을 흡착제(활성/산성-백토)산화환원, 활성탄 1~2%처리

④ 탈납(Winterization)공정 : Salad oil 제조시만, 기름을 4~6℃저온에서 석출시킨 고체지방인 용융점 높은 stearine결정형을 제거하는 dewaxing 공정

⑤ 탈취공정(Deoderation) : 감압하에서 가열수증기를 취입시켜 어유취(NH_3, FA 산화물, 불검화물)증류 제거

⑥ 여과 · 원심분리법 : 불순물 제거

(6) 어유의 일반성상

① 물리적

ⓐ 색(담황, 녹)

ⓑ 냄새(어육취)

ⓒ 맛

ⓓ 조도

ⓔ 건성

ⓕ 비중(0.92)

ⓖ 굴절율(1.472)

② 화학적

ⓐ 검화가(190)

ⓑ IV(100↑)

ⓒ 다취화합물(F)

ⓓ 산화산(고형막)

ⓔ 불검화물(콜레스테롤, Vitamin A.D 함유)

(7) 각종어유

① 간유채취 : 어간(30%油) → 쵸핑 → 10%대구, 명태간유+2배물 → 분해조 +NaOH(30~40%)2~4% → 가열(90℃, 2hr) → 2배희석(80~90℃) → 원심분리 → 조 간유

ⓐ 정어리(Sardine)유 : 원료 12~17%유, 수율 10%, Av 1.3~8.2, IV 180~7, 경화유, 인쇄잉크

ⓑ 청어유(Herring oil) : 자취법, 정어리유와 성분, 용도 유사

ⓒ 명태간유(A.Pollack liver oil) : AV 2.1~8.8, SV 179.6~185.8, IV 143.3~155.2

ⓓ 대구간유(Cod liver oil) : Vit.A (약용), 피혁제조용

ⓔ 상어간유 : 전취법, Squalene($C_{30}H_{50}$)−OxygenBox〈$+6H_2O \rightarrow 6O_2+6H_2$〉, 경화유용, 피혁용

ⓕ 오징어간유(Squid liver oil) : 간 11~35%, 수율 3.5~31.9%, Vit. A 0.6~40 C·L·O·U(간유단위)

ⓖ 고래유(Whale oil) : 고래지육, 뼈, 내장등을 자(전)취법, 요도가(IV) 121~147, 비누화가(SV)1 88~94, 응고−2℃, 경화유, 비누제조, 피혁제조, 윤활유, 등유 등에 사용

② 가공 : 경화(인조버터), 중합(와세린, 페인트), Sulfone화(피혁공업), 건성화(페인트), 가황(윤활유, 냉각유)

(아) 어유의 이용

① 식용 : 통조림용(연어), 마가린, 쇼팅

② 의약용 : Vit. A, D 급원(대구, 넙치간유)

③ 공업용 : 유성도료용, 윤활유, 잉크, 니스, 화장품, 고무공업, 금속처리용, 피혁가공, 살충제

아. 해조 가공품(Seaweed Products)

① 한국산 해조류 400종 - 식용(주, 부, 기능식), 호료, 약용, 사료, 비료

② 이용

· 일반 해조 가공품 : 마른김,건미역, 건다시마

· 해조 공업제품: Agar, Alginic acid, Carrageenan, 풀가사리

1) 일반가공품

(1) 미역(dulse) : 15천톤/년

① 영양특성

ⓐ 무기질. Vit. 급원

ⓑ 정장작용(섬유질)

ⓒ 알카리식품

ⓓ 유해금속치환

ⓔ 항 콜레스테롤효과(fucogalactan 황산 ester)

② 염장미역 장점

ⓐ 건조장 불필요

ⓑ 단시간복원

ⓒ 위생적

ⓓ 소비자 포장

③ 이용

ⓐ 건미역95%

ⓑ 양식산70%

ⓒ 염장미역 90% 수출품

(2) 김(Laver) : 3억장/년

① 품종

ⓐ 방사무늬김

ⓑ 참김

ⓒ 둥근김

ⓓ 둥근돌김

ⓔ 모무늬김

② 규격 : 21×19cm/매, 240-290g/100매, 10매(1첩), 10첩(2톳)

③ 마른김(수분10%↓) : 엽록소(흑자색)+수분흡습 → phycobilin(적갈) 향미악변

④ 채취기 1~2월, 초제건조후 60℃열풍건조기(2hr)/탄열로 4~6일 건조후 양철 상자로 포장

(3) 다시마(sea tangle) : 북방계 해조, 160톤/년

특유맛 : glutamic acid4000mg%, mannitol 5~28%(마른백분성분), 아스파틱산, 호박산

(라) 풀가사리(glue plant)-직물호료용(곰팡이 방지), 135톤/년

주성분 : Funoran(점질다당류), 다량의 황산기 함유, 광택우수, 풀빼기용이-견직물호료

2) 추출제품

(1) 한천(Agar-Agar) : 638톤(한)/년, 6000톤(세계)

① 정의 : 홍조류(우뭇가사리, 꼬시래기)를 열수로 추출해 낸 점질성 복합다당류, 300년선(일)

② 구분 : 천연한천-동건품(동결-해동 반복탈수), 공업한천(인공 탈수건조)

③ 주성분 : Agarose(중성다당류) 70%, Agaropectin(불용성 산성다당류) 30%

④ 원조 : Agarophytes〈한천제조해조류총칭〉, 홍조류(진정)

ⓐ 우뭇가사리

ⓑ 꼬시래기

ⓒ 비단풀

ⓓ 금초

ⓔ 새발

ⓕ 석묵

⑤ 성질 : Agarose는수불용, 열수가용 → Sol형성 → 냉각(제리상) → 재가열 → 융해s 응고온도(35~36℃), 융해온도(80~90℃)

⑥ 가공 : 제조원리 ⓐ 추출, ⓑ응고, ⓒ 건조탈수

⑦ 제조장소 : ⓐ 기상(-5~-10℃, 눈이 적은곳), ⓑ 지형(오전 햇볕좋고 오후 빠른 일몰〉, ⓒ 수질(연수), ⓓ 비가 적은곳(색, 광택, 수율자우)

⑧ 공정 : 원조 → 전처리 → 자숙추출 → 여과 → 응고우무 → 탈수 → 건조 → Agar(한천), 수율 35~40%

⑨ 소요시간 : 천연한천(60~70일/12, 하순-2, 하순), 인공(각한천 18~19일, 실한천 15~16일)

⑩ 용도 : 식품(요리, 양갱, 양조, 통조림), 공업용(호료, 도료, 인쇄잉크), 의약(소갈완화, 정장, 오브레트, 치과재료), 학술연구(미생물 고체배지, 입자측정, 카타라제 활성 억제제)

(2) 가라기난(Carrageenan) : Irish mass 추출물

① 정의 : 홍조류(돌가사리과)를 열수추출로 얻은 점성의 산성다당류

② 구성분 : D-Galactose(3.6 anhydrous D-Galactose)의 고분자 다당황산ester

③ 종류 : k형(kcl로 gel상 응고침전) 40%, 황산기 25%

ⓐ 형(Kcl로 불응고 용존) 65%. 황산기 35%

ⓑ형(So3 32%), → 형(k형 전구체)

④ 성질

ⓐ 무미, 무취, 무(황)색 분말

ⓑ 온수(60℃)가용

ⓒ Gel화(30~40℃)

ⓓ 단백질과 반응성(이장방지, 보수안정제)

ⓔ 가열안정성(90℃, 40분↓)

⑤ 공 정 : 원조 → 가수(20배) → 가열(80℃, 2hr) → 열탕가수(3배) → 여과 → 원심분리 → 용매 2.5배 첨가 → 침전 → 탈수 → 제품.

※ 사용용매(isoprppanol, methanol)

⑥ 용도

ⓐ 낙농품(Ice크림 0.05%)

ⓑ 제과(양갱0.2%)

ⓒ 육가공품(0.2%)

ⓓ 수산연제품(0.1%)

ⓔ 소스, 케첩(0.5%)

ⓕ 기타(빙의용, 화장품, 치약)

(3) Alginic acid(Algin, polyuronide)

① 1883 발견, 산성다당류(Hetero polysaccharide)

② 원조 : 갈조류(감태, 모자반, 미역) 3월경 채취

③ 구성분 : D-Mannuronic acid, L-guluroic acid

④ 성질

ⓐ 수 · 유기용제불용, 알카리가용(점조액 형성)

ⓑ 유기고분자 전해질(-OH, -COOH)

ⓒ Na,K, Li, Hg, NH_3염(수용성), 기타염(불용성)

ⓓ 방사선 Sr흡수억제

⑤ 공정 : 원조 → 염산(0.5%)처리 → 추출(양잿물1.5%, 60℃, 4hr) → 용해희석(100배) → 청징(침강부유) → 여과(원심분리, 규조토 여과) → 표백(NaClO, $CaCl_2$) → 탈수 · 중화 → 정제 → 건조 → 분쇄

⑥ 용도 : 직물용호료, 식품가공(아이스크림 안정제), 의약, 공업용, 물정수 처리

(4) PGA (Propylene Glycol Alginate) – 식품안정제

① Alginic acid의 -COOH 기에 PropyleneOxide를 반응시켜 PGA radical을 만든것

② 성질

ⓐ 강한 내산성(겔화, 점도저하방지)

ⓑ 단백질안정화(산성)

ⓒ 유화안정성(친유기)

ⓓ 포말안정화

③ 용도

ⓐ 산성음료 안정제

ⓑ 식용향료유화제

ⓒ 면류개량제

ⓓ 포말 안정제

(5) 풀가사리

직물호료(곰팡이 방지, 광택우수), 벽칠풀, 도자기풀, 세발용호료

자. 미래 신규 수산식품자원 개발 분야

(1) 다획성 어류의 식량화 및 폐기물의 활용

① 정어리(11만톤), 꽁치(적육어), 쥐치(백육어, 20만톤)의 효율적 가공이용

② 결점

ⓐ 뼈가 많음

ⓑ 강한 비린내

ⓒ 강한 굽는 냄새

ⓓ 폐기물처리난

ⓔ 장시간 조리

③ 개발방향

ⓐ 냉동고기풀

ⓑ 냉동 fish block

ⓒ 식품배합소재(FPC, 식용어분)

(2) Krill 식용화

남빙양 서식, 5천~7천만톤/년 어획〈세계년간 어획량과 동량〉생육. 동결연육

· 체장 4~5cm, 어획자원 20~25억톤, 강한 효소함유, Paste제품 : 단백응고 동결, 농액즙(조미료)

(3) 심해어(수심 300~2000m서식), 남태평양(호끼, 아까다라, 메루루자, 돔), 냉동 연육, 어묵

1) 어육연제품

어육에 소량의 식염을 가하여 고기갈이하여 얻은 연육(meat paste)을 가열하여 겔화한 제품을 일컫는다.

① 어종이나 어체의 크기에 관계없이 원료의 사용범위가 넓다.

② 맛의 조절이 자유롭다.

③ 어떤 소재라도 배합이 가능하다.

④ 외관, 향미 및 물성이 어육과는 다르다.

⑤ 바로 섭취할 수 있어 일반 수산가공식품과는 다른 특징을 가지고 있다.

(1) 제조원리

어육을 그대로 또는 단순히 고기갈이하여 가열하면 다량의 드립(drip)이 발생되고 육이 응고될 뿐 탄력 있는 겔(gel)로는 되지 않는다. 그러나 어육에 2~3%의 식염을 가하여 고기갈이한 후 가열하게 되면 드립의 발생없이 탄력이 있는 겔로 된다. 연제품은 근육단백질의 겔화를 이용한 것이다. 겔화에는 근육중의 단백질(특히 myosin)과 수분이 중요한 역할을 한다.

연제품의 겔형성 기구 ① 식염첨가 고기갈이에 의한 근원섬유의 붕괴와 acto-myosin의 용출 ② 단백질 분자간 가교결합(cross linkage)에 의한 망상구조의 형성 ③ 연육의 겔화

고기갈이한 연육을 가열할 때, 겔화온도에서 형성된 탄력 있는 겔이 50~70℃의 온도영역을 통과할 때 탄력이 떨어지고, 심지어는 겔이 붕괴되는 경우가 있다. 이를 겔의 열화(劣化) 또는 되풀림(returning, modori)이라고 한다. 이러한 현상은 어종에 따른 특이성의 차이가 많고, 대체로 60~65℃온도대의 통과시간이 길 때 일어나기 쉬우며, 50℃이하에서도 가열시간이 길어지면 일어나게 된다. 이 현상의 주원인은 근육 중에 존재하는 serine protease가 myosin heavy chain을 분해하기 때문으로 알려지고 있다. 되풀림 현상을 막으려면 이 효소의 활성이 큰 60℃부근의 온도대의 통과시간을 짧게 하여야 한다.

2) 원료어와 가공적성

(1) 겔 형성력의 어종 특이성

겔 강도와 겔화속도 겔 형성력(어묵형성력)은 원료어의 가공적성을 결정하는 중요한 특성의 하나로서, 겔 형성력의 강약은 겔 강도로서 나타내는 경우가 많다.

겔의 형성력은 ① 적색어류에서는 대체로 약하다. ② 적색육 어류와 백색육 어류의 중간어종인 청새치와 전갱이 등은 강한 것이 많다. ③ 가자미류와 연어,송어류는 약하다. ④ 새우류도 약하다. ⑤ 백색류 어류와 연골어는 강한 것도 있는 반면 약한 것도 있다. 탄력이 강한 어묵을 만드는 대표적인 어종=〉매퉁이, 조기, 녹색치 등 탄력이 약한 어묵을 만드는 대표적인 어종 → 정어리, 고등어, 방어

3) 연제품의 일반적인 제조공정

① 원리

· 어육에 2~3% 식염을 첨가하여 갈면 고기풀(연육)이 된다.

· 여기에 여러 가지 부 원료를 섞어 가열 냉각한 제품

· 어육 연제품의 품질은 외관, 향미, 탄력 및 보존성 등의 좋고 나쁨에 따라 결정

② 가공방법

채육 → 수세 및 탈수 → 만육 → 고기갈이 → 조미 및 보강 → 성형 → 가열 → 냉각 → 포장

ⓐ 채육 : 머리, 내장 제거 후 씻어 소형어는 그대로 대형어는 두겹, 세겹 편뜨기를 하여 어육채취기로 채육. 원료는 탄력형성 등을 고려할 때 백색육 어류를 많이 쓰는데 명태, 대구, 조기, 매퉁이등의 여러 고기를 조합하여 사용한다.

ⓑ 수세 및 탈수 : 물에 담그어 교반하면서 수세처리 -> 탄력이 강화됨

ⓒ 만육 : 육세절기(chopper)에 넣어 결체조직 ,근막 또는 작은 뼈 등을 잘게 끊어 줌. 이 공정에서 어육과 육세절기를 충분히 냉각하여 육 단백질의 변성을 막아야 한다.

ⓓ 조미 및 탄력보강

- 증량제, 광택제, 탄력보강제, 조미료 등의 각종 첨가물 첨가
- 조미료 : 설탕,포도당,청주,글루탐산모노나트륨,이노신산나트륨,미림 등
- 녹말(+2~3배) : 가장 많이 쓰임 , 탄력보강제, 증량제
- 달걀흰자 : 탄력보강제, 제품의 광택제
- 축합인산염 : 단백질의 보수성을 높이고, 제품의 탄력성 강화효과
- 지방은 맛의 개선이나 증량을 목적으로 특히 어육소세지에 많이 첨가됨

ⓔ 성형 : 자연 응고현상 전에 빨리 성형해야 함

ⓕ 가열 : 탄력이 풍부한 젤리(Gel)을 형성 - 고기풀(연육)에 함유된 세균을 사멸(중심온도 75℃ 이상)

ⓖ 냉각

ⓗ 포장

30. 대두(大豆)단백 가공품

1) 대두 단백커드

콩 비린내가 나지 않고 담백한 맛을 내며 쉽게 조미, 착색, 착향 할 수 있다. 주로 어육에 혼합하여 어육소시지 등의 제조에 사용된다. 탈지대두단백에 8~10배의 물을 가한 후 100℃에서 10분정도 가열하면 대두 단백질이 용출되고 섬유질과 같은 불용성 물질은 침전된다. 여기에 염화칼슘을 첨가하여 응고시키고 응고물을 분리하여 물로 씻은 다음 원심분리하면 80%정도의 수분을 함유한 대두단백커드가 형성된다.

2) 대두 조직단백

분리대두단백을 알칼리 용액(pH9~13)에 단백질의 농도가 10~30% 되도록 녹여 방사액으로 만들어 작은 구멍을 통해 식염이 들어있는 식초산 용액(pH2.5) 중으로 압출 응고시켜 대두단백섬유를 만든다. 이것을 색소, 조미료, 향료 등의 혼합용액을 통과시켜 극세섬유 다발을 만들고 달걀흰자 등의 결제를 가하여 적당한 모양으로 성형, 응고 하여 건조 냉장한 것이 인조육이다.

3) 피넛 버터(Peanut Butter)

땅콩을 정선하고 160℃에서 40~60분간 볶고 실온으로 냉각한 후 거칠게 분쇄하고 속껍질을 제거한다. 속껍질을 제거한 땅콩에 1~2%의 소금을 첨가하여 마쇄기로 충분히 마쇄한다. 버터 대용이나 제과용, 조리용으로 많이 사용된다. 피넛버터는 유통할 때 온도가 높으면 기름이 분리되므로 기름분리 방지를 위해 경화유를 소량 첨가한다.

4) 건조두유(乾燥豆乳)

탈지대두에 물을 가하여 단백질을 추출, 건조시킨 것이다. 즉 원료인 탈지대두에 10배 정도의 물을 첨가하고 실온보다 조금 높은 온도에서 단백질을 용해, 추출한 다음 비지를 제거하여 두유를 얻는다. 이 두유의 고형분이 15%되도록 감압 농축한 후 수분함량이 2~3% 되도록 분무건조하면 분말상태의 건조두유가 만들어진다.

(1) 두부 응고제의 특징

응고제	첨 첨가 온도℃	두부의 특성
글루코글루코 노델타락톤	85~90	표면이 매끈하고 부드럽다. 수율이 좋다.풍미는 좋지 않다.
염화마그네슘	75~80	단시간내에 응고되고 쉽게 탈수된다. 풍미가 좋다.
염화칼슘	75~8	쉽게 탈수된다. 풍미가 좋지 않다.
황산칼슘	80~85	색깔이 좋고 수율이 높다. 표면이 거칠고 황산칼슘이 두부에 많이 잔류한다. 풍미가 좋지 않다.
유기산		

5) 유부

생두부를 얇게 썰어 수분을 조금 제거한 다음 기름에 튀겨낸 것으로 튀긴 두부용 생 두부는 일반두부보다 수분함량이 적어야 한다. 원료 콩을 마쇄한 후 단시간 가열하고 70℃ 정도로 냉각시켜 응고제를 첨가하고 교반하여 입자가 작은 생 두부를 만든다. 얇게 자른 생두부를 대나무발 사이에 끼우고 누름돌을 얹어 수분이 70~80% 되도록 탈수시킨다. 이 때 수분이 많으면 튀길 때 기름이 튀고 속살이 거친 유부가 되고 수분이 너무 적으면 매우 단단한 유부가 된다. 탈수한 두부는 땅콩유나 유채유를 이용하여 두 번 튀긴다. 먼저 110~120℃ 기름에 두부를 넣어 충분히 부풀리고 다시180~200℃ 기름에 넣어 윤기 있는 갈색이 되도록 튀긴다. 이때 팽창과 경화가 동시에 일어난다. 생 두부를 튀기면 부피가 조금 커지고 생두부보다 오래 저장할 수 있다.

6) 생두부

생 두부는 일반두부와 같은 방법으로 제조하는데 가수량은 원료 콩의 약 15배 정도로 일반두부보다 많은 양을 사용한다. 원료 콩은 마쇄, 가열한 다음 비지와 두유를 분리하고 두유는 60~75℃로 가열하여 응고제인 염화칼슘은 0.1%정도가 되도록 첨가하고 교반하면서 응고시킨 다음 윗물을 제거한다. 응고물은 균질물이 되도록 교반기로 강하게 교반하고 보자기를 깐 응고상자에 넣어 압착 성형한다. 성형이 끝난 두부는 찬물에 담가 응고제를 제거하고 일정한 크기로 자른다.

(1) 생두부의 동결, 건조 팽연

생두부를 -15℃로 급속동결시킨 후 -5℃에서 계속 동결시키는데 총 3시간 정도 동결시킨다. 급속 동결은 미세한 얼음 결정을 만들어 표면을 매끈하게 하기 위한 것이고 저온동결은 내부를 다공질로 하여 숙성의 효과를 높이기 위한 것이다. 동결하면 단백질이 변성되어 스폰지 상의 구조가 되고 탄력성이 있고 건조가 쉬워진다. 보관 후 해동하여 탈수한다. 탈수된 두부는 건조기에서 10시간 정도 건조시킨다. 100℃에서 건조하기 시작하여 온도를 조금씩 낮추어 30~35℃가 되도록 한다. 건조 성형한 두부는 그대로 조리하면 잘 부풀지 않으므로 밀폐실에서 암모니아 가스를 흡수시켜 포장한다. 이 때 가스의 방출 방지 및 방습효과가 있는 포장제를 사용한다.

7) 유바

넓고 얇은 네모난 냄비에 두부를 넣고 끓지 않을 정도의 약한 불로 가열한다. 수분이 증발하면서 두유 표면에 얇은 피막이 생기는데 계속 가열하여 피막의 두께가 적당해지면 이를 건져내어 서서히 건조시킨다. 건조 전의 유바를 생유바라 하며 건조된 것은 다시 젖은 면포 사이에 끼우거나 수증기를 쏘여 부드럽게 한 다음에 성형한다.

8) 실크 유산균 두부란?

이 두부는 간수 대신에 김치 유산균 배양액(루코노스톡 시트륨 배양액)으로 응고시킨 것이다. 누에고치에서 추출한 실크(실크 피브로인)아미노산이 첨가되어 있다.

9) 숙채나물

(1) 콩나물

콩나물은 콩에 수분을 침투시켜 싹을 틔우고 뿌리를 내리게 한 것으로 섬유소와 비타민 C가 풍부하고 숙취해소에 도움이 되는 아스파라긴산이 함유되어 있다. 원료 콩을 일정시간(여름 6시간, 겨울 24시간)물에 불린 후 배수가 잘 되는 상자나 시루에 넣고 어두운 곳에서 싹을 트게 하고 1일에 4~5회 물을 뿌리면서 재배한다. 4~7일 정도 지나면 먹을 수 있다. 물을 뿌리는 이유는 수분공급 뿐 아니라 싹이 틀 때 방생되는 열을 식혀주기 위해서이다. 물을 적게 뿌려주면 잘 발아되지 않고 잔뿌리가 많이 생기게 된다.

잘 자라도록 하게 생장촉진제나 농약을 뿌린 콩나물은 잔뿌리는 없으나 뿌리가 짧고 자엽부(머리)가 진노랑색이고 벌어지거나 뒤틀려 있으며 몸통이 통통하다.

(2) 숙주나물

숙주나물은 원료 숙주를 정선, 수세하고 25℃ 정도의 물에 담가두어 모두 발아하면 배수가 잘 되는 통에 옮겨 6시간 간격으로 25℃ 정도의 물을 뿌려준다. 5일 정도 지나 유근의 길이가 6~7m 정도 되면 조리에 사용한다. 숙주나물은 유근의 길이가 6~7cm이고 유백색을 띠며 자엽이 황색이고 잎이 나오지 않는 것이 좋다.

31. 전통대두발효식품(장류)

1) 간 장(soy sauce)

간장제조에 사용되는 균주는 전분당화력과 단백질 분해력이 높은 *Aspergillus oryzae, Aspergillus sojae* 등이다. 이들 국균의 작용으로 단백질과 전분이 분해되어 펩티드, 아미노산, 유리당, 유기산이 생성되어 간장에 구수한 맛과 단맛, 향기를 주게 된다. 각종 내삼투압성 효모에 의해 알코올과 유기산, 에스터가 생성되어 풍미를 준다. 간장의 성분은 담그는 시기에 따라 달라지지만 오래 저장할 수록 유기산, 유리아미노산, 유리환원당이 증가한다. 숙성이 끝난 간장 덧은 압착하여 생간장을 만들고 캐러멜 색소, 과당시럽, 방부제를 첨가한 뒤 살균 여과 포장한다.

(1) 재래식 양조간장

공기 중의 미생물이 메주의 대두 단백질과 탄수화물을 분해시켜 각각 아미노산과 유리당을 생성하여 간장의 맛 성분이 된다. 공기 중의 세균, 곰팡이 효모 등이 작용하여 여러 복합적인 물질을 만들어 내므로 장맛도 복합적이며 이취나 쓴맛이 날수도 있다.

미생물의 작용으로 당화작용(탄수화물: 당분; 단맛) 알코올발효 : (당분-알코올- 알코올성 방향물질) 유기산 발효(당분, 단백질- 유기산, 신맛), 단백질 분해(단백질-아미노산 구수한 맛), 기타(소금-짠맛)등 종합 맛을 낸다.

(2) 개량식 양조간장

공장에서 생산하는 양조간장은 우수한 균주를 사용하고 발효조건을 조절한 것으로 맛이 부드럽고 품질이 우수하지만 시간과 경비가 소요되며 원료의 이용률이 떨어진다.

(3) 산분해 간장(아미노산 간장)

메주의 영양분을 미생물이 아니라 산을 넣어 단백질, 탄수화물을 분해시켜 장맛을 내게 한 것이다. 맛은 단조롭지만 발효기간이 짧고 원료 이용률이 높아 값싸게 제조할 수 있는 장점이 있다. 그러나 산 분해 간장과 혼합간장은 콩의 단백질 분해를 위해 사용한 염산이 콩의 지방분해물인 글리세린과 반응하여 만든 일종의 식물성 가수분해 단백질인 MCPD(monochloropropanediol)와 1,3-DCP(1,3-dichloro-2-propanol)을 성생하여 인체의 유해성 논란이 있다. 업체에서는 가능한 한 산분해간장의 비율을 낮춘 혼합간장의 생산을 하고 있다. 501s, 701s 등의 표시는 간장의 총 질소 함량(단백질 함량을 유추하는 값)이 1.5%와 1.7%을 나타낸다.

(4) 혼합간장

산분해 간장이 섞여 있으므로 유해 문제 있다.

① 양조간장

대두박 → 살수 → 증자 → 냉각 → 혼합 → 제국 → 입국 → 발효 → 여과 유지분리 → 생간장
밀 → 정선 → 볶음 → 분쇄 → 배합 → 살균 → 양조간장
↑
(당, 캐러멜, 식염)
식염 → 녹임 → 식염수

· 산분해간장

대두박 또는 글루텐 → 산분해 → 중화 → 여과 → 분해간장 → 탈취 → 배합 → 산 분해간장
↑ (중조, 탄산나트륨) ↑ (감미료, 식염, 캐러멜)

· 혼합간장

생간장 → 배합 → 숙성 → 여과 → 살균 → 여과 → 혼합간장
↑
(당, 캐러멜, 식염)

2) 된 장(soybean paste)

(1) 제조법

대두는 찐 후 색이 밝고 결정이 미세하며 씹을 때 탄력이 좋고 흡수력이 좋으며 탄수화물량이 적은 것이 좋다. 효모증식을 촉진시키기 위해 탈지대두나 보리 또는 밀가루 같은 전분질 원료를 첨가한다. 대두를 15~20℃ 물에서 8~9시간 침지한 후 물을 빼고 증자관에서 30분 정도 예열한 뒤 찐다. 증자를 시키는 목적은 열 변성, 대두조직의 연화, 콩비린내 제거, 살균, 트립신저해제와 헤마글루티닌 독성 제거에 있다.

*Asperglillus oryzae*의 종국균 제국을 위해 원료에 1~1.5% 가해 습도 90%, 온도 30℃에서 40~43시간 배양하여 출국한다. 여기에 찐 대두와 소금을 넣고 수분이 48~50% 되도록 한 후 숙성한다. 국균의 아밀라제에 의해 전분은 덱스트린, 당으로 분해되고 알코올 발효로 알코올과 유기산이 생성되고 이것으로 에스터도 합성된다. 국균의 프로테아제에 의해 단백질은 아미노산으로 분해된다.

(2) 가열살균

제품화 숙성된 된장은 효소의 불활성화와 살균을 위해 가열한다. 50℃에서 60분 55℃에서 30분 60℃에서 10정도 실시한다. 된장은 물리적인 변화가 심하다.

(3) 된장의 종류

콩된장, 쌀된장, 보리된장

3) 고추장(red pepper paste)

고추의 매운 맛에 된장 맛이 가미된 것으로 단맛, 구수한 맛, 짠 맛, 매운맛이 조화된 식품이다. 고춧가루, 전분(쌀가루), 간장코지, 소금이다. 쌀가루를 호화시켜 간장코지(쌀가루 18L 고지 5L)를 섞어 당화시킨 후 고춧가루와 소금을 넣고 25℃ 이하에서 1개월 정도 숙성시킨다.

메주분 · 고추분 · 소금 ↘

찹쌀 → 수침 → 마쇄 → 반죽 → 증자 → 분해 → 담기 → 숙성 → 재래식고추장

보리쌀 → 마쇄 → 증자 → 재우기 ↗

밀, 보리 → 수침 → 증자 → 제국 → 분쇄 · 혼합 → 담기 → 숙성 → 개량식고추장

수침콩 · 고추분 · 소금 ↗

(1) 고추장의 종류

찹쌀고추장	찹쌀가루를 주원료로 엿기름에 메줏가루, 고춧가루 등을 버무려 소금으로 간하여 담근다. 윤기나고 매끄러워 제일로 치나 초고추장을 만들거나 색을 곱게 내야 할 때 주로 사용한다.
고추장(밀가루)	가장 손쉽게 담그는 고추장으로 밀가루를 엿기름물로 풀어서 두웠다가 불에 올려 노릇하고 맑게 될 때까지 달인 후 메줏가루, 고춧가루, 소금을 넣어 담근다. 찌개나 무침, 장아찌에 쓰인다.
보리고추장	충청도 지방에서 주로 담근다. 보리쌀을 가루내어 쪄서 방에서 띄운 것에 고춧가루, 메줏가루를 섞어 소금으로 간하여 담그며, 엿기름을 사용치 않는 것이 특징이고 여름철 심장으로 많이 이용한다.
수수고추장	소금물과 수수가루로 죽을 쑤고 여기에 메줏가루, 엿기름가루, 고춧가루를 섞은 후 소금으로 간을 하여 담근다.
팥고추장	멥쌀로 흰무리를 찌고, 콩과 팥은 푹 삶아 절구에 찧어 반대기를 만들어 고추장을 담근다.
무거리고추장	메줏가루를 만들고 남은 무거리와 보릿가루, 엿기름가루, 고춧가루를 섞어 담는데 찌개 고추장으로 주로 쓰이며, 맛이 새큼하고 달다.
약고추장	진주, 전주에서 주로 담그며 '엿꼬장'이라 한다. 고추장에 물엿과 황설탕, 끓인 엿물을 더 집어 넣어 윤기나게 만드는 방법으로 육회를 찍어 먹거나 비빔밥에 넣어 먹는다.
고구마고추장	경상도의 화전민이 사는 마천이란 곳에서 고구마를 원료로 고추장을 담갔다.
마늘고추장	마늘이 많이 나는 계절에 찹쌀가루, 마늘 다진 것, 누룩, 고춧가루를 넣어 만든 고추장이다.
대추찹쌀 고추장	대추와 찹쌀가루, 메줏가루, 고춧가루를 넣어 만든 고추장이다.

4) 청국장

재래식 청국장은 볏짚을 사용해 발효시키지만 개량식 청국장은 순수 배양한 낫토균(*Bacillus natto, Bacillus subtilis*)을 직접 삶은 콩에 1%정도 접종하여 적당한 분량으로 나누어 40~42℃에서 20시간 정도 발효시킨다. 청국장은 단백질과 당화효소가 있어 소화율이 높다. 끈적끈적한 점성이 있으며 된장보다 고형물이 많고 에틸렌 함량은 된장에 비해 적은데 이는 콩의 성분 중 당질이 적고 가공중에 소금을 첨가하므로 유산균과 효모의 발육이 억제되었기 때문이다. 청국장은 다른 장류에 비해 제조기간이 짧은 반면 영양성분은 많은데 특히 단백질이 많다. 리보플라빈도 균에 의해 생성되고 비타민 B12도 많은 편이다. 균자체는 장내 유해균의 번식을 억제하고 위나 장에서 식품으리 흡수를 도우며 혈관 내 콜레스테롤을 분해하는 작용이 있다. 특유의 냄새는 아미노산 질소 또는 암모니아 함량이 많아서이다.

32. 주조(酒造) 기술

1) 술의 종류

① 양조주 : 과일과 곡류를 발효시켜서 제조 청주, 과일주, 맥주, 약주

② 증류주 : 술 덧 또는 술을 증류하여 제조 소주, 위스키, 브랜디, 럼, 보드카

③ 합성주 : 주정에 각종 향료, 조미료, 색소 등을 넣어 제조(합성청주, 위스키, 브랜디, 리큐르)

④ 혼합주 : 천연의 양조주 또는 증류주에 설탕, 향료 등을 가하여 제조 미림, 리큐르

2) 양조주

과실 주 : 사과주, 배 주, 복숭아 주, 포도주 등

(1) 포도주

① 포도주 포도과즙의 당분을 포도껍질의 야생효모가 발효시켜 알코올성분을 만들며 특별한 방향성분을 가지게 된다. *Saccharomyces ellipsoideus*

ⓐ 원료

(a) 당분이 많고, 신맛이 적당하며, 향기가 좋은 품종, 색소도 고려해야 한다.

(b) 포도의 품종 유럽종과 미국종 당분이 많은 유럽종이 더 적당하다.

- 백포도주용 Riesling, Chardonnay, Aligote 등
- 적포도주용 Pinot noir, Pinot blanc, Gamay, Carbernet-Savignon, Merlot등

(c) 이들의 당분함량은 20-25%;일반적으로 포도의 당분함량은 10-25%로 다양하다.

(d) 우리나라 재배 포도 미국계 품종인 Campbell early로 11%의 당분함량

(e) 성숙기의 일조량에 영향 받음 당분이 많고 산이 적은 완숙과를 수확하는 것이 중요하다.

ⓑ 제조법

- 백포도주 : 청포도를 짜서 과즙만을 발효한다.
- 적포도주 : 적포도를 압쇄한 후 껍질과 함께 발효 흑적색의 껍질 중 색소를 녹인다.

② 백포도주

※ 제조공정

원료 → 꼭지따기 → 파쇄 → 짜기 → 과즙만들기 → 과즙의 조정 → 주발효 → 후발효 → 앙금빼기 ↓ → 저장 → 제품
(껍질제기)

ⓐ 과즙 만들기

- 잘 익은 포도만을 골라 꼭지를 딴 후 포도 파쇄기를 써서 파쇄한 다음 바로 짜서 포도즙을 만듦
- 파쇄 후 오랫동안 놔두면 껍질과 씨에서 광물질 및 불필요한 침출물 나와 품질저하, 껍질 중 효모와 그 외 미생물의 번식으로 부패가능성이 높음
- 포도 과즙량은 압착정도에 따라 차이가 있으나 일반적으로 75~85%

ⓑ 과즙의 조정

- 과즙의 성분 품종과 성숙도에 따라 다름
- 당분이 적은 원료 알코올 생산량이 적고 초산균이나 잡균의 번식으로 저장성 저하, 따라서 제품의 알코올함량이 10%이상 되도록 과즙에 당분을 첨가하여 조절. 즉, 당 함량이 18-26%가 되도록 설탕첨가

· 산의 함량 조절 0.4~0.6%

ⓒ 발효 주발효와 후발효

(a) 주발효

- 당분과 산을 조정한 과즙을 발효통에서 자연발효시키거나, 효모를 순수배양하여 증식시킨 밑술을 과즙의 2~3% 첨가한 다음 휘저어 공기를 통하게 하여 발효시킨다.
- 밑술(1250mL) : 주 발효 48시간 전에 과즙(125mL)을 70~75℃, 30분간 가열살균한 다음, 30~35℃로 식힌 후 순수 액체 배양한 포도주 효모를 접종한다. 나머지 과즙(1125mL)은 소량의 메타중아황산나트륨을 넣고, 밑술이 충분히 발효되면 가하여 효모를 증식시킨다.
- 발효 : 과즙을 발효통에 4/5정도 넣고 배양효모(밑술)를 가하여, 발효실(8~12℃), 1~2일간 뚜껑을 열어 놓고, 때때로 저어주어 효모가 번식하게 한다. 34℃이하, 1~2일이 지나면 발효가 왕성해지고, 3~4일 사이에 발효 최성기에 이른다.
- 이후 뚜껑을 덮고 7~10일간 주 발효를 시킨다.
- FDA(미국식품의약국)에서는 아황산염을 금지. 한국 0.35g/kg으로 사용량 제한

(b) 후발효와 앙금빼기

- 주 발효가 끝나면 밀폐한 채로 15℃의 발효실에서 후 발효시킨다.
- 후 발효가 끝날 무렵 앙금이 생성되므로, 후 발효를 시작한지 1~2개월이 지나면 펌프로 액을 다른 저장통으로 옮겨 앙금을 제거한다.
- 이후 2~3개월이 지난 후 두 번째 앙금빼기를 한다. 맑은 포도주 획득

③ 적(赤)포도주 : 파쇄한 적포도주를 짜지 않고 그대로 과즙의 당분과 산을 조정하여 발효

원료 → 꼭지따기 → 파쇄 → 과즙의 조정 → 주발효(효모) → 짜기 → 즙액 → 후발효 → 앙금빼기 → 저장 → 제품

↓ (압착찌꺼기)

ⓐ 주 발효

(a) 파쇄하여 그대로 주 발효를 진행한다.

(b) 발효방법 밀폐발효와 개방발효

(c) 중간뚜껑 유무, 액면에서 9~15cm밑으로 누른다. 발효 중에 떠오르는 껍질 등을 누른다.

- 밀폐발효 : 파쇄한 과일과 과즙을 발효통에 4/5가량 넣고, 8~12℃의 발효실에서 1~2일간 뚜껑 열고 저으면서 효모번식 시키고, 이후 중간 뚜껑 닫고, 막은 다음 발효시킨다. 1~2일 후 발효시작. 발효가 왕성해지면 거품이 생기고 소리가 난다. 이때 온도는 20℃.
- 개방발효 : 발효가 시작되어 거품이 나고, 껍질이나 그 외 고형물이 떠오르면 하루에 5~6회 아래위로 저어 밑으로 가라앉게 하거나 중간뚜껑을 넣어 둔다.

ⓑ 짜기

- 주 발효가 끝나면 껍질이나 효모 등의 혼탁물이 점차적으로 가라앉아 투명하게 된다. 이때 그대로 놔두면 분해되어 포도주의 향이 나빠진다.
- 발효통의 밑에 있는 배출구멍을 통하여 용액을 다른 곳으로 옮기고, 나머지 껍질 등은 압착기로 짜서 먼저의 발효액과 합친다.

ⓒ 후 발효와 앙금빼기

- 후 발효 발효관이나 발효 전으로 막아 10~15℃의 발효실에서 2~3개월간 발효
- 앙금빼기 1~2개월마다 실시, 횟수는 백포도주보다 적게 실시

④ 제품

- 알코올 성분이 많고, 산이 적으며, 포도의 방향이 내는 것
- 백포도주 담황색에 순한 맛이 나는 것
- 적포도주 진한 홍색에 약간 떫은맛이 나는 것
- 포도주 원료 3.7kg에서 1.8~2.0 L 제조
- 포도 압착찌꺼기 여기에 물과 설탕을 넣어 발효시킨 뒤 압착 증류하여 브랜디제조

⑤ 포도주의 종류

분류기준	분 류	특 징
색 조	적포도주	포도 껍질과 씨를 제거하지 않고 발효시켜 껍질의 안토시아닌 색소로 붉음
	분홍포도주	고유의 연분홍색이 나타날 때까지 껍질과 함께 발효
	백포도주	초록색 또는 노란색 포도를 압착하여 즙을 짠 것
당 함량	감미포도주	당도가 1%이상으로 식후에 후식용으로 마시는 것
	생포도주	당도가 1%미만으로 식사와 함께 마시는 것
용도 별	테이블와인	14%이하의 알코올함량으로 당분이 적은 드라이와인
	디저트와인	알코올이 14~20%로 식후에 마시는 것. 감미포도주
발포성유무	발포주	이산화탄소가 녹아있는 것으로 샴페인이 예
	비발포성포도주	기포가 없는 포도주

⑥ 포도주의 저장

백포도주는 10℃ 이하로 차게 해서 마셔야 순수하고 고유한 포도주의 맛을 음미할 수 있다. 적포도주는 18℃ 정도의 온도가 풍미를 느끼기에 좋다고 한다. 포도주를 보관할 대는 코르크가 마르지 않도록 뉘어서 보관한다. 이렇게 하면 산소침투를 방지하여 포도주 부패를 막아주며 열 때 코르크 마개가 튀거나 깨지는 것을 방지할 수 있다. 보관 온도는 12~15℃, 습도는 70~80%의 어두운 곳이 좋다.

(2) 사과주

① 원료

· 우리나라는 사과주의 원료로 특별히 재배하지는 않으며, 당과 산의 양이 적당한 홍옥, 국광, 부사 등이 사용된다.

· 덜 익은 과일의 경우는 수확 후 햇볕이 잘 들고 바람이 잘 통하는 곳에서 익혀서 사용

② 제조법

원료 → 씻기 → 건조 → 파쇄 → 짜기 (압착찌꺼기) → 착즙액 → 여과 → 과즙의 조정 → 주발효(효모) → 후발효 → 앙금빼기 → 저장 → 사과주

ⓐ 원료의 처리

- 물로 씻어 흙, 모래, 야생효모를 제거 물기 제거 건조 후 파쇄기로 파쇄 1L 당 50~100mg의 메타중아황산칼륨을 가하여 자루에 넣고 압착 즙액을 획득 착즙액 중 혼탁물은 부패의 원인으로 작용하므로 삼베나 목탄 여과층을 써서 여과후 하룻밤동안 침지 후 상등액만 사용

ⓑ 과즙의 조정

- 당분이 23%가 되도록 조정, 과즙에 산도조정 산이 적거나 많은 과즙이나 물로 희석

ⓒ 발효

- 순수 배양한 효모를 넣고 15~20℃에서 발효 백포도주와 동일

- 주발효 : 순수배양한 효모의 첨가 시는 24시간, 자연발효는 2~3일 내에 시작된다(대략 2주일간 발효).

- 후 발효 주 발효액 중 맑은 발효액을 다른 곳에 옮겨 10~15℃로 3~5개월간 후 발효, 후 발효 도중 앙금빼기를 실시함. 다른 조작은 백포도주와 동일

ⓓ 저장

- 발효가 끝난 맑은 사과주를 통에 8~12℃로 저장, 2~3개월 후 제품화

(2) 누룩 및 양조 준비

① 누룩

ⓐ 분쇄한 밀을 성형한 후 곡자실에서 미생물을 번식시켜 *Aspergillus oryzae, Rhizopus, Mucor, Absidia, Monascus, Saccharomyces coreanus* 등의 여러 가지 곰팡이, 효모 등을 번식하게 한 것

ⓑ 밀의 분쇄도에 따른 누룩의 분류

- 조국 : 밀을 비교적 거칠게 분쇄 약주와 소주, 양조용으로 사용
- 분국 : 밀을 비교적 곱게 분쇄 주로 약주 양조에 사용

특히, 밀기울이 섞이지 않은 순밀가루로 제조한 누룩을 백국이라 한다.

(a) 제조 : 재래식 분쇄한 밀과 물을 반죽하여 보자기에 싸서 누룩틀에 넣어 성형 후 쑥으로 싸서 벽에 매달아 띄워서 제조

개량식 근래는 온, 습도가 조절된 곡자 실을 이용하여 개량법으로 제조

원료 → 분쇄 → 섞기와 반죽 → 성형 → 입국 → 바꿔쌓기 → 출국 → 건조숙성 → 누룩

(b) 원료밀의 분쇄 : 넓게 편 후 40%의 물을 뿌려서 반죽잠시 방치다시 반죽 : 덩어리 제조 보자기에 싸서 누룩틀에 넣고 밟아 둥글넓적한 모양 제조

- 표면에 종국(*Aspergillus oryzae*)을 섞은 밀가루를 표면접종 곡자실 선반에 보관(살균 보자기로 덮음) ; 24시간 후 미생물 번식으로 품온 상승 및 이산화탄소발생
- 바꿔쌓기로 온도의 평형 및 이산화탄소 제거, 품온조정은 40℃가 넘지않게 출국한 것은 33~36℃의 건조실에서 10~20일간 건조 및 숙성 2개월 보관후 사용

(c) 누룩 제품 : 엷은 황색을 띠며, 표면과 내부가 고르게 균사가 발육한 것

② 양조 준비

ⓐ 술밑을 담그는 용기(항아리, 콘크리트 등)는 깨끗이 씻은 후 끓는 물을 사용하여 살균

(3) 약주

① 조선시대 말부터 일제시대 초기에 서울부근의 중류 이상 계급이 소비하던 술

② 각 가정마다 양조의 비법소유, 일제 시대에 가정에서 제조하는 것을 금지하는 제도로 많은 양조의 비법이 사라지고 단순화되어 진다.

ⓐ 제조법

멥쌀 → 씻기 → 부수기 → 찌기 → 식히기 → 찹쌀 또는 멥쌀 → 씻기 → 침지 → 찌기 → 식히기

누룩과 물을 섞기 → 수국 → 술밑담기(누룩) → 숙성 → 술밑 → 저장 → 술덧담기(물과 누룩) → 숙성 → 술덧 → 섞기 → 술뜨기(물) → 약주제품

(a) 술밑 만들기 멥쌀을 씻은 후 하룻밤 침지 후 분쇄하여 시루에 찐 다음 식힌다. 이것에 별도로 부순 누룩에 물을 넣은 수국을 넣고 섞은 후 용기에 담는다. 이 표면에 누룩 가루를 흩뜨려서 담근다. 담금 온도는 10~15℃, 보자기로 덮은 후 정치배양 1주일 후 27~28℃로 품온상승 후 다시 하강 담금 후 10~15일 후 완전 숙성된 술밑

(b) 술덧 만들기

- 보통 찹쌀을 사용 또는 찹쌀과 멥쌀을 1:1로 혼합사용(이것은 약주의 품질 저하)
- 쌀을 씻어 물에 담가 찐 다음 식힌 후 완성된 술밑과 물을 섞어서 술덧을 제조 이때 누룩을 섞기도 한다.
- 술덧을 용기에 담아 뚜껑을 덮어 정치시켜서 숙성시킴 담금 온도는 15~25℃
- 발효 및 숙성온도는 품온이 상승하여 4~5일 후 30℃ 내외가 되며, 점차 하강하여 8~14일이 지나면 완전히 숙성된다.
- 완전히 숙성되면 압착하여 전주를 분리

② 약주제품

ⓐ 단맛과 신맛이 상당히 강하고, 특유의 향을 소유하며, 엷은 황색을 띠는 것

ⓑ 20℃ 이하에서 저장하는 것이 풍미가 좋으며, 맑은 술을 얻을 수 있다.

(4) 탁주

① 우리나라 술 중 가장 역사가 오래된 술

② 서울 이남지방의 서민층의 농주 또는 음료

ⓐ 제조법

(술덧담그기)

찹쌀 또는 멥쌀 → 씻기 → 침지 → 찌기 → 누룩과물을섞기 → 숙성 → 거르기 →

(수국) (약주)

술덧 찌꺼기 → 물섞기 → 짜기 → 탁주

- 보통 20℃, 또는 27~28℃에서 담금 품온 유지가 중요
- 술덧의 온도는 3~5일이 지나면 품온이 30℃까지 상승하였다가 하강하여 10일 정도면 숙성이 완성된다. 이때 체로 탁주를 분리하고, 술덧 찌꺼기에는 물을 넣어 섞은 다음 짜서 질이 낮은 약주를 얻게 된다. 물 양은 20~80%

정도첨가, 보통은 40%첨가, 이때 물 양은 품질과 연관되며, 찹쌀을 사용했을 경우 더 많이 첨가한다.

② 제품 : 유백색을 띤 흰색, 알코올 함량은 6~7%, 당분이나 물을 첨가, 맛과 알코올 조정

(5) 청주(정종)

① 원료 청주의 중요원료는 쌀과 물

ⓐ 쌀

- 주조미의 품질과 도정도가 중요하다.
- 쌀은 잘 익은 굵은 알로써, 잘 마른 연질미가 적당
- 단백질의 함량이 적고 탄수화물이 많은 것
- 도정도가 높은 쌀 보통은 70~80%의 도정율. 고급주의 경우는 50~60%까지 도정

ⓑ 물

- 양조용수는 품질과 관련이 깊다.
- 색과 맛이 없으며, 이취가 없고, 중성 및 알칼리성을 소유한 것이 좋다.
- 경도는 5~9o가 되는 경수가 좋으며, 소금이 약간 있는 것이 오히려 좋다.
- 소금 효소의 용출을 용이하게 하고, 술덧의 용해를 촉진시킨다.

② 코지제조

ⓐ 청주용 코지는 장류의 코지제조법과 거의 같으나 다음의 차이점을 나타낸다.

ⓑ 코지용 쌀은 주조미 쌀에 준하며, 품질이 우수한 쌀이 좋다.

ⓒ 종국은 아밀라제 생성력이 강한 균주를 번식시킨 주조용 종국을 사용하는 것이 좋다.(*Aspergillus oryzae var. globosus sakaguchi et Yamada*); 출국의 시기는 코지의 사용목적에 따라 약간 차이가 있다.

ⓓ 술밑코지는 약간 늦게 출국하고, 술덧코지는 다소 빠르게 출국한다.

ⓔ 술덧용도 첫담금, 중담금, 마감담금용의 순으로 점차 젊은 것을 사용한다.

ⓕ 청주용 효모는 *Saccharomyces cerevisiae*에 속하는 효모를 사용

ⓖ 일본의 경우는 *Saccharomyces sake Yobe*를 분리하여 순수배양하여 일본양조협회효모 6, 7, 8호를 사용한다.

③ 제조법

술밑 담금 → 찐쌀+물+코지+효모 → 술덧(첫 담금→중 담금→마감 담금) → 청주 →
(숙성) (당화생산발효) (숙성술밑)
데우기 → 앙금빼기 → 짜기
(앙금) (청주박)

(a) 술밑

- 찐쌀, 코지, 물을 섞어 배양액을 만들고, 여기에 청주효모를 번식시킨 것으로서 술덧에 알코올발효를 일으키고, 또한 술밑에 다량 들어있는 락트산에 의해 술덧 중의 유해균의 번식을 방지해 준다. 즉, 코지 중의 아밀라제에 의해 찐쌀이 당화됨과 동시에 자연적으로 번식하는 젖산균 에 의한 젖산과, 그 외의 균(질산환원균)에 의한 물속의 질산염은 아질산으로 변한다.
- 생성된 아질산에 의해 효모의 증식이 잠시 중단되었다가, 시간이 지나면서 젖산에 의해 질산환원균이 없어지면, 청주효모의 증식이 왕성해져 알코올 발효가 일어나며, 젖산은 증가해 있으며(0.5%까지 증식시킴), 당분은 적어지는 건전한 술밑이 형성된다. 이 때, 젖산균은 번식시키지 않고, 별도로 젖산을 첨가시킨 후 효모만을 순수하게 증식시키는 방법을 사용하기도 한다. 이 방법은 단기간에 알코올을 형성시켜, 단시간에 술밑제조를 가능케 한다.

(b) 술덧

- 숙성된 술밑에 찐 쌀, 코지, 물을 넣어 섞은 혼합물
- 술덧은 원료의 분량을 점차적으로 늘리면서 3회로 나누어서 첨가하여, 첫 담금, 중담금, 마감담금이라 한다.

  ※ 이유 : 술덧 중의 알코올 및 산이 일시에 희석되지 않으며, 유해균이 번식하는 것을 방지, 당 농도가 높지 않은 상태에서 발효 가능(삼투압, 당 압박, 알코올 적응 가능)전분의 당화와 알코올 발효가 동시에 진행된다. 따라서 소량의 술밑을 기본으로 안전하게 발효시키는 것이 가능하며, 제품에 술밑의 맛이 나지 않는 순한 맛의 청주제조가 가능하다.

- 담금비 술밑 및 술덧의 원료 담금비는

담금조작	담금시기	온도(℃)
첫담금	1일째	11~12 가끔 저어줌. 효모의 증식을 유도(2일까지)
중담금	3일째	9~10
마감담금	4일째	7~8

(c) 술덧의 숙성 경과

- 마감담금이 끝난 술덧은 온도를 맞추어서 본격적인 발효시작 본 발효
- 마감담금 후 20-25일이 지난 술덧 알코올 함량이 18-20%로 증가된다. 이때 쌀알 중의 녹말은 코지 중 아밀라제에 의한 당화, 생성된 당을 효모가 이용하여 알코올과 이산화탄소를 생산. 초기 당화가 우세, 중기에는 당화와 효모증식이 병행, 후기에는 효모증식이 우세하며 숙성이 진행된다.
- 마감담금 후 효모가 증식되면서 일일 당 1℃가 상승되어, 담금 후 8일째에는 15℃까지 상승되어 5~7일간 지속된다. 이 후 자동적으로 온도는 하강(9~12℃)된다.

ⓓ 짜기 : 무명으로 만든 자루에 넣어 술통 속에서 압착하여 짜게 된다.

ⓔ 앙금빼기 : 압착한 직후의 흐린 술은 밑과 위에 20~25cm 높이에 콕이 달린 통에 넣은 다음 찬 곳에 7~10일간 정치시킨다. 이때 백미 찌꺼기인 녹말, 덱스트린, 효모균 등이 가라앉게 된다. 위콕에서 내용물을 빼서 다른 통에 옮긴 후 두번째 앙금빼기를 실시 이것을 신주라 한다. 최근에는 여과기를 이용하기도 한다.

ⓕ 데우기

- 55~60℃, 5~15분간 실시. 압착 후 30~40일 후 실시
- 맑아진 청주 중에 청주효모, 화락균, 젖산균 등의 잡균을 제거
- 산화작용 및 효소작용을 촉진시켜서 청주의 숙성을 촉진

ⓖ 저장 : 식기 이전에 통에 넣어 공기를 차단한 후 저장한다.

④ 제품 : 수율은 쌀의 품질 및 제조기술에 따라 차이가 있으나, 보통 원료쌀 180 L 에서 청주제품 은 170 L 내외이다.

(3) 맥주(BEER)

원래 유럽에서 발달, 독일, 영국, 미국 등에서 제조, 이산화탄소 함유 음료

① 발효시키는 효모의 성질로 맥주를 구분하면

② 상면발효효모 표면발효로 제조된 것 *Saccharomyces cerevisiae* ; 영국식 맥주

③ 하면발효효모 하면발효로 제조된 것 *Saccharomyces monacenisis* ; 독일식 맥주

ⓐ 원료

- 주원료 : 보리, 호프, 효모, 물
- 보리 : 녹말이 많고 단백질이 적은 것 이조대맥이 주로 사용된다.
- 호프 : 암꽃을 말려서 첨가하면 맥주 특유의 향기와 쓴맛을 주며, 거품유지, 항균성 단백질을 침전시켜 액을 맑게 하는 효과가 있다.
- 효모 : *Saccharomyces cerevisiae, Saccharomyces monacenisis*

- 물 : 냄새와 맛이 없고, 무색투명하며, 음료수로 적당하면 사용가능하다(담색 및 농색맥주).

② 제조법

ⓐ 엿기름 제조 단맥아 사용

보리 → 정선 → 침지 → 발아 → 녹맥아 → 배소 → 건조맥아 → 제근 부수기 → 당화 → 여과 → 끓이기 → 여과 → 냉각 → 맥아즙 → 발효 → 저장 및 후발효 → 여과 → 생맥주
(맥아박) (호프) (호프박) (효모)

- 발아 엿기름을 서서히 가열하여 수분이 8~10%가 되도록 건조 후, 온도를 높여 수분이 1.5~3.5%가 될 때까지 볶는다.
- 배소(焙燒)효과 : 녹 맥아는 생장 및 효소작용이 중지되어 저장성이 높아지며, 풋 냄새가 없어지고, 맥주 특유의 향기 과 빛깔(갈색)이 생김, 볶은 엿기름은 마찰시켜서 맥근을 제거하여 분쇄 효소 중 액화효소 거의 실활, 당화효소 1/3로 감소, caboxypeptidase는 80~90%유지(내열성 소유)

③ 맥주의 분류

색향	담색맥주	한국
	중간색 맥주	
	농색맥주	맥아를 구워 만든 색으로 진하고 특유의 향이 있는 맥주
발효형태	하면(下面)발효효모	*Saccharomyces carlsbergensis*를 사용하는 것은 저온발효 맥주, 일본, 독일형 맥주
	상면발효효모	*Saccharomyces carlsbergensis*를 사용하여 발효하는 맥주로 영국형 맥주
살균유무	생맥주	살균하지 않은 것
	라거(Lager)맥주	살균하여 병에 담은 것

3) 증류주

(1) 소주

① 양조소주

ⓐ 담금 보통은 2단 담금 사용

- 1단 담금 : 누룩(麴)에 120~150% 물 첨가하여 25~30℃, 3~5일간 발효. 안전성위해 소량의 효모 첨가하여 효모가 증식한다.
- 2단담금 : 1단에다 1단의 2~3배의 원료를 증자하여 첨가하고 150~200%의 물을 첨가한 다음 25℃, 5~7일간 발효

ⓑ 증류 : 증기 취입식 단식 증류기 사용 700-800L의 술덧 증류시 4시간 소요

- 초류 : aldehyde, ester, fusel oil이 많다.
- 후류 : 수분, furfural이 많다.
- 중류가 가장 품질이 우수하다.

② 희석소주

ⓐ 90도 이상의 알코올(주정)을 물로 희석(25%)하여 소주로 한 것을 희석소주라 한다.

ⓑ 주정 제조공정

전분질 원료　　　국(麴)
(당밀, 전분질)당 → 주정+물+폐액 → 증류 → 주정 탈취
섬유질　　　acid, alkali yeast

ⓒ 시판 정제주정(탄소처리로 향미 및 맛을 순화함)을 사용하기도 한다.

ⓓ 맛을 향상시키기 위하여 재래식 소주를 10~20%를 섞기도 한다.

ⓔ 정제주정을 원하는 농도로 맞추기 위해 물로 희석후 탈취 입상 및 분말 활성탄, 면 및 규조토 여과기, microfilter ; 불순물, 이취가 흡착

- 법정 조미물 첨가 : 정제당, 가공당, 당시럽, 아미노산류, 무기염류, aspartame(20배)
- stevioside : 천연감미료로 설탕의 300배

(2) 위스키(whisky)

① 제조법 : 원료 → 정선 → 부수기 → 당화 → 발효 → 증류 및 숙성 → 조합 → 제품

ⓐ 원료의 정선 및 부수기

- 곡물과 엿기름은 협잡물을 제거하여 roller mill을 사용하여 분쇄

ⓑ 당화

- 분쇄 원료 중 엿기름이 주인 경우 당화조에 60도의 더운물을 넣고 40~60도로 유지 하면서 교반하여 녹말을 당화시킨다.
- 다른 곡물을 주로 사용할 경우 : 원료를 찌거나 삶아서 죽을 제조 후 냉각관에 물을 통하여 50도 내외의 당화온도로 냉각시킨 후 엿기름을 넣어 당화 후 증기로 살균

ⓒ 발효

- 당화액은 20~21도로 신속하게 냉각 후, 순수배양한 효모를 가해서 발효
- 30~33도 이하로 유지하면서 발효시킨다. 발효 중에는 압착공기를 보내면서 교반한다.
- 7~8% 알코올, *Saccharomyces cerevisiae*첨가

ⓓ 증류

- 초류와 재류의 두 단계 공정으로 하는 것이 좋다.
- 초류공정은 술덧 중에 들어 있는 알코올을 전부 증류
- 재류공정은 초류공정에서 얻은 낮은 알코올을 희망하는 농도로 높이는 과정

ⓔ 저장 및 숙성

- 증류한 위스키를 떡갈나무로 만든 나무통에 4~10년간 저장하여 숙성시킨다.
- 이때 휘발산, 알데히드, 에스테르 등이 생겨 풍미가 좋아지고, 탄닌, 수지 등이 녹아 나와서 색깔도 좋아진다.

ⓕ 조합

- 숙성 위스키를 품질을 고르게 하고, 향기와 맛을 좋게 하기 위하여 여러 가지 물질을 조합한다.
- 위스키의 독특한 맛과 향기. 발효작용과 증류조작에 관계가 깊다,
- 우량품의 경우는 포트스틸식 증류제품과 패턴트 스틸식 증류제품을 적당히 조합한다.

② 제품

ⓐ 위스키의 조성 : 알코올 59.7~69.9%, 고형물 0.002~0.424%, 총산 0.0012~0.360%, 회분 0.001~0.0015%

(3) 브랜디(brandy)

① 과일주인 발효덧을 증류한 것

② 과일 원료에 따라 명명. 사과가 원료이면 사과브랜디, 복숭아인 경우 복숭아브랜디

③ 프랑스의 꼬냑지방의 브랜디

ⓐ 품질이 우수하다. 이 브랜디는 특별히 cognac이라 명명

ⓑ 포도를 분쇄하여 얻은 발효 술덧을 증류하여 얻은 원주를 수년간 저장통에서 숙성

ⓒ 알코올함량은 45~55%

(4) 기타 증류주

① 진(gin)

술덧이나 기타 알코올분 함유물을 증류한 주류에 향미 식물료를 첨가하여 증류한 것으로 40~50%의 알코올, 독특한 송진냄새, 칵테일 제조시 사용 곡류를 발효시킨 원료로 술덧을 만든 후 연속식 증류기로 증류하여 무취 알코올을 획득(100%)한 다음 물로 희석하여 약 60%의 알코올로 제조. 두송(노간주나무)의 열매와 소량의 향료식물을 넣고 재 증류 중(中)류만 사용한다.

① dry gin : 감미가 없고 쌉쌀한 맛(런던진)

② Tom gin : dry gin+1-2%설탕 or glycerin

③ 네델란드 gin : 라이맥, 옥수수, 보리맥아, 엿기름으로 당화, 발효 제조 후 증류 두송실주체 첨가 후 재증류, 저장 없이 제품화, 단점 : 엿기름냄새

② 보드카(Vodka) : 알코올 함량 40~60%로 구소련에서 생산되는 유명한 증류주

· 원료를 감자, 보리, 옥수수, 라이맥, 밀을 사용하고, 보리 또는 라이맥의 맥아로 당화 시킨 후 발효하여 증류한 다음 40% 알코올로 희석 후 자작나무숯으로 여과하여무색투명하게 제성한 증류주

· 자작나무숯은 불순물을 제거하고 냄새를 흡착하여 무색, 무취의 술을 제조가능 – 향미를 가한 flovored vodka도 제조한다.

③ 럼(Rum)

· 사탕수수, 당밀을 발효시켜 증류시킨 것을 나무통에 저장하여 숙성시킨 것으로 알코올 함량은 약 65~80%이다.

4) 합성주 및 혼합주

(1) 합성주

① 합성주는 곡물을 주원료로 하는 경우는 드물고, 다른 원료에서 얻은 알코올을 적당히 배합 조미하여 천연의 양조주를 모방하여 만든 술

② 합성주라 함은 합성청주를 많이 일컫는다.

③ 쌀을 절약하기 위하여 일본에서 고안한 것으로, 여러 가지 방법이 존재한다.

예 : 고구마, 녹말 등에서 만든 알코올에 유기산, 아미노산, 당, 무기염류, 점조성 물질, 향료 등을 배합한 것으로, 제조설비 간단, 제조 기간 짧고, 연중 아무 때나 제조가능, 부패의 염려가 적다.

④ 합성청주의 원료는 순수한 것을 사용해야 하며, 알코올은 과망간산칼륨을 사용하여 산화시킨 후 활성탄처리를 하여 여과하는 등의 방법으로 완전 탈취하여 사용한다.

(2) 혼합주

① 천연양조주 또는 증류주에 여러 가지 향료, 조미료, 색소를 적당히 조합하여 독특한 풍미를 붙이거나 천연 모조주를 만든 것

② 혼합주의 종류 : 합성위스키, 브랜디, 럼 등은 천연양조주의 모조품이나 독특한 풍미를 가지며, 양조주를 원료로 한 것으로서 품질이 좋은 혼합주이다.

③ 혼합주의 주원료는 알코올, 설탕액, 향료 등이며, 알코올은 45%의 탈취품을 사용한다.

④ 설탕액은 정백당 900g에 물 500mL를 넣어 녹이고, 달걀 흰자위 반 개분을 넣어 교반하면서 서서히 가열하여 윗면에 떠오르는 것을 거둬내고 수 분간 끓인 후 여과한다.

⑤ 향료는 여러 가지 양주에 에센스를 사용하나 향료원료를 알코올에 넣고 이것을 여과 또는 증류하여 사용한다.

33. 식초(食醋)

① 아세트산을 3-5% 함유하는 조미료로, 식품을 절임으로 방부효과도 부여

② 양조초와 합성초로 분류

③ 양조초는 알콜성분을 초산발효시켜서 아세트산을 3-5% 함유하게 한 것

④ 양조초는 원료에 따라 쌀초, 술초, 알콜초와 과일초 등으로 분류

1) 쌀초

쌀과 쌀코지를 원료로 하여 제조함

(1) 원료

① 원료쌀은 제품에 영향이 없어서 쇄미, 품질이 낮은 쌀도 가능함

② 원료 배합량은 찐쌀 18L, 쌀코지 18L, 물 45L 임

(2) 제조법

원료쌀 → 씻기 → 담그기 → 찌기 → 찐쌀+쌀코지 → 담기 → 당화 → 알코올 발효 → 물 → 숙성덧(종초로 초산발효) → 청징 → 쌀초

34. 식품과 HACCP

1) 서론

식품이란 우리인간이 생명유지, 성장발육, 생식, 활동에 필요한 영양소를 얻기 위하여 외부에서 섭취하는 자연물이나 그의 가공품을 말하며 식품의 요건으로서 한 가지 이상의 영양소를 갖어 야 하고 먹을 수 있고 유해한 독성분이 없어야 하고 소화 흡수가 가능한 것으로 비상시에는 식품으로 부적합한 구황식품을 포함하여 1000 가지이상의 재료가 이용되고 평화로운 정상 시에는 식품으로 우수한 동. 식물 재료를 계획 생산하여 400여 가지를 이용하고 있다. 그러나 큰 문제는 우리가 먹는 식품은 필요한 영양소만 갖고 있지 않고 우리몸에 위해를 끼치는 유해물질이 태생적이거나 인위적으로 식품에 함유되거나 오염되어 우리의 식사에 부수적으로 체내에 섭취 되여 각종유해를 받아 각종의 식인성 질병, 식중독, 사망에 이르게 된다.

이러한 위해요소로는 생물학적 위해(병원균, 기생충), 화학적 위해(자연독, 잔류농약, 중금속), 물리적 위해(쇠 가루, 유리조각, 모래), 기타(방사능, 항생제, GMO, 환경호르몬)등 으로 구분 할수 있다.

위해요소 중 가장 문제가 되는 것은 미생물로서 원래 식품이란 저장 형 고분자 유기화합물로 체내에서 소화로 저분자 가용성분으로 된 후 흡수되는 즉 썩는 특질을 갖는데 주로 미생물이나 효소에 의해 이러나며 분해물이 유익한 면이면 소화 , 유해물이 생성되면 부패라고 부르는데 우리가 생산한 식품을 먹기전에 이러한 분해를 못하게 만드는 기술을 식품보존 이라한다. 미생물은 자연계에 동 · 식물상과 같이 미생물상으로 극서에서 극한, 습지에서 건조 사막지대까지 온도와 수분의 구애를 받지 않고 존재하고 있다.

우리가 먹는 식품들은 살아 있는 동안 즉 수확, 도살, 착유, 어획 이전에는 각자 생명현상을 유지하여 자기보전작용(항균물질, 면역단백, 항산화물질)에 힘입어 부패변질이 일어나지 않아 무균상태이나 식품의 생명이 끝나면 주위의 미생물상에서 각종의 부패균 이나 병원균이 오염 증식되어 식품을 부패시키거나 각종질병을 초래하게 된다.

이와 같이 우리가 필요한 식품은 필연적으로 위해요소와 함께 섭취되는 것이 일반적 현상이기 때문에 식품을 다룰 때 이점 명심하여 원료취급이나 제조 가공품을 만드는 각 단계 별로 천연독 성분은 해독하거나 인위적 위해요소들은 가급적 오염을 극소화 하도록 하고 필연적으로 오염미생물들은 그들의 발육성장 조건인 온도, 수분, 공기 등을 가급적 사용 할수 없도록 악 조건을 만드는 것이 식품위해를 막는 가장 효과적인 방법이다.

그리고 종래 물자가 귀하고 부족하던 시절에는 maker위주의 시장이 지배되었으나 고도의 산업화로 물자가 풍족한 현대의 시장지배는 Consumer 위주로 되고 보니 정부에서도 식품위생법에 1999년 최첨단 과학적 식품안전관리제도로서 위해요소 중점관리기준인 HACCP(32조2항) 과 2000년에는 사전피해보상제도인 제조자 자진회수제도인 Recall(31조2항)를 규정하였고 2001년에는 소비자 보호의 꽃이라 할 수 있는 사후피해 보상제도인 제조물책임법(ProductsLiability-PL법)발효되었다.식품위해요소중점관리기준(HarzardAnalysisCriticalControlPoint:HACCP)은 PL법을 대비한 사전 무결점제품생산기술로 피해를 사전 예방하는 기법이다.

2) HACCP의 정의

HACCP란 "Harzard Analysis and Critical Control Point" 의 머리글자를 딴것으로서 번역하면 "식품위해요소 중점관리기준"으로 해석되며 보통은 햇썹이라고 부르고 있다. 식품위해요소는 크게 몇가지로 생물학적(식 중독균, 곰팡이, 기생충 등), 화학적(자연독, 잔류농약, 중금속등), 물리적(유지조각, 쇠붙이, 머리카락 등의 이물질),기타(항생제, GMO, 방사능 등)위해요소를 말하며, 소비자가 식품을 구입하여 섭취하였을 경우에 건강을 해칠 수 있는 요인들로 볼 수 있다.

HA + CCP
(위해분석) (중요 관리 점/기준)

* 대상 : 생물학적 위해 - 식중독 균, 곰팡이 독, 바이러스, 기생충 등
화학적 위해 - 자연(식물. 해산)독, 잔류농약, 중금속,식품첨가물/식품가공보조제, 포장재 유해물, 신규독성분 등
물리 적 위해 - 쇠붙이, 유리. 돌조각 등의 이물질
기 타 위해 - 조리.가공파생유해물,부적절취급시생성유해물질

HACCP제도는 식품을 만드는 공정에서 이상의 식품위해요인들이 발생할 수 있는 상황을 과학적으로 분석하고 사전에 위해요인의 발생여건을 차단하여 소비자에게 안전하고 깨끗한 무결점완전 식품을 공급하기위한 시스템적인 규정을 말합니다.

다시 말하면 HACCP란 식품의 원재료부터 제조, 가공, 보존, 유통, 조리단계를 거쳐 최종 소비자가 섭취하기 전까지의 각 단계에서 발생할 우려가 있는 위해요소를 분석.평가 규명하고, 이를 중점적으로 관리하기위한 중요 관리점 을 설정하여 훈련된 종사자들이 계획된 프로그램에 의해 관리.기록하는 자율적이며 체계적이고 효율적인 관리로 식품의 안전성을 확보하기위한 과학적인 사전예방적인 식품안전관리 시스템 이라 할수 있다.

HACCP의 발전 과정을 보면

1960	NASA(미 항공우주국)의 우주선 비행사의 우주식량 개발에서 개발추진
1971	Pillsbury 회사에서 사전예방책 HACCP 개념소개
1987	미국 NACMCF 위원회 7원칙 설정
1990	WTO체제출범 본격추진
1992	CODEX 식품위생 일반원칙 기준개정 추진
1994	미국 FDA Seafood HACCP 규정 제정
1995	CODEX HACCP 규정채택-회원국 전식품 HACCP 적용권고; 한국 식위법 개정('95)
1996	미국USDAMeat&Poultry, HACCP Rule 제정 적용 의무화:한국HACCP적용기준고시
1998	미국FDA Juice HACCP Rule 적용 의무화, 한국축산물가공처리법 이관

2001 자율적용과 의무병행 추진 - 도축장HACCP적용의무화(농림부)식품위생법 및 시행규칙(의무적용 법적근거 마련)

(1) HACCP의 개념

① HA : 위해가능성이 있는 요소를 찾아 분석 평가

② CCP : 위해성을 제거하고 안전성을 확보하기 위하여 중점적으로 다루어야 할 관리점을 설정 사전에 예방하는 수단과 절차 일명 "햇썹" ,식품위해요소중점관리기준(식품의약품안전청)

③ HACCP : 식품의 원재료 생산부터 제조.가공. 보존. 유통단계를 거쳐 최종 소비자가 섭취하기 전까지의 각 단계

· 발생할 우려가 있는 위해요소를 규명

· 중점적으로 관리하기 위한 중요 관리점을 결정

· 자주적이며 체계적이고 효율적인 관리

· 식품의 안전성(safety), 건전성(Wholesomeness) 및 품질(Quality)확보 하기위한 과학적인 위생관리체계

(2) 용어해설

① 식품위해요소 중점관리기준(HACCP)- 식품의 원료.제조가공 및 유통의 모든 과정에서 위해물질이 해당식품에 혼입 되거나 오염되는 것을 사전에 방지하기 위하여 각과정을 중점적으로 관리하는 기준

ⓐ 위해요소(Hazard)

- 소비자의 건강장해를 일으킬 우려가 있어 허용될수 없는 생물학적, 화학적, 물리적 특성
- 식품위생법 제4조 규정에 정하고 있는 인체의 건강을 해할 우려가 있는 생물학적, 화학적 또는 물리적 인자

ⓑ 중요 관리점(Critical Control Point, CCP)

- 어떤 제품의 제조. 유통체계에 있어 관리하지 않으면 건강장해를 일으킬

우려가 있는 장소 및 방법

- HACCP를 적용하여 식품의 위해를 방지, 제거하거나 안전성을 확보할 수 있는 단계 또는 공정

ⓒ 위해 분석(Hazard Analysis)

- 가공식품의 원료인 가축, 가금, 야채, 과일류, 어패류에 대하여 그 발육, 생산, 어획, 채취 단계에서 시작하여 원재료의 보존, 처리, 제조, 가공, 조리를 거쳐 제품의 보존, 유통단계를 지나 최종적으로 소비자의 손에 들어갈 때까지의 각 단계에서 발생할 우려가 있는 미생물 위해의 원인을 확정하고 그 위해의 중요도(Severity)와 위험도(Risk)를 평가하는 것.

ⓓ 중요관리 점의 한계기준(Critical Limit)

- 하나의 CCP에 있어서 그것이 유래하는 위해예방에 효과적인 역할을 하고 있음을 보증하기 위하여 정해진 하나 이상의 미리설정된 허용한계
- 위해요소의 관리가 한계치 설정대로 충분히 이루어지고 있는지 여부를 판단하는 기준

ⓔ 개선조치(Corrective Action)

- 모니터링 결과가 중요관리 점의 한계기준으로 관리되지 못할 경우에 취하는 조치

ⓕ 감시(Monitoring)

- 제품의 안정성을 유지하고 확보하기 위하여 하나의 CCP 또는 그 기준에 대하여 정확한 기록을 얻도록 계획된 일련의 검사, 측정 및 관찰을 행하는 것
- 위해요소의 관리여부를 점검하기 위하여 실시하는 일련의 관찰이나 측정수단

ⓖ 검증(Verification)

- HACCP방법에 따른 관리(감시)가 당초의 계획대로 정확하게 실시되고 있는지의 여부를 확인하고, 증명하기 위한 방법과 방식 및 검사
- 해당업소에서 HACCP의 계획이 적절한지 여부를 정기적으로 평가하는 조치

3) HACCP 제도의 역사

1959. 미국 우주계획용의 식품제조에 Pillsbury사가 참가 우주식 생산

1959~60	미국우주계획용 식품(우주식)제조를 위해 pillsbury 사가 구상을 정리
1971	미국 식품보호위원회(NCFP)에서 최초 공표
1973	미국FDA 에 의하여 저 산성 통조림의 GMP규격에 도입
1985	미국과학아카데미(NAS)에서 NCFP가 이방식의 유효성을 평가하고 식품생산자에가 자주 위생.QC의 적극적 도입과 행정당국에 법적강제력 있는 HACCP 도입을 각각 권고
1988	국제식품미생물규격위원회(ICMSF)가 WHO 에 대해 국제규격에의 HACCP 도입을 권고
1989	미국식품미생물기준자문위원회(NACMCF)가 HACCP의 지침을 제출.이중 햇썹 7원칙을 최초로 제시함
1992	NACMCF가 HACCP지침의 수정판을 제출
1993	FAO/WHO가 HACCP적용을 위한 가이드라인을 제시함
1995	한국 식품위생법 에 HACCP규정(32조2) 신설

4) 왜 HACCP를 인증 받아야하는가? (도입의 필요성)

외식산업의 신장에 따라 단체급식분야의 집단 식중독 사고도 증가되고 대형화하고 있으며 수입식품이나 아이스크림, 조리냉동식품, 등에서 살모넬라, 병원성 대장균O157,비브리오, 포도상 구균등 의 식중독 세균이 빈번하게 검출되고, 잔류농약이나 잔류항생제, 중금속 및 환경 호르몬, 방사능, 첨가물 등에 의한 위해발생도 광범위하게 일어나고 있다.

따라서 우리나라도 더 이상 이들 위해요인에 대한 안전지대가 아니라는 우려가 확산되고 있어 식품의 위생안전성 확보에 대한 관심이 더욱 높아지고 있습니다.

현재시점에서 세계 각국은 이러한 위해요소를 효과적으로 사전 제어 할수 있는 식품의 과학적 안전관리기법인 HACCP을 앞 다투어 도입하여 식품분야에 적용을 추진하고 있습니다.

한편, 미국, EU, 일본 등 선진 각국에서는 자국내로 수입되는 몇몇 식품에 대하여는 HACCP적용을 의무화하고 있어 보다 적극적인 HACCP도입이 절실히 요구되고 있다.

① 식품의 안전성이 향상된다.

위해분석을 통해 기존제조방법을 평가하고 중점적으로 관리해야하는 부분에 관하여 종사자가 명확하게 파악할수있게되어 현재보다 안전한 식품을 제조할수있게 되고 이를 통해 궁극적으로 식품의 안전성을 향상시킬수 있다.

② 조직전체의 의식이 하나된다.

HACCP은 원재료의 입고에서부터 생산공정을 통해 소비자에게 전달되어지는 일련의 식품제조과정을 과학적으로 관리하는 관리체계이기 때문에 기업의 경영자, 현장책임자,작업종사자가 하나가 되어 대처하지 않으면 확보할수 없으므로 조직전체가 제품의 안전성 확보를 위해 하나가 되어야 한다.

③ 경험이 과학적으로 뒷받침된다.

HACCP system 도입을 통해 기술적 경험을 과학적으로 분석하여 매뉴얼화 하기 때문에 업무에 전문성이 다소 결여되더라도 관리운영할수 있을 뿐만아니라 이를 토대로 품질향상이나 위해방지에 대한 정확한 지표관리와 의식의 전환을 갖게된다.

④ 안전성이 지속적으로 유지된다.

아무리 완벽한 제도를 만들더라도 시간이 지남에 따라 빈틈이 생기는 것이 일반적이나 HACCP system 의 경우에는 과학적인 수단을 통해 계획적으로 실천하고 있는지를 파악하고 이를 필요에 따라 유기적으로 시스템에 반영하여 실질적으로 변경하기 때문에 위생수준을 지속적으로 유지할 수 있으며 안전성을 보장할 수 있다.

⑤ 경쟁력이 강화된다.

자발적인 과학적 위생관리체계를 확립하게 되면 제조의 안전성이 보장되고 이를 통해 생산된 제품은 불량품 발생율이 줄어들고 위생관리체계상의 허점으로 발생하게되는 사고의 노출빈도도 적어지기 때문에 손해배상 및 불량품회수의 위험성이 줄어 들어서 결국에는 기업의 경쟁력 강화에 중요한 요인으로 작용하게 된다.

이상의 장점이외에 HACCP 적용의 필요성은 1). HACCP에 따른 위생관리, 2). FAO / WHO의 국제식품규격위원회인 CODEX위원회에 의하여 추진, 3). 미국, 캐나다, 호주, 일본등에서 HACCP 에 따른 관리제도가 이미 도입〈 EU-수산물에 96 도입, 일본-95 종합위생관리제조과정〉 되었기 때문이다.

5) HACCP기존의 위생관리방법과 차이점(특징)

햇썹은 과거위생관리방법과 달리 식품의 안전성에 대하여 과학적인 관념에서 위해를 미리 예측하여 그 위해를 예방하는 관리방법으로 식품의 제조/조리공정을 process 상에서 하나하나 중점적으로 위생관리 함으로써 공정전반에 걸친 위해의 발생을 예방하여 최종제품의 안전성을 확보하는데 있다.

① 식품 원재료의 생산부터 제조 가공 및 유통. 조리단계를 거쳐 최종소비에 이르기까지의 모든 과정에서 식품의 안전성에 위해를 미칠 우려가 있는 생물학적. 화학적. 물리적인 위해를 찾아내고 열거하여 그 위해 성을 밝힘과 동시에 그 위해를 제거하는 방법을 결정하게 된다.

② 밝혀낸 위해 중에서 식중독 등의 위해발생을 방지하기위한 가장 중요한 관리점〈CCP〉을 찾아냄으로써 중점관리를 할 수 있게 된다.

③ 중요 관리 점에 대한 관리를 과학적이고 체계적으로 수행하기 위해 준수하여야 할 기준〈 온도/pH/ 가열 시간 등〉을 정해야 한다.

④ 이 기준이 지켜지는지의 여부, 어떻게 모니터링 하는지, 그리고 정해진 기준에서 벗어날 때에는 어떻한 대책을 수행하여서 이탈된 현상을 바로 잡을지에 대한 적정한 대응방법을 정한다.

⑤ 각 작업공정상 작업에 있어서의 표준 작업 절차서 를 만들어 문서화 하도록 한다. 즉 그 내용을 읽어보기만 하면 누가 작업에 임하더라도 위해발생의 소지 및 이탈시의 대책을 명확하게 준수 할 수 있다.

⑥ 감시(monitering)의 결과 등을 전부 기록으로 보관함으로써 HACCP시스템에 따라 그 제조의 안전성이 확보되었다는 사실을 증명할수 있다.

이상과 같은 절차를 통해 시스템적으로 확보된 위생관리기준을 준수함으로써 기존위생관리 방법의 모순이었던 샘플검사, 생산후의 점검, 많은 검사비용, 검사결과의 반영까지의 상당기간 소요 등의 비효율적인 점들을 개선하여 합리적인 위생관리 및 반영을 통해 식품의 안전성을 지속적으로 확보 할 수 있다.

다시 HACCP 특징을 요약하면

ⓐ 식품위생수준 향상유도

ⓑ 과학적, 체계적 사전 예방적 식품안전관리체계

ⓒ 선행요건(GMP. SSOP)

ⓓ HACCP 7원칙 12 절차에 따른 동일원칙 적용 그리고 지속적인 교육훈련과 기록유지이다.

HACCP 구성 요건

HACCP공정. 업소별 적절한 관리 체계 구축

(1) 종전 위생 관리 방식과의 비교

위해발생시 원인규명과 책임소재를 찾기가 어려운 실정

① HACCP방식과 기존 위생관리방식과의 비교

항 목	종 래 방 법	HACCP 제도
조치단계	문제발생 후의 반작용적 관리	문제발생 전 선 조치
숙련요구성	시험결과의 해석에 숙련요구	이화학적 항목에 의한 관리로 전문적 숙련불필요
신 속 성	시험분석에 장시간 소요	필요시 즉각적 조치 가능
소요비용	제품분석에 많은 비용 소모	저렴
공정관리	현장 및 실험실 관리	현장 관리
평가범위	제한된 시료만 평가	각 Batch별 많은 측정 가능
위해요소 관리범위	제한된 위해요소만 관리	많은 위해요소 관리
제품 안전성 관리자	숙련공만 가능	비숙련공도 관리 가능

② 공정관리상의 비교

종래 방식	HACCP 방식
최종제품 관리 또는 검사 공정관리(CCP관리) 또는 검사 최종제품 원재료 : 입고검사 ↓ 혼 합 : 혼합비율 세균시험 화학분석 관능검사 ↓ 충전 · 포장 : 온도/충전량/밀봉성 ↓ 열처리 : 온도/시간 ↓ 냉 각 : 온도/시간 출 하 ↓ 포 장 : 충격/온도 ↓ 출 하 : 100% 안정성 보증	제조공정별 위해점 분석 중점관리

③ GMP, HACCP, ISO 비교

GMP	HACCP	ISO 9000
기록	기록	기록
공정	공정	좌동
훈련	훈련	〃
기록	기록	〃
감사	감사	〃
	체계적인 평가	〃
	예방	〃
	결정위한 사실 사용	소비자 초점

(2) HACCP

① 각 제조공정별로 위해 요인을 관리 · 기록하도록 한다.

② 위해 발생요인과 책임 소재를 명확하게 파악 Recall제도와 연계

③ 가장 효과적인 식품의 안전성 확보수단으로 부각되고 있는 제도

HACCP 구성 요건

HACCP공정. 업소별 적절한 관리 체계 구축

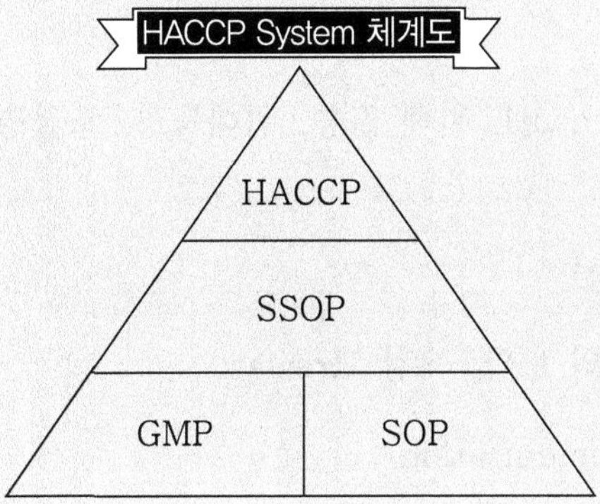

SSOP: Sanitation Standart Operation Procedure
(위생 표준 운영 기준)
GMP : Good Manufacturing Practice
(우수제조기준)
SOP : Standard Operating Procedure
(표준 운영기준)

(3) HACCP 업무내용

① 식품위생과 GMP체계적인 기록유지

② 위해분석

③ CCP의 결정

④ 기록보관

⑤ 체계적인 기록유지

⑥ 12가지 권고사항

⑦ 종사원 교육을 수행

⑧ 이에 따라 작업을 실시

⑨ HACCP 담당자 필요

⑩ 실시된 결과의 문서화 요구

⑪ 7가지의 원칙에 기초

⑫ 전체공정의 정확하고 세부적인 공정도를 작성

⑬ 분석. 검토 HACCP운영의 확인 혹은 조정 보완등을 행함

(3) 체계적인 식품 안전 관리

① 위해도 분석 수행(Risk Analysis)

② 과학적인 분석을 통한 평가(Risk Assessment), 위해 검증, 위해특성, 노출평가, 위해특성

③ 정책대안 검토 및 결정(Risk Management)

④ 위해 평가, 위해관리 선택평가, 관리결정의 보완, 재검토(review)

⑤ 이해 당사자간 위해 정보 교류(Risk Communication)

⑥ 위해 관리자. 평가자 간의 계속적인 반복(feedback), 산업체/대학/소비자

6) 도입목적. 배경, 추진내용 및 경과

(1) 목적

① 논리적이며 명확하고 체계적인 과학성을 바탕으로 제품생산-식품의 안전성에 높은 신뢰성을 줌

② 위해 사전 예방

③ 문제의 근본원인을 정확.신속하게 밝히므로써 책임소재 분명

④ 원료에서제조.가공등의 식품공정별로 모두적용되므로종합적인위생대책시스템임

⑤ 일단 설정된 이흐에도 계속 수정. 보완가능

⑥ 안전하고 더 높은 품질의 식품개발에도 이용

⑦ 위해성 식품의 발생을 사전에 차단

⑧ 장기적으로는 인적.물적 자원을 줄임

⑨ 회의의 경제적 이익도모

(2) 도입배경 및 추진내용

① 1993,FAO/WHO산하국제식품규격위원회〈CODEX〉에서165회원국에 HACCP도입 적용을 권고

② 국가간 식품 교역시 HACCP 적용 의무화 추세에 대응-미국,EU등선진각국에서 자국내로 수입되는 일부식품에 대하여 HACCP 적용을 의무화

③ 영업자의 자율적 위생관리 수준제고를 위한 새로운 기법의 사전예방적 관리수단 도입필요-제조물 책임법(PL) 시행에(2001) 따른 식품안전성 확보; 병원성 대장균 O157, 다이옥신 같은 환경호르몬등 신종오염물질, 외식산업증가에 따른 집단 식중독발생 등에대한 효율적 관리

④ 2003,HACCP를 국정100대과제 및 정부혁신위원회의 민생개혁핵심과제로선정추진- 국무조정실 산하식품안전대책협의회의관계부처 "HACCP실무대책반" 편성, 범정부적추진

⑤ HACCP제도 추진의 법적근거 마련 - 식품위생법32조의2,에 HACCP규정신설(`95)개정( `02), HACCP고시제정(`96) 개정( `02)

⑥ 1997-2002,11개식품의 HACCP 적용기준 고시 및 92개업소 지정관리

⑦ HACCP 적용업소에 대한 우대조치 강구-세제감면(시설비3%환급)군납1점 가산, 식품진흥기금 저리(이율3~5%)지원, HACCP지정사실의 표시. 광고 허용

⑧ 식품위생관련공무원 및 업소관계자 교육 및 홍보-제조영업자, 관계공무원 교육훈련실시(한국보건산업진흥원, 보건복지부 연수부), HACCP홍보비디오와 책자제작 관계기관, 단체에배포〈비디오 350개, 책자 10,500부)

· 시설이나 환경 등의 개선

· 각 CCP에서의 검색장비의 확보와 운영

· 최고경영자나 생산책임자가 HACCP의 개념과 장점인식

(3) 추진경과

① 일반모델 연구사업, 시범사업 실시 (`92~ `95)

② 식품위생법 제32조2 신설(`95. 12)

③ 식품위해요소 중점관리기준 고시 제정 (`96.12)

④ 활성화 및 확대적용 추진 : 자율 적용 → 자율 +의무적용 병행추진, 법개정: 식품위생법(`02.8), 시행규칙( `03.8) : 중장기발전계획 및 전략적 접근방안 연구(`02)

7) HACCP 도입에 따른 기대효과

햇썹의 기대효과를 각 측면에서 볼때

① 식품업체 측면

ⓐ 자주적 위생관리체계의구축

ⓑ 위생적이고 안전한 식품의 제조

ⓒ 위생관리집중화 및 효율적 도모

ⓓ 경제적이익도모

ⓔ 회사의 이미지 제고와 신뢰성 향상

② 정부측면

ⓐ 사후위생감시의 효율성을 극대화

ⓑ 객관적이고 효율적인 위생감시를 위한 감시지침으로 제공

ⓒ 위생적이고 안전한 식품의 확보를 위한 위생관리기준 제공

③ 소비자 측면

ⓐ HACCP마크 표시로 위생적이고 안전한 식품선택기회의 제공으로 소비자의 신뢰성을 제고으로 설명 될 수 있으며, 이를 다시 요약정리하면

ⓑ 자율적 위생관리체계의 구축으로 식품안전사고 사전예방

HACCP은 자율적인 위생관리 체계이기 때문에 정부주도형의 위생관리에서 벗어나 업체 스스로의 경쟁력을 향상시키기 위해 도입하는 시스템으로 자사의 생산방식에 맞는 체제를 구축할 수있어 효율적. 따라서식중독 발생 저감으로 사회적 손실비용 최소화가 기대.

ⓒ 위생적이고 안전한 식품생산 기반 조성으로 소비자 신뢰 제고

예상되는 위해요소를 과학적으로 규명하고 이를 효과적으로 예방함으로써 위생적이고 안전성이 확보된 식품생산 및 조리가 가능한 HACCP표시로 소비자 신뢰를 제고 기대.

ⓓ 위생관리의 집중화 및 효율성 도모

위해가 발생할 수 있는 생산과정을 사전에 선정하여 이를 중점적으로 관리함으로써 위생관리체계의 정확성과 효율성을 확보할 수 있다.

ⓔ 비용대비 효과 극대화

HACCP시스템의 도입초기에는 시설/설비/관리인력 등의 예산소요가 증대될 수 있으나 장기적으로는 소비자의 신뢰성 확보, 제품 불량률과 반품 · 폐기량 감소 등으로 비용대비 효과의 극대화를 통해 경제적인 이익을 도모할 수 있다.

ⓕ 기업의 국제 경쟁력 강화 및 수출증대

식품회사의 경쟁력은 제품의 위생과 안전을 통한 고객만족이라고 할 수 있는데 제품의 위생과 안전성을 HACCP시스템으로 확보할 수 있기 때문에 비 지정업체와의 차별화를 통한 기업의 이미지 제고와 신뢰성 증대가 곧, 기업경쟁력 강화로 이어진다. WTO 체제에서 식품의 국제교역에 참여자격을 얻어 수출증대가 기대된다.

ⓖ 종업원의 의식향상

HACCP시스템은 전 종업원이 동참해서 운영되는 체계로 각 공정상의 위해요소를 파악하고 이에 대한 사전예방 측면의 시스템이기 때문에 종업원의 의식향상 없이는 구축할 수 없는 시스템이다.

ⓗ 일정한 수준의 제품 생산

과학적인 근거를 바탕으로 검증하고 운영되기 때문에 위생과 안전상의 측면은 균일한 수준의 제품을 생산할 수 있는 근거가 마련된다.

ⓘ 지정품목의 표시와 광고 허용

HACCP적용업소의 지정제품에 지정마크를 표시할 수 있으며, 그 품목에 대한 광고가 가능하므로 소비자의 신뢰성을 바탕으로 기업경쟁력을 확보할 수 있다.

ⓙ 안전한 식품선택의 기회 제공

소비자에게 HACCP시스템의 위생관리체계의 안전성을 설명하고 HACCP지정마크의 사용을 통해 소비자 스스로 판단하여 안전한 식품을 선택할 수 있는 기회를 제공한다.

ⓚ 안전한 식품을 소비자에게 제공

HACCP을 지정받은 제품의 경우에는 기업의 자발적인 위생관리체계를 통해 생산된 제품이기 때문에 소비자에게 자신 있게 제공할 수 있다.

8) 국-내외의 HACCP 적용현황

(1) CODEX(국제식품규격위원회)의 HACCP제도

① WHO(세계보건기구) : 1980년 HACCP 시스템의 도입

② ICMSF(국제식품미생물규격위원회) : 1988년에 WHO에 대해 식품의 국제규격에 HACCP 시스템을 도입하도록 권고

③ CODEX : 제20차 총회('93.7) 'HACCP 적용을 위한 지침서'를 채택 각국에 준수할 것을 권장

(2) 미국의 HACCP 제도

① 1985년 미국과학 아카데미 식품산업에서의 자주관리 방법

HACCP 시스템의 적극적 도입 권고

② 1995년 12월 18일 FDA(식품의약품청) '어패류 및 그 가공품에 대한 HACCP 규칙(CFR 21권, 123)'을 제정

③ 1997년 12월 18일 강제시행

④ 1996년 7월 25일

USDA(농무성) '식육, 가금육 및 그 가공품에 대한규칙(CFR 9권)'을 제정

종업원 500인 이상의 대기업	1998년 1월 26일
종업원 10~500인 미만	1999년 1월 25일
종업원수 10인	2000년 1월 25일

⑤ FDA 1998년 8월 26일 아채, 과실 쥬스 안전대책 발표

야채, 과실쥬스 생산과정에 HACCP 적용 의무화

(3) 대한민국의 HACCP적용 현황

① 식품의약품안전청(KFDA)

1995년 12월 식품위생법 제 32조의 2(식품위해요소중점관리기준)의 규정을 신설함으로서 HACCP의 법적 기틀을 마련하고 어육 가공품, 냉동수산식품, 냉동식품, 빙과류, 집단급식소, 도시락, 비 가열 음료, 레토르트식품 등에 HACCP을 적용함.

2003년 8월 식품위생법을 개정하여 어묵류 등 6개 식품에 대하여 단계별로 HACCP의무적용을 추진중임.

(4) 일본의 HACCP적용 현황

① 1995년 5월 식품위생법을 개정 HACCP에 기초를 둔 '총합위생관리제조과정' 이라는 승인제도를 도입

② 이 제도의 대상이 되고 있는 식품은 유,유제품 및 식육제품(`96.5),가압 가열 살균식품, 레토르트, 통조림 식품( `97.3) 어육 연제품(`97.11)

③ 1998년 1월 유,유제품에 대하여 36개사, 86시설, 177건에 대해 최초의 승인이 이루어 짐

④ 1998년 5월8일: 식품의 제조과정관리의 고도화에 관한 임시조치법 제정

(5) 캐나다의 HACCP 적용 현황

① 캐나다 농무성(Agriculture and Agri-Food Canada)

· 식품안정향상프로그램(Food Safety Enhancement Program, FSEP)

② 캐나다 수산해양성(Department of Fisheries and Oceans, DFO)

③ 품질관리프로그램(Quality Management Program, QMP)

· 두가지 계획으로 발전

· 1997년 4월 식품행정기관을 캐나다 식품검사청(CFIA : Canadian Food

· Inspection Agency)에서 QMP와 FSEP을 통합관리

④ QMP

· HACCP 원칙에 입각한 세계최초의 강제성을 띤 식품검사프로그램

· 1992년 2월 캐나다 내의 1,200개 이상의 수산가공공장에서 시행

⑤ 새로운 QMP의 3가지 영역

· PP(Prerequisite Programs : HACCP를 효과적으로 실시하기 위한 기초가 되는 프로그램)

· RAPs(Regulatory Action Points : 법적규제 사항에 적합함을 보장하기 위해 설정된 관리점)

· HACCP Plan(HACCP 7원칙에 따라 작성된 계획서)으로 구성

⑥ FSEP

· 식품가공공장에서 HACCP원칙을 채택할 것을 권고하는 권장성격의 프로그램

· HACCP 수행이 용이하돌고 식품군별로 매뉴얼을 작성하여 산업체에 제공

· 1991년부터 시행

· 4개 주요식품군인 육류 및 가공육, 유제품, 난류 및 가공과채류에 대하여 1,800개 이상의 공장에서 추진

(6) 호주의 HACCP 제도

① 호주 HACCP 육성, 발전

· 자국 내에서 시행되고 있던 품질보증제도(Quality Assurance system, QA)와 연관 지어 운영

· 호주-뉴질랜드 농업 및 자원관리위원회(Agriculture and Resource Management Council of Australia and New Zealand, ARMCANZ) 모든육류가공시설(수출용 및 내수용)에 1996년 12월말까지 품질 보증제도 (QA)의 기초로서 HACCP을 도입 결정

· 1997년 1월 이후 모든 육류제품에는 HACCP, ISO, SSOP, GMP를 포함하는 통합관리 시스템인 품질보증제도(QA)가 시행

· 1985년 중반, 유제품, 어류 및 통조림 식품에 대해 HACCP을 적용하고 있는 공장에 한하여 자율적인 검사제도를 도입

· 1992년 수출규정(Export Control(Process Food) Orders No. 9., 1992)을 개정비 육류제품을 수출하는 모든 제조시설에 대해 HACCP에 기초한 시스템을 개발

(7) EU의 HACCP 제도

· 1991년 7월 수산물의 생산 및 판매에 관한 위생조건(Council Directive 91/493/EEC)제정

· 수산물에 대한 HACCP의 이행을 입법화

· 1994년 5월 HACCP 시행을 위한 세부규칙(Commission Decision 94/356/EEC)을 각 회원국에 공포

· 1996년 10월 이후부터 EU지역 내로 수입되는 모든 수산식품은 HACCP시스템을 적용하여 생산하도록 요구

9) HACCP 지정 획득의 필요성, 우대조치 및 사후관리

① 획득 필요성

· 경영적 측면 :리스크 감소로 지속 가능 경영 기반 구축
앞서가는 기업 이미지 제고⇒ 이익의 극대화

· 마케팅/ 영업 측정 : 고객의 요구 및 소비자 보호
영업기회의 선점, 확대
소비자 단체 요구에 적극적 대응

· 법적 측면: PL법규에 대한 근원적인 대책확보

· 연구개발 측면 L 우수 신소재, 신 공법 및 신제품의 개발

· 구매 부분 : 우수한 협력업체 관리로 안전한 제품 원료의 확보

· 품질 / 생산 측면 : 품질/안전/위생 관리 체제 확보
원가 절감, 생산성 향상, 납기준수

· 공급. 유통측면 : 안전한 공급/ 유통망 확보

· 종업원 측면 : 위생적인 작업 환경 확보로 작업자 만족, 위생/ 안전 확보

② 우대 사항

· 지정된 업소에 대해서는 식품위생법 제17조제1항에의한 출입 검사 수거 등이 3년간완화

· 정부 납품(군납)시는 가산 점 1점을 부여하여 납품에 우선권을 준다.('01)

· 시설개선자금의 우선지원과 장기 저리로 조세특례법에 의거 3%를 소득세, 법인세를 감면받는다.

· 식품진흥기금으로 시설자금을 장기저리(3-6%)로 융자해 준다.

· HACCP 적용품목표시를 할 수 있고 광고도 허용된다.

· 사후관리, 지정취소(식품위생법 시행규칙 제43조6, 별표14-2)

· 지정업소는 식품안전관리의 지속성을 위하여 식품의약품안전청으로부터 매년 1회 이상 실시상황평가를 받게된다.

· 햇쌥 기준을 준수하지 않거나 영업자 및 종업원이 교육훈련을 받지 아니 한때 시정명령을 받게 된다.

· 영업정지 2월이상의 행정처분이나 과징금 부과시 나 시정조치를 2회 이상이행하지 않았을 때는 지정이 취소된다.

10) HACCP 지정 업소 현황 (2005.7)

① 현재 153개 HACCP 적용 업소 운영

· 총 178개소 지정, 23개소 지정취소/ 자진취하

· 식품제조가공업소 99개소 (지정취소 6개)

· 단체급식업소 48개소 (지정취소 17개)

· 축산가공품 가공업소 29개소 농림부 이관

② 연도별 HACCP 지정 업소 추이

· `97(3) → `98(28) → `99(6) → `00(16) → `01(9) → `02(34) → `03(35) → `04(29) → `05.7(16) → 2012(900)

③ HACCP 적용 품목 현황 (`05.7)

고시품목 9개 식품 115개 업소	어묵류(6) 냉동수산(22) 냉동식품(12) 빙과류(3) 레토르트식품(3)	집단급식소조리식품(32) 도시락(5) 비가열음료(3) 축산가공품이관(육3+유26)=(29)
비 고시 품목 17개 식품 39개 업소	조미식품(8) 건강보조식품(1) 수산물통조림(1) 다류(6),두유류(2) 어육소시지(1)	음료(5), 빵(2), 면류(2) 식물성크림(1),기타가공품(1)잼류(1), 식용유지류(1), 양념젓갈(1) 즉석건조식품(1) 김치류(3), 곡류(2)
지정 취소* 4개 식품 23개 업소	집단급식소조리식품(17) 냉동수산샥품(4)	빙과류(1) 과실채소음료(1)

*. 취소사유: 자진반납(11), 위탁계약만료(8), 폐업(2), 품목생산중단(1), 기준부적합(1)

11) 추진상의 애로/문제점

① 식품산업의 영세성과 시설. 설비의 낙후

· 종업원 10명 이하의 영세업소 전체의 79%, 연 매출10억 미만 업소 89%

· 기존제조시설이 식품공장에 부적합하여 HACCP시설에 추가비용과중

② 중소규모 햇썝 적용업체에 대한 재정. 기술지원 미흡

· 정부의 재정 및 기술지원은 전무하고 지자체 운용 식품진흥기금에 지원의존

③ HACCP 제도에 대한 소비자 및 사업자의 인식부족

· 홍보부족으로 인지도 나 적용의지 부족

④ HACCP 기술지원조직 및 전문 인력 등 인프라 미흡

⑤ 다양한 종류의 접근방법제시에 따른 혼선과 대안 부재

· 민간주도 vs 정부주도. ISO 22000 및 민간 인증원 도입중복

· 구태의연한 업무수행방식과 인식팽배

⑥ 브랜드화를 통한 평가 절하로 인한 대안부재

⑦ 초기투자 비용 많고 HACCP 적용준비기간 소요

· 준비기간 11개월 소요, 예산(시설. 인원. 컨설팅. 교육. 적용) 부담

35. 방사선조사에 의한 식품저장

1) 방사선의 종류 및 관계단위

(1) 방사선의 종류와 그 성질

방사선은 Radioisotope에서 나오는 알파선(α선, 립자의 흐름), 베타선(β선, 전자의 흐름), 베타선(β선, 전자의 흐름), 감마선(γ선, 전자파) 인공적으로 만들어 내는 고속도의 베타선(cathode ray), X선 및 자외선 등이 있다. 이들 방사선은 물질을 통과할 때 분자를 ion화시키는 작용을 가짐으로 써 이온화 방사선(ionizing radiation)이라 부른다. 이중 식품저장에 사용할 수 있는 것은 에너지 효율 및 투과력 등이 우수한 감마선(γ선)과 베타(β선)으로 감마선은 방사선동위원소에서, 베타선은 전자가속장치에서 얻어지는 것을 이용하고 있다.

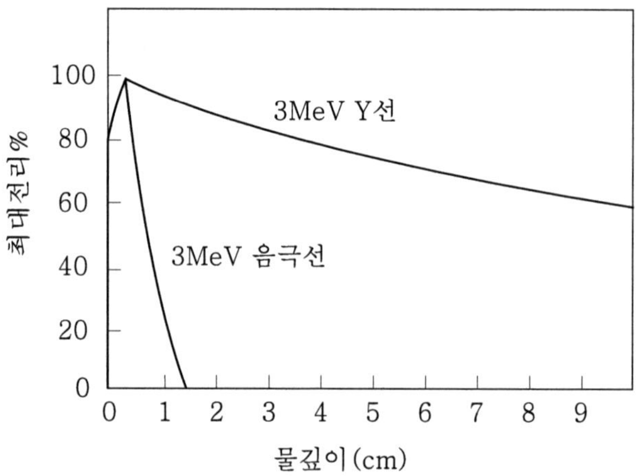

【그림】 γ -ray의 energy 분포

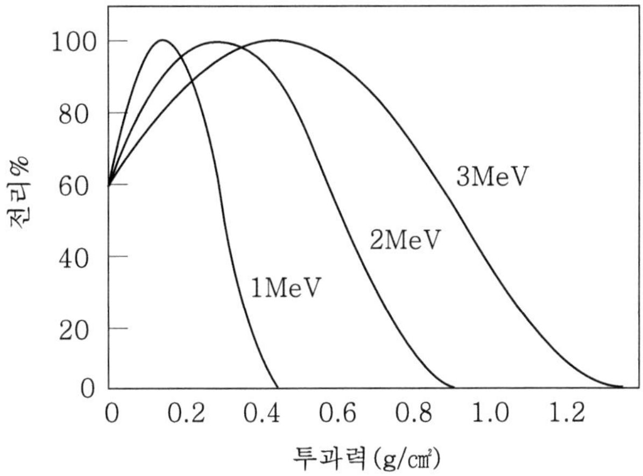

【그림】 가속 β -ray에 의하여 새로 일으키는 ion화 energy 분포

(2) 방사선에 관계하는 단위

① 방사선 물질의 양을 나타내는 단위

· 큐리(CURIE : C) : 매초 3.7×10^{10}개의 방사입자를 방출시켜 붕괴시킬 수 있는 방사선 물질의 양(원자수)을 1큐라고 한다.

· 카운트(COUNT) : 가이가 계수관 등의 계기에 나온 수로서 방사선 물질의 양을 정확히 표시하는 것은 아님. 보통 시료일정량에 대하여 1분간 count수 cpm(count per minute)로 표시.

· 람(RHM:roentgen per hour at one meter):1m 거리의 공기 중에 1시간에 1γ(렌토겐)의 방사선양을 주는 선원(線源)의 강약을 램이라 한다.

② 방사선양의 단위

· 렌토겐(ROENTGEN) : 공기 1γ 중에 2.1×10^9개 이온에 대해 생기는 것 같은 방사선양을 1γ 렌토겐이라 한다.

· 라드(RAD) : 방사선에서 조사되는 물질 1g당 100erg의 에너지를 흡수할 때의 흡수선양을 1라드라고 한다.

· 레프(roentgen equivalent physical : REP) : 조직 1g당 93erg의 에너지를 흡수할 때의 양을 1레프라고 한다.

③ 방사선의 에너지 단위 : 전자 볼트(Electron volt · eV)

· volt의 전압을 흘린(전) 양극사이에서 전자가 양극을 향해 운동할 때

· 운동에 의한 전자의 생성에너지를 1volt라 함.

1eV = 1.60×10^{-12}erg; 1meV=10^6eV

2) 방사선 조사장치

식품저장에 사용하는 베타(β)선, 가속장치 및 감마(γ)선 조사장치는 다음 그림과 같고 감마(γ)선원으로서는 ^{60}CO이 주로 사용되고 원자핵 분열생성물 중에서 기타 ^{137}CS, ^{95}Zr, ^{144}Ce 등의 감마선원이 포함되어 이들 이용도 연구되고 있음.

【표】 β-ray 가속장치

가속장치	제조소명	Volt. MeV	전류 (max.mA)	출력(kW)
Van de Graaff	High Voltage Eng. Corporation	3	4	12
Resonant transformer	General Electric Co.	2	4	8
Capacitron	Electronized Chemical Corporation	2.5	1	2.5
Transforner recifer	Philips' Gloeilampenfabricken	2.3	4	8

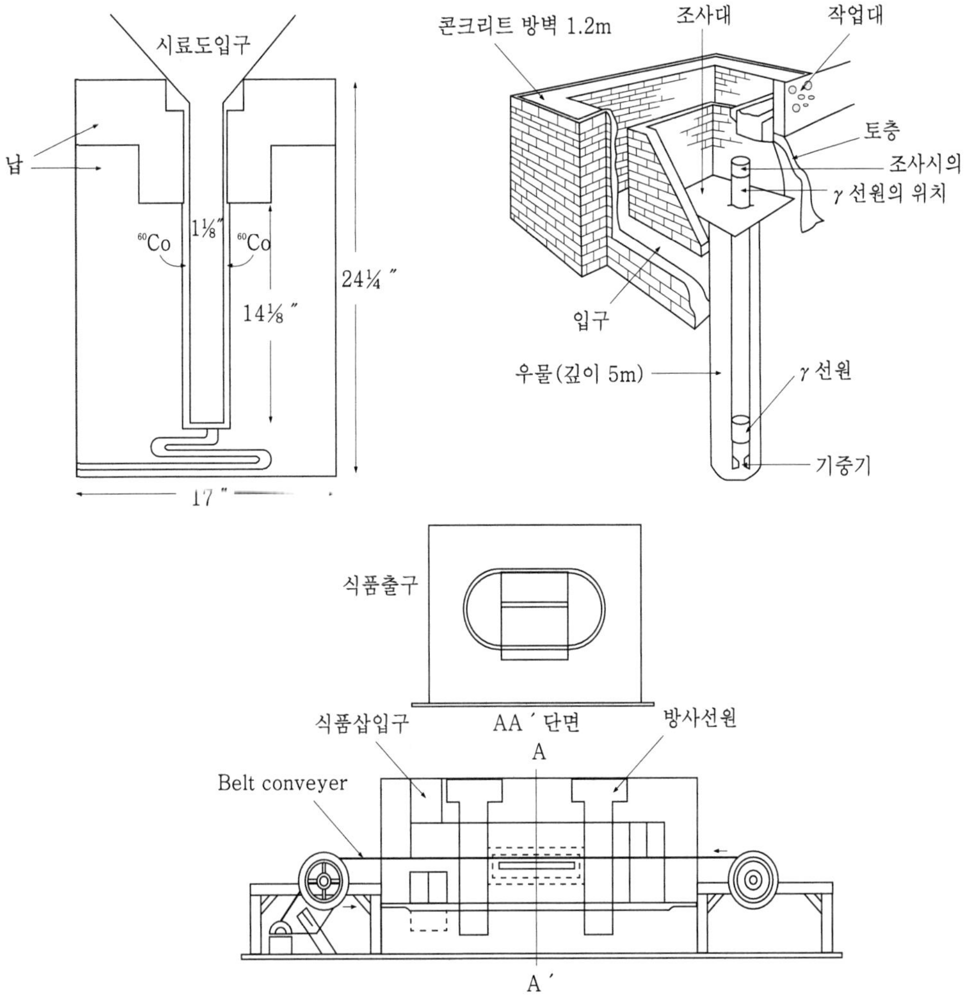
시료도입구
납
60Co
1⅛″
60Co
24¼″
14⅛″
17″
콘크리트 방벽 1.2m
조사대
작업대
토층
조사시의
γ 선원의 위치
입구
우물(깊이 5m)
γ 선원
기중기
식품출구
식품삽입구
AA′ 단면
방사선원
A
Belt conveyer
A′

【그림】 γ선 조사장치

3) 방사선 조사에 의한 식품저장방법

① 살균목적으로 고선량의 응용, 이보다 낮은 선량에서 미생물의 발육을 저지시켜서 그 후 미생물의 감염이 없게 하여 보존저장기간을 연장하는 경우(이 경우 거의 온도상승 없이 살균시키는 냉살균이라 한다.)

② 기생충 및 곤충 등의 해충구제를 대상으로 중선량의 조사에 의한 식품저장

③ 감자, 양파, 밤 등의 발아방지로 저장기간의 연장을 겨냥한 저선량의 응용

④ 과실 등에 방사선을 조사하여 추숙억제 또는 촉진을 행하는 경우 등이 있다. 이들 중 ③과 ④가 가장 기대되며 원예 식품에의 응용을 알아보면 다음과 같다.

(1) 냉살균(Cold sterilization)

· Radio sterilization : 방사선이 미생물을 살멸시키고 효소를 불활성화 시키는 작용을 이용하여 식품을 밀봉한 상태. 대량의 방사선을 조사(1×10^6~1×10^7)하면 가열살ㄱ뉸의 경우와 거의 같이 완전살균되어 저장하는 방법이다. 이것은 고선량조사여서 부반응 문제가 제기된다. 방사선에 대한 미생물의 감소성은 종류에 따라 다르며 사균하는 경우는 식품에 부착한 미생물 중 방사선에 대하여 가장 감수성이 낮은 것, 즉 저항성이 큰 것을 대상으로 조사선량을 결정할 필요가 있다. 각종 미생물의 치사선량은 다음의 표와 같고 보통 방사선 조사에 의해 사멸하는 세균수는 다음 식으로 구한다.

$$N_0{}^{e-D/D_0}$$

N_0 : 조사 전 세균수
N : 조사 후 생존세균수
D_0 평균 치사선량(63% 치사에 필요한 선량)
D : 사용한 선량

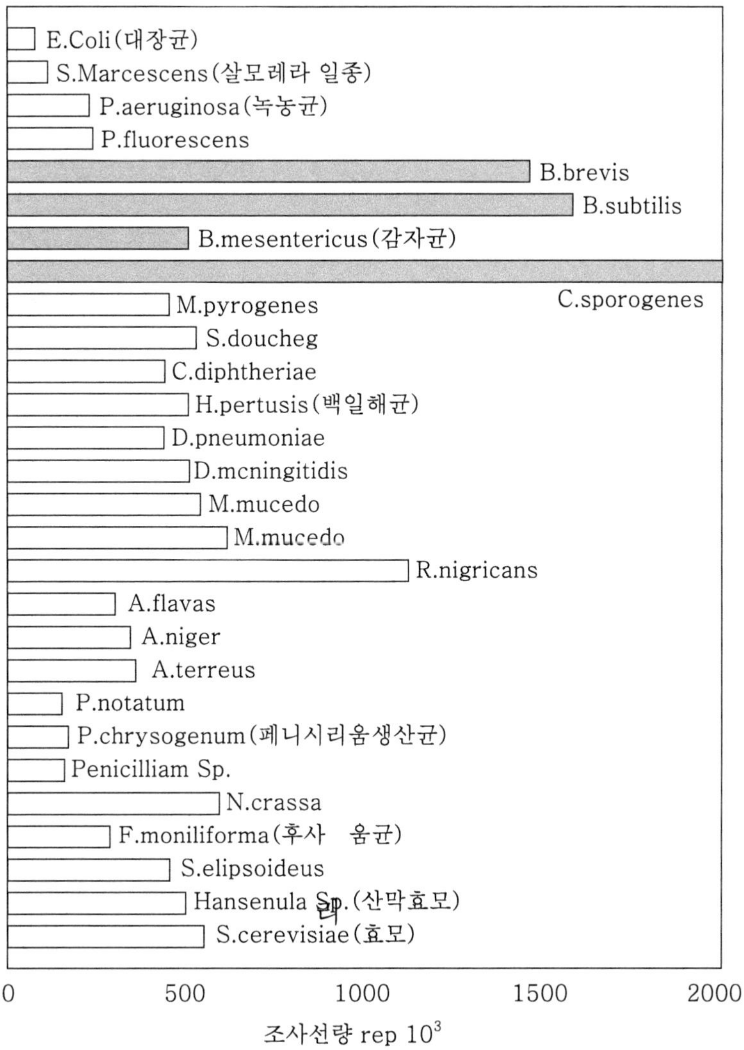

【그림】 각종 미생물의 치사선량

(2) 미생물의 방사선에 대한 저항선과 일반 인자들과의 관계

① 미생물 농도 : 일정 선량에서 사멸되는 세균수(%)는 그 농도와 무관하다.

② 피조사물의 온도 : 조사한 대상물의 온도는 사멸시키는 미생물수에 거의 영향이 없다고 본다.

③ 배지 : 미생물의 존재하는 배지의 성분은 보호적으로 작용하는 것이 인정

④ 산소 : 미생물과 같이 웅존되고 있는 산소량이 많으면 보다 살균효과 증가

· Radio pasteurization : 이방법은 위의 멸균보다 저선량 조사로 부반응 문제도 적다. 조사 전 · 후 공히 미생물의 침입 또는 발육안 된 상태에서 처리가 일반적이다.

앵두(0.93~4.65×10^5 rad 4.5℃ 25일 저장), 딸기(2×105γ 곰팡이 억제)

(3) 살충살란

저곡해충인 곤충류, 기생충 그리고 이들 알의 구제는 앞의 radio pasteurization보다 더 적은 선량으로도 목적을 달성가능하며 식품자체에 변화가 없고 효과적인 응용법이다.

일반적으로 저곡해충은 그 변태 각기에 따라서 방사선에 대한 저항성이 달라 알, 번데기, 유충, 성충의 순으로 저항성이 증가한다. 따라서 성충을 사멸하는데 필요한 필요한 선량을 조사하여야 목적을 달성할 수 있다.

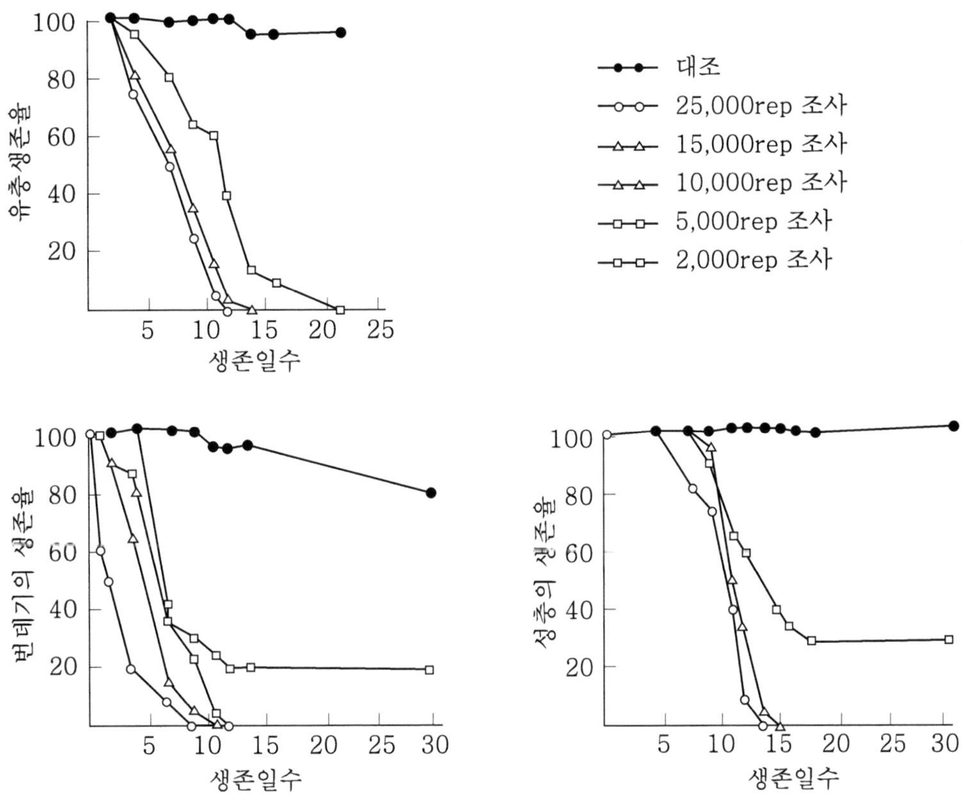

【그림】 쌀바구미의 생존률과 생존일수

(4) 식품 등의 규격 및 기준

① 양파, 감자, 마늘 : 0.15kGy↓

② 밤 : 0.25kGy↓

③ 생버섯 : 1kGy↓

④ 건조버섯 : 1kGy↓

⑤ 건조향신료(고추, 마늘, 파, 양파, 후추 및 생강) : 10kGy↓

⑥ 가공식품용 건조육, 어패 분말 : 7kGy↓

⑦ 분말(된장, 간장, 고추장) : 7kGy↓

⑧ 조미식품용 전분 : 5kGy↓

⑨ 가공식품용 건조채소류 7kGy↓

⑩ 호모, 호소식품 7kGy↓

⑪ 인삼, 알로에 분말 7kGy↓

⑫ 2차 살균이 필요한 환자식 10kGy↓

(5) 발아 억제

방사선은 저장 중의 감자, 양파, 당근, 밤 등의 발아방지에 극히 효과가 있다. 감자, 당근 등은 실용화되고 있다. 발아발근에는 비교적 저선량을 조사로서 그의 세포분열을 정지시켜 몇 개월간 신선한 상태를 유지할 수 있어 방사선 이용은 가장 기대됨

① 감자

발아억제(1×10^4 γ선량), 완전억제(2×10^4 γ선량), 수개월~1년 저장가능.

처리된 감자는 식용에 적합하고 종자용은 불가, 조사시기는 수확직후부터 휴면각성기 사이가 적당하고 휴면각성기 이후의 조사는 약간 그 효고하가 저하

② 양파

억제선량($2 \times 10^3 \sim 3 \times 10^3 \gamma$) 처리한 양파 인경의 속싹이(장래 신장부분) 갈변고사된다.

9~10개월 품질유지, 발아억제 선량은 우수, 고선량-부패초래

③ 밤

밤저장은 수확후 가능한한 신속히 훈증 또는 수침으로 살충시켜 적당한 습도를 보유하거나 혹은 모래 등에 묻어 서늘한 장소에 저장하는 것이 보통이나 저장중의 발근, 발아를 억제시켜 장기저장하는 양파와 같이 냉장한다. 밤의 조사선량은 양파보다 높아 1.5×10^4 휴면기에 조사로 그 후 부패가 어려운 조건하 저장.

(6) 과실류의 숙도 조절

신선 청과물의 종류에 따라서는 방사선을 조사하게 되면 그 숙도를 조정하여 가식시기를 앞당기거나 지연시킬 수 있다. 보통 방사선을 과실에 대하여 선량에 따른 차는 일부 생리적 변화나 조직의 연화가 일어난다. 이러한 현상을 적절하게 조정하면 과실의 숙도를 촉진 · 이용할 수 있는 가능성이 있다. 예로 떫은 감에 $3 \times 10^5 \sim 50 \times 10^5 \gamma$을 조사하더라도 조사직후 이미 과실이 약간 연화되고 그 후 과실의 연화에 의하여 수일 중 완전히 탈삽된다. 바나나 추축지연($1 \times 10^4 \gamma$), 녹숙토마토($2 \times 10^5 \gamma$)

방사선은 과실채소의 호흡량, 색소함량, 조직의 상태 등에 영향을 주고 성숙의 정도를 조정할 수 있는 가능성이 있고 이 분야의 경우 실용성 문제가 연구된다.

(7) 방사선의 부반응

식품저장면에 방사선이용은 여러 가지 장점 때문에 그 이용방면이 확대되고 있으나 살균살멸의 목적으로 고선량조사에 따른 식품자체에 불리한 변화, 즉 색, 향, 맛, 영양성분의 손실, 조직의 연화를 일으키고, 또 신선 청과물 취급시 각종 생리적 변화를 초래하는데 이러한 변화를 일반적으로 부반응(side reaction/effect)라 부른다. 이 같은 변화의 반응기구는 식품중의 물이 방사선에 의하여 물이 이온화되고 상당히 활성화 유리기(free radical)로 식품중의 각 성분에 대하여 산화나 환원

적으로 작용을 일으킨다. 또 유리기에서 H_2O_2 같은 활성물질을 생성하기 때문이다.

① 작용기구

· $H_2O \rightarrow H_20^{+}+e^{-}$	· $H_2O+e^{-} \rightarrow H_2O^{-}$
· $H^{-}+e^{-} \rightarrow H$	· $H_2O+ \rightarrow H^{+}+OH$
· $H_2O^{-} \rightarrow OH^{-}+H$	· $H+O_2 \rightarrow HO_2$
· $2H_2O+HO_2 \rightarrow 2H_2O_2+H$	· $H+H_2O_2 \rightarrow H_2O+OH$

유리기(OH 또는 H), H_2O_2, HO_2는 특히 강력한 산화제 또는 환원제로서 작용하여 식품 중의 성분과 반응되어 각종 반응을 일으키게 된다.

② 방사선 조사에 의한 식품의 변화

· 영양성분의 변화

ⓐ 탄수화물 : 발아억제 선량은 당류변화는 없으나 전분식품인 감자는 조사직후 전분이 당으로 변환하여 일시적 증당현상 초래 후 점차 감소하고 보통의 붕아기에 재차 증당현상이 있다. 감자칩 원료로 분리하고 반응기작은 미구명

ⓑ 비타민 : 방사선에 쉽게 파괴되어 통조림 같은 정도이고, 특히 C가 현저히 감소된다. 발아억제선량으로 거의 변화가 없다.

ⓒ 아미노산 및 단백질 : 아미노산은 영양상 · 미각상으로 식품에서 중요한 성분으로 조사에 의해 파괴되면 안된다. 저선량조사는 별 영향없으나 고선량이면 탈아미노 반응 탈탄산, 환상핵 분해 등이 일어난다.

그단백 식품을 살균하면 향기가 불량해진다. 이는 단백질의 다음 변화, 즉 peptide chain 계열, 단백분자중합, 응고현상, 침전현상 등

- 효소 : 효소의 방사선 저항성은 순수상태보다 생체내에서 크며 보통 1×10^{6}~1×10^{7}rep조사로 불활성화되어 미생물보다 저항성이 크다. 더욱이 세균 등을 살균시켜도 효소는 완전하게 불활성되지 않고 오히려 식품의 기질은 효소의 받기 쉬워서 고선량의 조사로 식품을 저장하는 것은 꽤 곤란한 문제이다.

- 방향, 풍미, 색의 변화 : 저선량 무영향, 고선량 변화가 일어난다.

  보통 $1\times10^6\gamma$ 이상 조사시는 특유의 방향 소실, 조사취 발생이 일어난고 그 변화는 수분함량이 많을수록 격렬해 진다. 맛의 변화는 식품의 종류나 형태에 따라서 상위하며 보통 금속원소의 변화, 지방의 산화, 탄수화물의 중합도의 자하 등에 의하여 일어난다.

  색변화는 식품의 종류나 이들 중에 함유된 색소의 종류에 의해 그 나타나는 형이 다르며 식품중에 산소가 존재하면 갈변되고 산소가 없으면 표백이 용이하다. $10^5\gamma$의 조사로도 변색이 일어나며 엽록소가 많은 것은 파괴되어 갈색이 되고 안토시아닌이 많으면 표백이 일어난다. 리고핀의 생성도 영향받기 쉽다. 색소중 카로팅이 비교적 안정하고 폴리페놀은 바나나를 혹변된다.

- 조직의 연화 : 방사선 조사는 조직을 연화시켜 과실의 성숙이나 추숙 촉진 목적외는 불리하다. 조직연화는 펙틴질, 섬유소나 리그닌의 변화에 의하여 일어난다.

  과실의 성숙은 프로토펙틴이 가용성 펙틴으로 변화시켜 과육은 점차 연화하게 되는데 방사선 조사로 이같은 현상이 촉진된다.

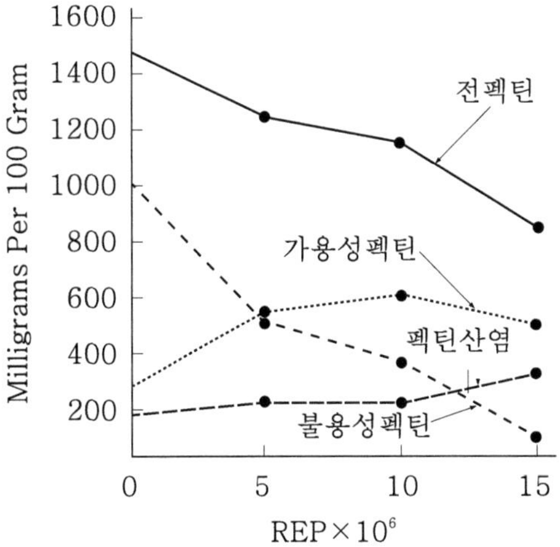

【그림】 사과의 pectin질에 대한 γ선의 영향

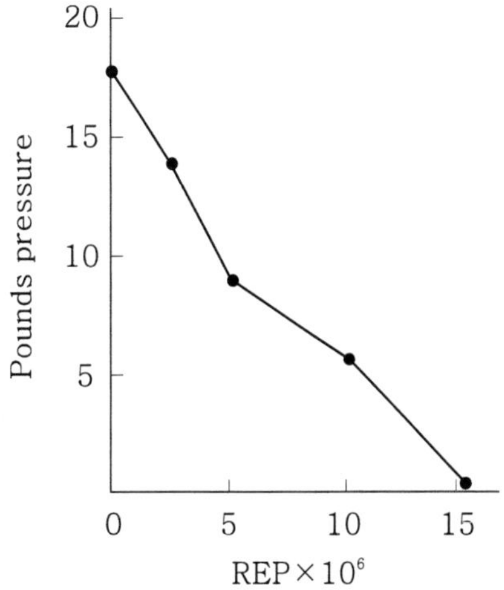

【그림】 사과조직의 경도에 대한 γ선의 영향

- 호흡의 변화 : 미생물 살균시는 문제가 안되나 신선청과물의 선도 유지시의 방사선 조사는 고려할 문제가 있다. 즉 조사초기의 호흡량은 증가되고 특히 전분 많은 감자나 밤 등에서 현저하고 이 호흡의 상승은 일시적이고 점차 감소된다. 일시적 호흡증가는 과실(땡감)의 성숙의 진행과 탈삽촉진에 관여된다.
- 생장 호르몬 : 방사선 조사는 호르몬의 변화로 발아억제 효과가 있다(감자). 양파의 싹이 고사는 문제가 되지 않는다.

③ 방사선 부반응의 방지법

부반응은 물분해로 생기는 유리기와 식품성분과의 방응을 일으키는 것이어서 이러한 반응을 차단시키는 방안이 강구된다.

· 동결하의 조사 : 저온은 유리기 확산 및 이것과 식품과 반응억제

· 농축 및 건조하의 조사 : 수분이 적으면 유리기 생성이 적어 부반응이 방지

· 무산화의 조사 : 공기제거와 불활성 가스치환, 조직중 산소 제거 고려

· 화학물질의 첨가 : 유리기와 쉽게 반응하는 물질첨가, 식품성분과 반응하는 유리기 줄일 수 있음.

· 유리기와 반응이 쉬운 것으로서 사용하는 것을 유리기 수용체(Free radical acceptor)라 하고 현재 사용되는 것은 다음표와 같다.

【표】 유리기 수용체

유리기수용체	적응과일
아크로빈산 및 그 유도체	생선, 과일의 색과향 유지
몰식자산에테르 및 폴리페놀	〃
토코페롤	과일, 육류, 야채
토코페롤+아스코르빈산+구연산	과일, 육류, 야채
초산소다	육류

(8) 방사선의 식품특성

식품에 방사선 조사로 방사능을 갖지 않게 고려하여야 하고 식품자체는 방사능을 만들지 않는다. 왜냐하면 원자핵을 구성하고 있는 양자와 중성자는 대체로 7~8MeV의 에너지로 결합되어 있어 방사선이 원자핵에 작용할 때 10MeV 이하에서 양자가 유리되지 않는다. 방사선의 에너지는 가장 크더라도 2MeV 정도에서 식품에 방사능은 생기지 않는다.

이상 방사선에 의한 각종 영양성분의 파괴 그 손실량도 방사선 조사방법에 따라 방지할 수 있고 식품중에 독성물질이 생성되지 않게 하는 등 안전상 연구가 계속 요망된다.

36. 분야별 과학기술체계도

1) 생명과학통합기술

- 생명과학 기술
  - 생명공학기술
    - ● 탐색기술
      - 스크리닝기술
      - 구조분석기술
      - 활성측정/평가기술
      - 균주/세포주보존기술
    - ● 개량기술
      - 유전공학기술
      - 단백질공학기술
      - 세포공학/면역학기술
      - 지질/탄수화물공학기술
      - 동 · 식품 형질전화기술
    - ● 생산기술
      - 미생물 이용기술
      - 발효공정기술
      - 바이오액터기술
      - 분리정제기술
  - 생물자원 생산 · 이용기술
    - ● 식물자원 생산 · 이용 기술
    - ● 산림자원 생산 · 이용 기술
    - ● 동물자원 생산 · 이용 기술
    - ● 실험동물 생산 · 이용 기술
    - ● 곤충자원 이용 기술
    - ● 해양생물자원 생산 · 이용 기술
    - ● 식품생명공학 기술
  - 안전성 평가 · 관리기술
    - ● 의약 안전성 평가 · 관리 기술
    - ● 식품 안전성 평가 · 관리 기술
    - ● 농약 및 화학물질 안전성 평가 기술
    - ● 생물재해방지 및 환경영향 평가 기술

(1) 생명공학기술의 기술체계도(Technology Tree)

- 생명공학 기술
  - 탐색기술
    - 스크리닝기술
    - 구조분석기술
    - 활성측정/평가기술
    - 균주/세포주 보존기술
  - 개량기술
    - 유전공학기술
    - 단백질공학기술
    - 세포공학/면역학기술
    - 지질/탄수화물공학기술
    - 동 · 식품 형질전환기술
  - 생산기술
    - 미생물 이용기술
    - 발효공정기술
    - 바이오액터기술
    - 분리정제기술

(2) 생물자원 생산 · 이용 기술의 기술체계도(Technology Tree)

- 생물자원 생산 · 이용기술
  - 생물자원 탐색 /보존기술 (기반기술)
    - 국내 · 외 생물자원탐색 및 확보 (종자, 세포주, 유전자)
    - 현지내 생물자원 보존(환경보존 관리기술)
    - 현지외 생물자원 보존(재배/사양/양식기술)
    - 시설내 생물자원 보존(저온, 초저온저장기술 : 종자, 세포주, 생식세포 등)
  - 생물자원 생산기술 (개량기술)
    - 분자육종 및 형질전화기술
    - 생체이용 및 조직/세포배양 이용기술
    - 원형질체융합 및 수정란 이식기술
    - 발효/효소공학기술
    - 저장/품질관리기술
  - 생물자원 이용기술 (응용기술)
    - 신기능성 품종생산(농림수산업)
    - 신기능성 식품개발(식품공업)
    - 생리활성물질 생산(화학공업)
    - 생물학적 병충해방제 및 질병치료제 개발
    - 식량자원 저장관리
    - 환경보존 등

(3) 안전성 평가 · 관리 기술의 기술체계도(Technology Tree)

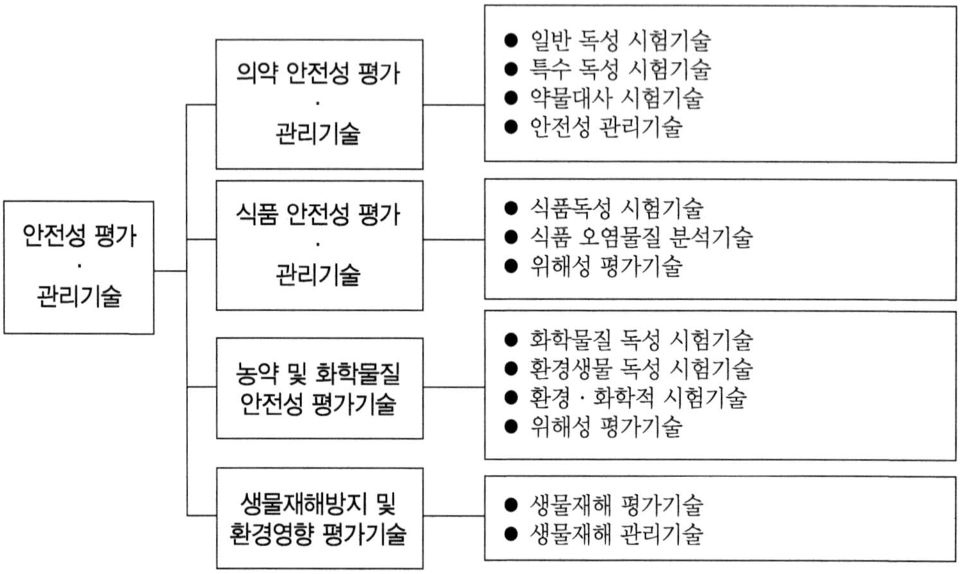

참고 문헌

A.단행본 및 주요논문

이성갑 식품가공이용학 석학당 2008
이성갑 농산식품가공이용학 유림문화사 1992
이성갑 원예식품가공이용학 효일 출판사 2001
이성갑 축산식품가공이용학 선진문화사 2000
이성갑.김동수 수산식품가공이용학 광문각 2000
이성갑 통조림식품제조학 안성대학교 출판부 1998
이성갑통조림제조학 실험실습서 수학사 1994, 유한문화사 2000
이성갑 외 고교 식품가공기술Ⅱ 교육인적자원부 2002
이성갑 외 식품위생과 HACCP 광문각 2003
이성갑 식품첨가물공전 한국식품기술사협회 2003
이성갑.심우만 외 식품위생관계법규 편람 광문각 2008
식품의약품안전청 식품공전 2010
식품의약품안전청 건강기능식품 공전 2007
강대일 식품유통연감 식품저널 2011
강대일 건강기능식품연감 식품저널 2011
김윤환 농산물상품편람 농업협동조합중앙회 1971
한국식품과학회 식품과학용어사전 광일문화사 2006
이철호 권태완 한국 식품학입문 고려대학교 출판부 2003
정강현.임지순.오문헌.김종국 식품가공학 문운당 .2007
한국식품연구원 식재료 품질규격 GUIDE 다다아트 2010
송재철. 박현정 최신 식품가공. 저장학 효일문화사 1998
김재욱. 김정호 식품가공학 문운당 2006
유태종. 이상건.김두진 식품가공학 문운당 1990
이응호.우상규 외 식품가공 및 저장 동명사 1996
이갑상 도해 식품가공실험. 실습 집현사 1986
이갑상.김동한 식품저장가공학 학문사 1995
이서래 가공식품학 고문사 1992
조은자. 장명숙 식품가공저장 효일문화사 1991
손태화.성종환외 식품가공학 형설출판사 1996
장학길.이영택 식품가공학 신광출판사 2004
김재욱.이계호.안승요 식품저장 및 가공 한국방송통신대학교 출판부 1995
김형열 식품가공기술학 효일문화사 2001

안용근.김동우외 현대 식품가공실험 효일문화사 1999
이강윤.우세홍외 식품첨가물 개문사 1999
고하영 식품평가 석학당 2004
정동효 발효와 미생물공학 선진문화사 1989
한국식품과학회 식품공학 형설출판사 1984
이화영. 전해수 단위조작 회중당 1990
이한창 발효식품 신광출판사 1991
김동훈 식품화학 탐구당 1989
문범수.이갑상 식품재료학 수학사 1981
박영호 식품포장학 수학사 1993
정동효.박무현. 레토르트 식품 1981
이철호.김동철 외 식품 EXTRUSION 기술 유림문화사 1987
송계원 외. 식육과 육제품의 과학 선진문화사 1982
이유방.이무하 식육과학 의 이론과 응용 선진문화사 1990
한석현 계란의 과학과 그 이용 선진문화사 1996
김진수.염동민 외 통조림식품의 기초와 응용 효일문화사 2001
전희정. 전새일외 식품과 현대인의 건강 지구문화사 2005
박영호.장동석외 수산가공이용학 형설출판사 1994
한응수 식품안전과 품질관리 태학원 2006
이재영외 유가공학 향문사 1993
한응수 청과물저장과 가공기술 유림문화사 1997
이병영 농산물의 수확후처리기술 하트기획 2005
Rhee, Seong Kap OUTLINES OF FISH TECHNOLOGY JIN RO PUB.C).LTD 1994
HELEN CHARLEY. CONNIE WEAVER FOODS MERRILL. AN IMPRINT of PRENTICE HALL 1998
Lampert I M., Modern Dairy Products Food Trade, 1975
J.C. Torrest, Aberte E. D Principles of Mear Science Freeman and Co, 1975
C.T.Townsend A Laboratory Manual for the Canning Industry N.C.A Res.Lab. 1956
A.C.Hersam.,E.D.Hulland Canned Food J.A. Churchill LTD 1983
Brown.G.G. and Associates : Unit Operations. John Wiley and sons.1950
N.W. and J.N. Desrosier The Technology of Food Preservation, AVI 1977 Earle, R.S Unit Operation in Food Processing Pergamon Press, London, 1966
A.DE MERINDOL Fish Curing and Processing Mir Publishers MOSCOW RUSSIA 1969
F.A.PAINE Packaging Materials and Containers Blackie & Son Limited London UK 1967

小原哲二郎 外 食品加工工程圖鑑 建帛社 1994
小原哲二郎 外 食品製造學 建帛社 1982
小原哲二郎 食品材料學 地球出版 1968
谷川英一 罐詰의 製造 杞元社 1956
市原仲一. 櫻井芳人 食品の 包裝. 罐びん詰 光琳書院 1967
龜和田光男 食品新素材の開發と應用 シーエム シー 1987
木村進 .龜和田光男 食品加工の革新技術 シーエム シー 1986
二國 二郎, 伊勢村壽三(Scott Blair) 新 食品學(Foodstuffs) 朝蒼 書店 1968
加藤舜郎 食品冷凍の理論と應用 光琳 書院 1976

B. 국내외 식품전문잡지

식품과학회지 (한국식품과학회)
한국농화학회지 (한국농화학회)
한국응용생명화학회지(한국응용생명화학회)
한국영양식량학회지 (한국영양식량학회)
한국식품영양과학회지(한국식품영양과학회)
한국영양학회지 (한국영양학회)
한국산업식품공학회지 (한국산업식품공학회)
한국식생활문화학회지 (한국식생활문화학회)
한국축산식품학회지 (한국축산식품학회)
한국식품저장유통학회지 (한국식품저장유통학회)
한국식품위생안전성학회지 (한국식품위생안전성학회)
한국미생물생명공학회지 (한국미생물생명공학회)
한국산업식품제조학회지 (한국산업식품제조학회)
식품공업 (한국식품공업협회)
食品工業(日本); 化學工業(日本)
日本食品科學工學會誌(日本食品科學工學會)
食品 と開發 (日本); 營養と食品 (日本)
CEREAL CHEMISTRY
FOOD TECHNOLOGY
Journal of FOOD SCIENCE
Journal of Agriculture and FOOD CHEMISTRY
Journal of Biological Chemistry
Biochemistry

■ 저자. 이 성 갑

■ 학력
▷ 고려대학교 농과대학 농화학과 (농학사)
▷ 인도 Mysore대학원(식품공학석사)
▷ 중앙대학교 대학원 식품가공학과 (농학석사)
▷ 충북대학교 대학원 식품공학과 (농학박사)

■ 경력
▷ 농촌진흥청 농공이용연수소, 농업연구관
▷ 농개공.한국냉장(주) 연구개발부장
▷ 국립한경대학교식품생물공학과교수, 이공대학장.대학원장
▷ 보건복지부 식품위생심의위원회 위원
▷ (사)한국식품기술사협회 회장

■ 저서
1. 수산식품가공이용학, 광문각.진로연구사
2. 축산식품가공이용학, 세진사.선진문화사
3. 농산식품가공이용학, 유임문화사
4. 식육가공학, 안성산업대학교출판부
5. Outlines of fish Technology, JinRoPub.
6. 통조림식품 제조학, 안성대출판부.수학사.유한사
7. 원예식품가공이용학, 효일출판사
8. 식품위생관계법규편람, 광문각
9. 냉동냉장식품학, 한경대학교 출판부
10. 식품위생과 HACCP, 광문각
11. 식품첨가물 총서, 한국식품기술사협회
12. 최신 식품기술사시험문제해설집, 광문각.석학당
13. 식품(산업)기사 문제해설집, 석학당.수학사.지구문화사
14. 이성갑교수화보 및 정년기념연구업적문집, 연화사
15. 종합해설 식품가공이용학, 석학당 외 20종

개정판 식품제조공학 특론

Redaction Advanced Food Manufacture and Engineering

개정판 2019년 08월 27일 1쇄 인쇄 / 2019년 8월 30일 1쇄 발행
지은이. 이 성 갑
펴낸이. 윤 용 호 | 펴낸곳. 석학당 출판사 121-856 서울시 마포구 토정로 222 301호
등록. 2001.10.23. 제10-2238호 | 전화. 02)719-6116 | 팩스. 02)719-6120
홈페이지. www.shdbooks.co.kr | E-mail. shd6116@chol.com

ISBN 979-11-87621-32-4 가격 **20,000**원